移 动 通 信

覃团发　姚海涛　覃远年　陈海强　编著

重庆大学出版社

内容提要

本书系统地阐述了现代移动通信的基本原理、基本技术和当前已得到广泛应用和将要被应用的典型移动通信系统,较充分反映了移动通信发展的新技术。

全书共十章,内容包括:概论、蜂窝的概念、移动无线信号环境与传播、移动无线通信的调制技术、均衡和分集技术、信道编码与交织技术、语音编码技术、多址技术、移动无线通信系统和标准、移动通信的未来。每章后附有习题。

本书可用作高等院校通信工程、电子信息工程、电子科学与技术等高年级的教科书,也可作为移动通信工程技术人员的参考书。

图书在版编目(CIP)数据

移动通信/覃团发,姚海涛,覃远年,陈海强编著.—重庆:重庆大学出版社,2004.12(2019.6 重印)
(电子信息工程专业本科系列教材)
ISBN 978-7-5624-3288-3

Ⅰ.移… Ⅱ.覃… Ⅲ.移动通信—高等学校—教材 Ⅳ.TN929.5

中国版本图书馆 CIP 数据核字(2004)第 116059 号

移 动 通 信

覃团发 姚海涛 覃远年 陈海强 编著

责任编辑:彭 宁 胡道全 白育红 版式设计:彭 宁
责任校对:蓝安梅 责任印制:张 策

*

重庆大学出版社出版发行
出版人:饶帮华
社址:重庆市沙坪坝区大学城西路 21 号
邮编:401331
电话:(023) 88617190 88617185(中小学)
传真:(023) 88617186 88617166
网址:http://www.cqup.com.cn
邮箱:fxk@ cqup.com.cn(营销中心)
全国新华书店经销
POD:重庆新生代彩印技术有限公司

*

开本:787mm×1092mm 1/16 印张:15.25 字数:381 千
2004 年 12 月第 1 版 2019 年 6 月第 4 次印刷
ISBN 978-7-5624-3288-3 定价:46.00 元

前 言

通信技术的发展日新月异,移动通信更是如此,从 1978 年第一代模拟蜂窝电话系统的诞生至今,短短数十年间,人们在享用第二代全数字蜂窝通信系统的便利之时,又将跨入第三代移动通信的全新时代。随后的第四代移动通信系统标准也提上了日程。在这种情况下,通信工程等专业的学生需要一本能反映当前技术的移动通信教材。本书是广泛参考国内外最新的专著、教材和文献资料,经过多次修订后写成的。

本书内容大致可分成四个部分。第一个部分包括第 1 章和第 2 章,对移动通信系统的一些基本概念进行概述性的介绍,可作为进入移动通信具体理论和系统学习的入门,让读者对移动通信系统有一个大致的了解。第二部分是本书第 3 章,重点介绍移动通信信道特征。移动通信与其他通信系统相比,最大的特点就是能够实现在运动中进行通信,所以移动通信不可避免地存在无线接口,这一空中接口的引入,使得移动通信信道环境十分复杂,为此有必要事先掌握移动信道的特性,如无线信号衰落特性、相关带宽、频率选择性衰落、信道噪声特性等,这些都在第 3 章中详细讲述。第三部分内容包括第 4 章到第 8 章构成移动通信的关键技术。针对移动通信信道特性和移动通信的特点,各个移动通信系统采用不同的通信技术,以期提高通信质量和频谱利用率,虽然目前存在的各式各样的移动通信系统无论从结构上和具体技术上不尽相同,但每个移动通信系统都使用调制解调技术、均衡技术、分集技术、信道编码与交织技术、语音编码技术、多址技术等。第 4 章描述移动无线通信的各种调制技术。第 5 章阐述均衡和分集技术,重点介绍均衡的基本概念、自适应均衡器、分集技术分类和分集合并方式、RACK 接收机。第 6 章讲述信道编码原理、分组码、卷积码、Turbo 码和交织编码等。第 7 章内容是移动通信中的语音编码技术和语音压缩技术在当前移动通信系统中的应用。第 8 章讲解多址技术是解决众多用户如何高效共享给定频率资源的问题。包括:FDMA、TDMA、CDMA、SDMA。第四部分包括

第 9 章和第 10 章,第 9 章对 GSM 系统和 CDMA 系统作详细介绍,第 10 章分析和介绍移动通信的未来,包括:市场走势、IMT—2000/UMTS地面无线接入、cdma2000、4G 的关键技术。

本书可用作高等院校通信工程、电子信息工程、电子科学与技术等高年级的教科书,也可作为移动通信工程技术人员的参考书。

本书由覃团发编写第 1,7,8,10 章,姚海涛编写第 2,3,5,9 章,陈海强编写第 4 章,覃远年编写第 6 章。全书由覃团发统稿。

在本书的编写过程中,得到重庆大学出版社的彭宁编辑、胡道全先生等的指导和帮助,在此表示感谢;感谢英国皇家工程院院士、南安普敦大学 Lajos Hanzo 教授给予的帮助和提供的资料;我们更要感谢我们的家人,他(她)们对本书的写作给予了充分的理解、鼓励和支持。

鉴于编者水平有限,不妥之处在所难免,欢迎同行专家和读者批评指正。

编　者

2004 年 8 月

目录

3

第 **1** 章
概 论

1.1 移动通信发展简介

移动通信是指通信的双方至少有一方在移动中所进行的通信。移动通信使用无线电波进行信息的交换和传输。这个定义适合于通信双方是移动终端到移动终端的通信链路或者是移动终端到固定端的通信链路。我们常见的移动通信系统有蜂窝移动通信系统、寻呼系统、移动卫星通信系统,除此以外,还有移动海事卫星系统、移动集群通信系统和无绳电话系统等。

移动通信起源于海上救难,经过上个世纪的发展,目前移动通信已经成为与人们生活紧密相连的一部分,移动通信产业也已经成为信息产业的一个支柱产业。但是,在上世纪起初的几十年中,无线通信的研究发展还比较缓慢,这有着多方面的原因。下面简要回顾一下发生在移动通信发展史上的一些里程碑事件。

1880 年:赫兹—实用无线电通信的首次演示

1897 年:马可尼—在 29 km 距离实现地面站到拖船的无线电传输

1921 年:底特律警察局—无线电台装备警车,开创了陆地移动通信先河

1932 年:纽约警察局—警车无线调度系统使用

1933 年:美国联邦通信委员会(FCC)—在 30 MHz ~ 40 MHz 间批准了四个通信信道

1946 年:贝尔电话实验室—152 MHz 波段单工通信

1956 年:FCC—450 MHz 波段单工通信

1959 年:贝尔电话实验室—建议 32 MHz 带宽用于高容量的无线移动通信

1964 年:FCC—152 MHz 波段全双工通信

1964 年:贝尔电话实验室—积极研究 800 MHz 波段

1969 年:FCC—450 MHz 波段全双工通信

1981 年:FCC—在 800 MHz ~ 900 MHz 波段分配 40 MHz 的带宽开放用于商用陆地蜂窝移动通信业务

1981 年:美国电话电报公司(AT&T)和无线电通信公司(RCC)达成将 40 MHz 频谱分成两个 20 MHz 频带的协议。频带 A 属于非有线运营公司(RCC),频带 B 属于有线运营公司(电话

公司)。每一个市场有两个运营公司。

1982 年:抛开 AT&T 公司,组织七家 RBOC(地区贝尔运营公司)管理蜂窝系统的运行

1982 年:由美国政府 DOJ 颁布 MFJ(修改的最终意见),禁止所有移动运营公司从事长途电话业务、信息服务及制造业务

1983 年:Ameritech 系统在美国芝加哥投入运营

1988 年:建议 TDMA 作为北美的数字蜂窝系统标准

1992 年:GSM 在德国 D2 系统中运行

1993 年:建议 CDMA 作为北美的另一个数字蜂窝系统标准

1994 年:TDMA 系统在美国西雅图、华盛顿投入运营

1994 年:PDC 系统在日本东京投入运行

1994 年:拍卖六个宽带 PCS 许可频带中的两个

1995 年:CDMA 系统在中国香港投入运行

1996 年:美国国会通过电信改革行动议案,"显而易见,任何人都能从事其他任何人的商业活动"

1997 年:宽带 CDMA 被 UMTS 作为第三代移动通信系统的技术中的一种

2000 年:IMT—2000 无线接口技术规范建议成为国际电联建议

正是在赫兹的开创性工作的基础上,1897 年意大利科学家马可尼(Marchese Guglielmo Marconi)利用无线电进行信息传输获得了成功,从此电报和话音通信不再为电线、电缆的羁绊,人类社会进入了无线移动通信的新纪元。最早的陆地移动通信开始于 1921 年,美国底特律首先将无线电台装于汽车上开创了移动通信的先河。当时使用的波段是 2 MHz,而且是一个单向的通信,车载台仅仅是一个接收机,这个系统使人们对移动状态的通信有了更加直观的印象。此后在相当长的时间内所谓移动通信只是车载台和固定无线电台的通信,并主要为警察所用。1933 年,美国新泽西警察局采用了双路的移动通信装置。二次世界大战结束后,微电子技术和大规模集成电路生产技术以及计算机技术的引入加上与二次世界大战中使用的军用通信技术相结合,极大推动了通信产业的发展;1946 年,出现了工作在 152 MHz 波段以基地台为中心覆盖半径为 70~80 公里区域并且与市话网络相连的大区制移动电话网,调制方式也用更加适合移动环境的调幅制替代调频制,这时的系统都采用了大区制,选择的频段和用户容量都较以前有了很大的提高。从此移动通信真正进入了民用服务的阶段。可以概括地说:从上个世纪 40 年代中期到 60 年代初期,完成了从专用网到公用移动网的过渡,采用人工接续的方式解决了移动电话与公用市话之间的接续问题;从 20 世纪 60 年代中期到 70 年代后期,主要是改进和完善移动通信系统的性能,包括直接拨号、自动选择无线信道等,同时解决了自动接入公用电话网的问题,同时频段使用也由 150 MHz 的波段拓宽到 450 MHz 波段。这段时间欧洲国家如德国、法国等在移动通信技术上也达到了很高的水平。

由于无线资源和设备的限制,到 20 世纪 70 年代,整个移动通信并没有得到很大的发展,市场规模小,提供移动电话服务的系统分散且没有形成覆盖全国的统一网络。到 1976 年,纽约仅有 12 个频段为 543 个付费用户提供服务,而无数的用户却在排队等待服务,此显示了大区制系统用户容量的严重局限性。20 世纪 70 年代在大规模集成电路技术和计算技术上取得的重大突破,解决了终端小型化和系统设计方面的问题,推动移动通信产业进入了蓬勃发展的阶段。

　　与此同时,贝尔实验室提出了小区制的蜂窝式移动通信系统的解决方案,在开发了 AMPS (Advanced Mobile Phone Service)系统,这是第一种真正意义上的具有随时随地通信的大容量的蜂窝移动通信系统。它结合频率重用技术,可以在整个服务区域内实现自动接入自动公用电话网,与以前的系统相比具有更大的容量和更好的话音质量,可以说,蜂窝化的系统设计方案解决了公用移动通信的大容量要求和频谱资源受限的矛盾。该系统优异的技术方案使这个系统的市场开拓得到了巨大的成功。到 20 世纪 80 年代中期,欧洲和日本也纷纷建立了自己的蜂窝移动通信网,如英国的 ETACS(European Total Access Communication System)系统,法国的 450 系统等。它们都是双工的 FDMA 模拟制式系统,被称为第一代蜂窝移动通信系统。尽管模拟蜂窝系统取得了巨大的成功,但是在实际的使用过程中也暴露出一些问题:频谱资源较低,有限的频谱资源和无限的用户容量的矛盾十分突出;业务种类比较单一;存在同频干扰和互调干扰和保密性能差以及容量与日益增长的市场需求之间的矛盾。曾经辉煌一时的系统很快面临着被下一代蜂窝系统取代的命运。

　　在低速语音编码和超大规模集成电路技术发展的推动下,为了解决模拟系统的固有问题,现代移动通信开始由模拟方式向数字化处理方式转变。1988 年,CEPT 提出了 GSM 系统的建议和标准。1991 年多址方式为 TDMA 的 GSM 数字蜂窝系统开始投入商用,由于该系统的优越性能,所以该系统在全球范围占有了超过 60% 的蜂窝系统用户,成为全球最大的蜂窝通信网络。在这之后,美国的 DAMPS 和日本的 JDC 等系统也相继投入使用。这些系统的空中接口都采用了时分多址(TDMA)的接入方式。1995 年,采用码分多址接入方式的美国高通公司的 Q—CDMA 系统推出。第二代数字蜂窝系统比第一代蜂窝系统有许多优势:频谱效率高、系统容量大、保密性能好和语音质量好等等。TDMA 系统在频谱利用上仍旧采用了频率重用技术。第二代数字蜂窝系统只能提供话音和低速数据业务的服务,在当今信息时代,人们对语音、图像、数据相结合的多媒体业务和高速数据业务的需求将会大大增加。而目前的第一、第二代蜂窝系统不仅远远不能满足未来用户的业务多样化需求,随着用户数的迅猛增加,现在的系统也远不能满足用户容量发展需要。新一代移动通信系统(第三代移动通信系统)的研究和发展成为人们关注的一个新热点。

　　为了满足高速率数据业务和多样化业务以及更高频谱利用率的要求,同时减少目前存在的各大网络之间的不兼容性,国际电联(ITU)提出了第三代移动通信系统的概念(ITU—R 的正式名称为 IMT—2000,其前身是 FPLMTS——未来公共陆地移动通信系统)。其主要特点:全球无隙漫游;具有支持信息速率高达 2 Mb/s 的多媒体业务的能力,特别是支持 Internet 业务;便于过渡、演进;更高的频谱效率、更低的电磁辐射、更好的服务质量等。

　　今后移动通信技术还会进一步发展和演进,随着第三代移动通信技术的实现和移动通信与互联网的融合,全球正在迅速向着移动信息时代迈进。未来的移动通信将为无处不在的互联网提供全方位的、无缝的移动性接入,并最终实现任何人在任何地方任何时间与其他人进行任何方式的通信的目的。

1.2　移动通信的主要特点

(1)移动通信系统具有空中接口,利用无线电波进行信息传输

为了实现在移动条件下进行有效通信,移动通信系统必须使用无线电波作为信息载体,这种传播媒质允许通信中的用户可以在一定范围内自由移动,其位置不受束缚。与有线通信系统相比,在移动通信系统中引入了无线接口,即空中接口。

(2)移动通信的信道复杂,干扰和噪声影响大

首先,移动通信的运行环境十分复杂,电磁波不仅会随着传播距离的增加而发生弥散损耗,而且会受到地形、地物的遮蔽而产生"阴影效应",而且信号经过多点反射,会从多条路径到达接收地点,这种多径信号的幅度、相位和到达时间都不一样,它们相互叠加会产生电平衰落和时延扩展;其次,移动通信常常在快速移动中进行,这不仅会引起多普勒频移,产生随机调频,而且会使得电波传播特性发生快速的随机起伏,严重影响通信质量。另外,移动迪信所使用的通信频段内存在着许多的干扰和信道噪声。除了一些常见的外部干扰,如天电干扰、工业干扰和信道噪声外,系统本身和不同系统之间,还会产生这样或那样的干扰。因为在移动通信系统中,常常有多部用户电台在同一地区工作,基站还会有多部收发信机在同一地点上工作,这些电台之间会产生干扰。随着移动通信网所采用的制式不同,所产生的干扰会有不同。归纳起来,这些干扰有邻道干扰、互调干扰、共道干扰、多址干扰以及近地无用强信号压制远地有用弱信号的现象(称为远近效应)等等。因此,在移动通信系统中,如何对抗和减少这些有害干扰和影响是至关重要的。

(3)移动通信可以利用的频谱资源有限,而移动通信业务量的需求却与日俱增

分配给移动通信系统所使用的频率资源有限,但移动通信用户却与日俱增。如何提高移动通信系统的通信容量,始终是移动通信发展中的焦点问题。为了解决这一矛盾,一方面要给移动通信系统开辟和启用新的频谱;另一方面要研究新技术和新措施,以压缩信号所占频带宽度和提高频谱利用效率。可以说,移动通信无论是从模拟向数字过渡,还是再向新一代发展,都离不开这些新技术和新措施的支撑。

(4)移动通信系统的网络结构多种多样,网络管理和控制必须有效

根据通信地区的不同需要,移动通信网络可以组成带状(如铁路公路沿线)、面状(如覆盖一座城市或地区)或立体状(如地面通信设施与中、低轨道卫星通信网络的综合系统)等。可以单网运行,也可以多网并行运行并实现互联互通。为此,移动通信网络必须具备很强的管理和控制功能,诸如用户的登记和定位,通信链路的建立和拆除,信道的分配和管理,通信的计费、鉴权、保密管理等以及过境切换和移动漫游的控制等等。

(5)移动通信设备(主要是移动台)必须适合于在移动环境中使用

对手机的主要要求是体积小、重量轻、省电、操作简单和携带方便。车载台和机载台除要求操作简单和维修方便外,还应保证在震动、冲击、高低温变化等恶劣环境中正常工作。

1.3 移动通信系统的分类

移动通信系统常用的分类方式有以下几种：

1）按使用环境可分为陆地通信、海上通信和空中通信；

2）按多址方式可分为频分多址（FDMA）、时分多址（TDMA）和码分多址（CDMA）；

3）按信号形式可分为模拟网和数字网；

4）按覆盖范围可分为宽域网和局域网；

5）按工作方式可分为同频单工、异频单工、异频双工和半双工；

6）按照出现时间可分为第一代移动通信系统（1G）、第二代移动通信系统（2G）、第三代移动通信系统（3G）等。

从第二代移动通信系统开始，已由第一代的模拟体制发展到数字体制，数字体制相对于模拟体制的主要优点有：

1）频谱利用率高，系统容量大；

2）业务种类多，系统的通用性较强；

3）抗干扰、抗噪声和抗多径衰落的能力强；

4）网络管理和控制灵活有效；

5）便于实现通信的安全和保密；

6）用户终端设备体积和重量等方面性能得到大幅度改善。

1.4 移动通信系统的主要技术

（1）调制技术

调频技术的应用曾经对模拟移动通信的发展产生过极大的推动作用，第二代移动通信系统是数字移动通信系统，其中的关键技术之一是数字调制技术。对数字调制技术的主要要求是：已调信号的频谱窄、带外衰减快（即所占用的频带窄，或者说是频谱利用率高）；易于采用相干或非相干解调；抗噪声和抗干扰的能力强；适宜在衰落信道中传输。

目前使用的数字信号调制技术主要是对 ASK、PSK 和 FSK 基本数字调制技术的改进或综合，实际应用中，常常使用以下两类数字调制方式。

1）线性调制技术

主要包括了 PSK、QPSK、DQPSK 和多电平 PSK 等。这里所谓的线性是指这类调制技术要求通信设备从频率变换到放大和发射过程中保持充分的线性。显然，这种要求在制造移动设备中会增大难度和成本，但是这类调制方式可获得较高的频谱利用率。

2）恒包络调制技术（连续相位调制）

主要包括 MSK、GMSK、GFSK 和 TFM 等。这类调制技术的优点是已调信号具有相对窄的功率谱和对放大设备没有线性要求，其不足之处是频谱利用率通常低于线性调制技术。

提高频谱利用率是提高通信容量的重要措施，是人们规划和设计通信系统的焦点。在20

世纪 80 年代初期,人们在选用数字调制技术时,大多把注意力集中于恒定包络数字调制,例如泛欧标准的 GSM 数字蜂窝系统采用 GMSK 数字调制技术,但在 80 年代后期,人们却着重采用 QPSK 之类的线性数字调制,例如美国的 IS—94 和日本的 PDC 蜂窝系统均采用 π/4—DQPSK,美国的 IS—95 蜂窝网络采用 QPSK 和 O—QPSK。此外,在未来的移动通信系统中,CDMA 是最有竞争力的多址技术,其中的调制技术也备受关注,为克服码间干扰将正交频分复用(OFDM)技术用于 CDMA 调制,称之为 OFDM—CDMA;为提高 CDMA 系统的传输速率和自适应性能,根据业务需求提供不同传输速率,提出 MC—CDMA 和 VSG—CDMA。

(2)多址技术

多址方式的基本类型有频分多址(FDMA)、时分多址(TDMA)和码分多址(CDMA)。实际中也常用到三种基本多址方式的混合多址方式,比如,频分多址/时分多址、频分多址/码分多址、时分多址/码分多址等。

选用什么样的多址方式取决于通信系统的应用环境和要求。若干年来,由于移动通信业务的需求量与日俱增,移动通信网络的发展重点一直是在频谱资源有限的条件下,努力提高通信系统的容量。因此,未来采用什么样的多址方式更有利于提高通信系统的容量,也成为人们非常关注和有争议的问题。

(3)组网技术

移动通信网设计的技术问题非常多,大致可分为网络结构、网络接口和网络的控制与管理等几方面。

网络结构方面,通信网络应该设置哪些组成部分,这些组成部分应该如何部署,才能构成一种实用的网络结构。随着移动通信的发展,移动业务种类的增多,网络的结构的确定也日益复杂和困难。举例来说,在蜂窝结构的研究中,为了适应不同用户的要求,既能满足大地区、高速移动用户的需求,又能满足高密度、低速率移动用户的需求,同时还能满足室内用户的需求,曾有人提出一种混合蜂窝结构:用宏蜂窝满足高速移动用户的需要,用微蜂窝满足行人和慢速移动终端的需要,用微微蜂窝满足室内用户终端的需要。这种网络构思确有新意,但是移动用户是移动的,可能在通话过程中,由步行改为乘车,或者由外进入室内,因而要保证用户通话的连续性和通话质量,就必须能在不同蜂窝层次之间,快速有效的支持通话用户的过区切换,显然,这种要求并不是简单易行的。

网络接口方面,因为通信系统由不同的网络功能部分(或称功能实体)组成,在用这些功能实体进行网络部署时,为了相互之间交换信息,有关功能实体之间都要用接口进行连接,同一通信网络的接口,必须符合统一的接口规范。比如空中接口规范(无线接口),基站与移动业务交换中心之间的接口规范,移动网络与其他网络之间的接口规范等等。这些接口都必须定义相应的标准和规范,只要遵循接口规范,无论哪一厂商生产的设备都可以用来组网,而不必限制这些设备在开发和生产中采用何种技术。显然,这对厂家的大规模生产与不断进行设备的改进也提供了方便。

网络的控制与管理方面,网络要为用户呼叫配置所需的控制信道和业务信道,指定和控制发射机的功率,进行设备和用户的识别与鉴权,完成无线链路和地面线路的连接和交换,最终在主呼用户和被呼用户之间建立起通信链路,提供通信服务。这一过程称为呼叫接续过程,是移动通信系统的连接控制功能。除此之外,移动通信网络的控制与管理还包括移动管理功能、无线资源管理功能等。

上述控制和管理功能均由网络系统的整体操作实现,每一过程均涉及各个功能实体的相互支持和协调配合,为此,网络系统必须为这些功能实体规定明确的操作程序、控制规程和信令格式。

(4) 其他关键技术

除了上述所提到的各种基本技术外,移动通信系统还要使用到其他各种关键技术,比如语音编码技术、分集技术、纠错编码技术、交织技术、自适应均衡技术、扩频技术、天线技术等,这些都将在本书后续章节中逐一加以介绍。

1.5　移动通信系统实例

经过一个世纪的发展,移动通信系统已经广泛应用于各个领域,不仅数量增加快,系统类型多,而且在技术水平的提高方面也是令人瞩目。随着蜂窝网理论、计算技术、大规模集成电路技术的发展和应用,使移动通信从简单的移动电台已经发展到有线网、无线网、程控交换、智能网络管理的复杂大系统。无线电寻呼系统、无绳电话系统、集群调度系统和逐渐退出市场的模拟蜂窝移动通信系统已经被使用多年,数字蜂窝移动通信系统、数字无绳电话系统已经被广泛地使用,新一代的第三代移动通信系统,数字移动卫星通信系统正在迅速的发展之中。

1.5.1　无线寻呼系统

无线寻呼系统是一种单向传输数字信息的选择呼叫系统,它通常由寻呼控制中心、基站和寻呼接收机(俗称 BP 机,英文原名为 Paging)组成。寻呼中心有人工控制和自动控制之分,通过中继电路与基站相连,可以采用电缆和微波中继传输方式。

无线寻呼系统按用户类别可以分为专用系统和公用系统,二者的组成方式基本相同。专用寻呼系统的寻呼中心一般不与市话网相连,它是由各个单位或部门的特殊需要而自建的,系统的控制中心与本单位的小型交换机相连,发射机的功率较小,寻呼范围仅限于本单位所在地区,这类系统多应用于医院、工矿企业、车站码头等部门。公用寻呼系统应用更加广泛,这种系统是对社会开放的,需要设置较大的控制中心,而且控制中心与公用电话网相连,发射机的功率较大。为了扩大寻呼范围,天线架设较高、在不同地点设置多个基站,如图1.1所示。

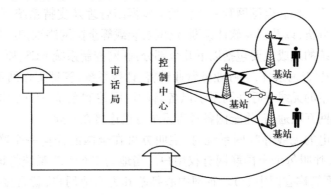

图1.1　无线寻呼系统

(1)无线寻呼网的结构和系统组成

无线寻呼系统的组网就是遵从一定的协议把各地相互独立的无线寻呼系统统一联网,按联网的范围可以分为本地无线寻呼网、区域无线寻呼网和全国联网的无线寻呼网。

1)本地无线寻呼网

本地无线寻呼网的覆盖范围是一个长途编号区的范围,例如长途编号是10的北京地区公用电话网所覆盖的范围。本地无线寻呼网与公用电话自动交换网的接续方式分为人工接续和全自动接续两种,其网络体系可以分为单区制和多区制。当服务区域的范围比较小时一般采用单区制,即在整个服务区域内只设定一个基站,并经由它向所有用户发送信息。通常为了扩大服务区域的范围,基站的天线架设很高,发射机输出功率也较大。当服务区域的范围很大时,可以采用多区制的网络结构,把整个服务区域划分为若干块,每个小区分别设置一个基站,多基站同时发送相同的信息号,选一个基地站作为中心基地站,外围各基地站以中心基地站为基准,同步发射以保证可靠的接收。

2)区域无线寻呼网

区域无线寻呼网的覆盖范围是指两个以上长途编号区的服务范围。可按行政区域划分,各城市作为所管辖地区的区域中心,每一个长途编号区的服务范围内都设有本地无线寻呼控制中心,区域无线寻呼网的主控中心就设在其区域中心,主控中心的主要功能除了控制设在不同地区的基地站,承担异地寻呼,漫游寻呼等信息的交换和控制外,还对网络寻呼业务的流量、流向进行分析管理和统计。在任一地区内,基地站配置仍然按组成本地无线寻呼网的原则构成单区制或多区制的各地无线寻呼基地站。同样区域无线寻呼网的接续方式有人工接续和全自动接续之分。而人工接续方式的区域无线寻呼网联网方式可以分为设专用传输电路和远程终端方式以及利用分组交换数据联网方式两种。对于全自动接续的区域无线寻呼,各地自动寻呼中心都配有本地寻呼终端。在区域无线网的控制中心所在地,还配有数据处理中心、一个区域网发射控制器和若干个本地网发射控制器。各地寻呼终端直接通过专用数据电路与区域网自动寻呼控制中心的数据处理中心相连,用以传输寻呼信息、用户数据等信号。本地发射网路控制器通过中继电路与各基站相连。

3)全国联网的无线寻呼网络

全国邮电无线寻呼联网系统由31个城市的网控系统和1个全国网管中心系统组成。每个省网控系统采用两条X.25主备用方式通信,这两条X.25均是9 600 bit/s同步专线方式,全国网络形成闭合用户群。全国网管中心包括全国网络管理及支持系统,负责全国网络故障的监测和业务统计分析,以及远程软件诊断、调度及装载等全国网络维护工作。

各省市网控系统的组成主要包括以下几个部分:联网控制系统NCS,原126/127寻呼系统接口,1251漫游登记/查询系统,寻呼业务营业销售、计费系统,管理工作站负责网络管理及寻呼业务统计。各省市的无线寻呼联网系统以各自的联网控制系统NCS为核心,再通过X.25路由器和分组交换网互联通信,将全国各省市系统有机连接在一起。

在使用全国邮电的无线寻呼网系统时,主叫方可在全国的任何一个联网城市拨叫本地126/127特服号码,呼叫每个全国联网有权用户。当地的126/127系统将该寻呼信息送到省寻呼联网中心(下面简称省网中心)。省网中心判断其为本地用户,就直接在省内寻呼;若判断为外地全国联网用户,则通过TNPP接口,将该呼叫送到设在该省的联网控制系统。该联网控制系统判断被叫用户的归属后,通过X.25系统分组交换网将该呼叫信息送到归属该省市的联网控制系统。此联网控制系统再将被叫用户的 TNPP 地址(对应被叫用户目前可能存在的城市编码)和寻呼信息送到相应的省网中心,该省网中心根据 TNPP 地址送往相应地市的寻呼系统,当地的 126/127 系统发射寻呼信息。全国网管中心负责全部的网络故障监视,以及全网寻呼信息统计。

(2)无线寻呼网使用的频率

国际无线电咨询委员会(CCIR)建议使用的频段为:

26.1 MHz ~ 50 MHz   66 MHz ~ 88 MHz

146 MHz ~ 174 MHz   450 MHz ~ 470 MHz

我国无线电管理委员会规定的频段如表 1.1 所示,共用 6 个频段,计 60 个频点,频道间隔为 25 kHz,频率波稳定度要求在 $\pm 5 \times 10^{-7}$。

表 1.1 我国无线电寻呼系统所用的频段

组别	频段	频率点数	信道间隔/kHz
B06	43.675 ~ 43.775 MHz	5	25
D28	152.500 ~ 152.700 MHz	9	25
D29	156.050 ~ 156.300 MHz	11	25
B30	156.500 ~ 156.700 MHz	9	25
E50	410.600 ~ 410.900 MHz	13	25
E51	419.300 ~ 419.600 MHz	13	25

目前已经正式投入使用的低速寻呼系统均选用 150 MHz 的频段,我国规定公用无线电寻呼网首先采用 150 MHz,具体的工作频率为:

150.725 MHz,151.350 MHz

152.650 MHz(区域和全国联网使用)

156.275 MHz(本地网使用)

1.5.2 无绳电话系统

无绳电话(Cordless Telephone)是 20 世纪 70 年代中期发展起来的一种移动通信方式。无绳电话系统主要由无绳电话机、基站和网络管理中心等组成,信号是用无线电波进行传输的,所以在无绳电话的电话机和基站内都有一台收发信机,来自无绳电话机的话音先经过无线通信到达基站,经过变换后再进入 PSTN,用户拿着无绳电话可以在基站周围的一定距离内进行移动通信。由于无绳电话与基站的天线辐射功率都很小,因而无绳电话机可活动的范围不大。

第一代无绳电话 CT—1 采用的是模拟技术,话音质量不高,相互间易受干扰,使得邻近用户之间有严重的串扰,保密性差,用户只能局限在自己的基站使用。1987 年,英国首先推出一种数字无绳电话 CT—2,它标志着无绳电话开始从模拟制式向数字制式过渡。它解决了模拟制式无绳电话的缺陷,并且实现了一机多用,即一个无绳电话机在家庭、办公室以及公众场所都能使用。其后,世界许多国家纷纷进行了数字无绳电话的开发和研究。美国 Motorola 公司提出了把寻呼机与 CT—2 组合应用的系统;加拿大 Northern Telecom 公司推出了 CT—2 plus 系统和 Companion 系统;瑞典 Ericsson 公司推出了 CT—3(DCT—900)系统;欧洲邮电委员会

（CEPT）于1989年通过了有关数字无绳电话系统的泛欧标准（DECT）。限于篇幅所限,这里仅简要介绍 CT—2 无绳电话系统和 DECT 系统。

（1）CT—2 无绳电话系统

CT—2 无绳电话系统是一种公用数字无绳电话系统,由于它的功能所限制,只能使用无绳电话机进行主呼,不能实现被呼,无绳电话机和无绳电话机之间不能通话,但是它可以和寻呼系统配合使用,并且价格低廉,所以称它为"口袋里的电话亭"。

1）CT—2 的组成

CT—2 可以组成专用系统和公用系统。专用系统适用于家庭、部门或者团体的内部通信。根据网络的覆盖范围和用户数量的不同,可以设置一个或多个基站,如图 1.2 所示。基站通过用户线或者本单位的小型专用交换机（PABX）接入市话网（PSTN）,网内用户可以在规定的范围内进行双向呼叫（主呼和被呼）和通话。

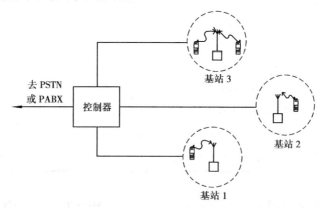

图 1.2   专用无绳电话系统

公用系统适用于城市中某些地区或者整个范围内的通信。比如,在车站、机场、码头、商场、闹市区……等等人们活动频繁的地方,采用和市场话网设立电话亭相似的方式,分散设置若干个公用基站（Telepoint）,这些公用基站均与市话网相连。携带无绳电话机的用户只要处在公用基站的周围,即可向任一个有线用户拨通电话。如果这种公用基站在街道旁边每隔400～500 m 就设置一个,则携带无绳电话的用户在沿街道行走时,能随时随地与有线用户电话通话。CT—2 系统由以下五部分组成。

①基站。一般基站由 2～6 条信道与市话网相连。通过基站天线与用户的无绳电话机通话。基站内配有小型数据库,当用户呼叫时,基站将立即查核用户的无绳电话机是否有权和账单情况等,如果用户是有权用户,并且也不欠电话费,基站允许用户的无绳电话机入网。

②无绳电话机。无绳电话机可以在距离基站 50～200 m 范围内进行拨号呼叫。目前无绳电话机只能实现单向呼叫,为了解决被呼,将寻呼机与无绳电话机合二为一,用户可以随时随地根据寻呼机收到的呼叫号码,按需要呼叫,这样可以完成双向呼叫。

③本地集中器。各基站通过公用电话网将各类管理数据集中到本地集中器,本地集中器将数据信号换成 X.25 分组交换规程数据流,再送至控制中心,这种处理方式可提高传输效率。

④地区控制中心。它是整个系统的控制中枢。负责整理及管理所有用户信息。如用户登记的有权信息,登记新用户、话务量统计、账务情况和故障诊断等。

⑤管理中心。网络管理中心的主要作用是对网络的运行进行管理和控制,对用户的身份进行登记和鉴权,对用户的话务量进行统计并报告计费中心。

家庭用或办公室的基站不与网管中心联系。这种基站的 CT—2 无绳电话机则可以主呼和被呼,公共场所的基站不能实现被呼。

2)CT—2 的技术性能

CT—2 的技术性能指标如表 1.2 所示。

表 1.2 CT—2 系统技术性能指标

项目	性能指标
工作频段	864.1 ~ 868.1 MHz(国外) 839.0 ~ 834.0 MHz(国内)
频道间隔	100 kHz
频道数	40
编码方式	32 kb 自适应差分编码调制(ADPCM)
调制方式	MSK
传输形式	FDMA/TDD
传输速率	72 kb/s
基站传输距离	50 ~ 200 m
用户密度	5 000 个用户/km^3
输出功率	最大 10 mW
信令数据速率	2 kb/s
TDD 周期	2 ms(收发各 1 s)
1/2 帧结构	2 监督位 + 64 话音位 + 2 监督信令
数据位长度	13.9 μs
话音数据位	64 位
接收灵敏度	4.47 Mv(BER = 10^{-3})
寄生发射(<1GHz)	25 μW
寄生发射(>1GHz)	<15 μW
邻信道功率	<10 μW
调制频偏	14.4 ~ 25.2 kHz

3)CT—2 通信的建立过程

无绳电话机通话前,先扫描 40 个信道,对信道进行测量,时限为 200 ms ~ 2 s。在确定最少干扰信号的信道后,连续 5 次取样表示该信道空闲,向该信道发出呼叫请求,时限为 14 ~ 750 ms,最大 5 s,基站收到呼叫请求后,如果信道空闲,则进行哪个信道同步,时限为 56 ~ 84 ms。然后无绳电话机与基站交换信息,时限为 24 ms。用户身份验证时限为 18 ms,最后基站拨号音,无绳电话机开始拨号。若为家庭基站或办公室基站则可最多接 9 个无绳电话机号,在基站覆盖的范围内,可以进行双向通信。无绳电话机离开主机覆盖范围时,其上有指示场强不够,在无绳电话机离开主机覆盖仅 500 ms 立即返回时,通话可以不中断。

(2)DECT 系统

DECT(Digital European telephony)是为了实现全欧洲无绳电话通信而开发的系统。它是欧洲邮电委员会在1991年发布的泛欧无绳电话标准。DECT 无绳电话系统是一种微蜂窝网的系统结构,具有双向呼叫、过区切换和漫游功能,其技术特征如表1.3 所示。

表1.3　DECT 系统技术性能指标

项目	性能指标
工作频率	1 880 ~ 1 900 MHz
频道间隔	1.728 MHz
频道数	120
编码方式	自适应差分编码调制(ADPCM)
编码速率	32 kb/s
调制方式	GFSK
发射功率	峰值:250 mW;平均值:10 mW
工作方式	TDMA/FDMA/TDD
信道传输速率	1.152 Mb/s
信息速率	32 kb/s
数据速率	4.8 kb/s
信令数据速率	2 kb/s
帧长度	10 ms(24 个时隙)

1)采用时分多址、频分多址和时分双工(TDMA/FDMA/TDD)的工作方式

工作频段为 1 880 ~ 1 900 MHz,共设 10 个频点,频道间隔为 1.728 MHz,各频道均分成长为 10 ms 的帧,各帧又分成 24 个 0.417 ms 的时隙,其中 12 个时隙用于基站向无绳电话机发送信号,其余 12 个时隙用于无绳电话机向基站发送信号。每个频道可以同时提供 12 对时隙,即 12 个双工信道。10 频道可同时提供的信道总数为 120。

2)信道组成和传输速率

DECT 无绳电话系统的帧格式和时隙格式如图1.3 所示。每一个时隙共有 480 b。其中,前置码 16 b,同步 16 b 控制信道 64 b,信息信道 320 b,另外有保护时间 64 b(55.6 μs)。控制信道中包含报头 8 b,数据 40 b 和循环冗余校验(CRC)16 b。由此可以求出信道传输速率为 480/0.417 = 1.152 Mb/s,信息速率为 320/10 = 32 kb/s,数据速率为 48/10 = 4.8 kb/s。

3)发射功率

峰值:250 mW;平均值:10 mW。

4)调制方式

采用 GFSK 调制。在 1.728 MHz 的频道宽度中,传输 1.152 Mb/s 的信息,要求频带利用率为 1.152/1.728 = 0.67(b/s)/Hz。

5）话音编码

采用 ADPCM。编码速率为 32 kb/s。

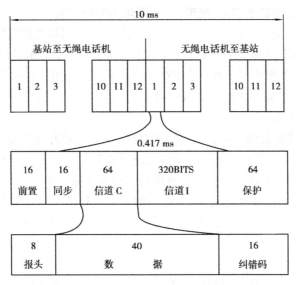

图 1.3　DECT 无绳电话系统的帧格式和时隙格式

1.5.3　蜂窝电话系统

什么是蜂窝移动通信？美国联邦通信委员会（FCC）在联邦章程这样定义蜂窝系统：一个高容量的陆上移动通信系统,分配给系统中的频谱被划分为独立的信道,这些信道按组分配给各个地理小区,这些小区覆盖了一个蜂窝地理服务区。独立的信道能够被服务区内的不同小区复用。同时 FCC 定义了蜂窝移动通信系统的三个基本参量:高容量、小区和频率复用。

蜂窝移动通信网从开始到现在的十几年时间里,其发展速度之快十分惊人。尤其是第二代数字蜂窝系统的 GSM 系统,占据着 60% 以上的蜂窝系统用户;随着数据通信、多媒体应用和因特网的迅猛发展,人们日益需求更加丰富的信息资源,但现有的 GSM 移动通信系统在容量、带宽、业务等方面并不能充分满足这些需求。通用分组无线业务 GPRS 作为 GSM 系统迈向第三代移动通信的关键技术,能使移动通信与数据网络有机的结合起来,又使其具有蜂窝移动通信系统的典型特点,我们将以其为代表介绍蜂窝移动通信系统。

1.6　移动通信的发展趋势

纵观移动通信的发展历程,当代移动通信可以分为三个阶段:即以模拟调频、频分多址为主体技术的第一代移动通信;以数字传输、时分多址或码分多址为主体技术的第二代移动通信和以个人通信为目标的第三代移动通信。所谓个人通信指的是无论任何人（Whoever）在任何时候（Whenever）和任何地点（Wherever）都能和另一个人（Whomever）进行任何方式（Whatever）的通信。从而我们也就把实现个人通信的网络称为个人通信网（PCN）。个人通信网是把有线通信网、公众数字蜂窝移动通信、无绳电话技术、移动卫星通信技术以及引入了智能网功能的 ISDN 网和宽带 ISDN 综合一体,随时随地向用户提供可实现的各种智能型综合业务的全球通信网。由于移动通信发展极其迅速,其发展趋势可以概括如下:

(1)移动通信设备朝着数字化、宽带化、小型化的方向发展

当前各种移动通信系统都已经从第一代模拟技术过渡到第二代数字技术,频谱效率大大提高。为了适应移动性,移动台的小型化取得了长足的进步,GSM 手机已达到 70 cm^3、70 g,(已经远远低于 ITU—R 提出的 200 cm^3、200 g 的要求),作为第三代移动通信系统必须满足多媒体业务的需求,数字传输速率达到 2 Mb/s 以上,国际上都在努力攻克 WCDMA 的技术难题,并已经取得了可喜的进展。

(2)移动通信网络朝着综合化、智能化、全球化、个人化的方向发展

蜂窝、无绳、寻呼和集群等各种移动通信系统将在第三代中以全球通用、系统综合作为基本出发点逐步融合,力图建立一个全球性的移动综合业务数字网。各种低、中、高轨道卫星移动通信系统纷纷推出,以解决全球覆盖、三维空间的个人移动性。低轨道卫星移动通信的全球卫星系统和中轨道卫星移动通信的 ELLPSO 系统,CCI 系统,均将陆续投入运行,GMPCS(全球卫星移动个人通信)成了 ITU 的热门议题。移动通信网作为一种理想的智能接入网,未来必然要与固定通信网合成全球统一网,实现人类通信的最高境界——个人通信。

(3)移动通信发展的速度大大超过固定有线电话,成为信息通信产业的亮点

根据 ITU 资料:电信行业的业务增长从 1992 年开始逐步加速,至 1997 年达到 7%,为总经济增长速度的两倍。而在电信领域,据美国《商业周刊》预测,1997 年全球移动电话约 2 亿部,固定有线电话近 10 亿部;至 2010 年移动电话将达到 13 亿部,年均增长率为 25%,而有线电话将达到 14 亿部,年均增长率仅为 4%。我国二者的增长数量也有类似的规律,移动电话的增长速度大大超过固定有线电话。因此移动通信将成为 21 世纪非常重要的通信工具,它将与有线通信具有同样重要的战略地位。移动通信正因为其高速增长的市场、非凡的发展潜力,成为未来整个信息通信产业耀眼的亮点。

在各方面的努力下,个人通信已经从概念逐步走向现实,欧洲是在蜂窝电话和无绳电话系统的基础上发展个人通信网的。目前欧洲已经开始把 CDMA 技术应用于先进的个人通信系统。美国个人通信业务(PCS)开发者也看好 CDMA 系统容量大的优点,两个 Bell Atlantic 公司(Bell of Pennsylvania & Bell Atantic Mobile)已于 1992 年成功进行了 PCS 试验。国际电信联盟也提出了建立未来公众移动电话系统的计划,并且相关的标准也在 2000 年颁布,旨在推出一套兼容并能在全球范围内应用的标准,以取代目前互不相容的各种系统制式。可以预计的是:今后移动通信技术还会进一步的发展和演进,随着第三代移动通信技术的实现和移动通信与互联网的融合,全球正在迅速向着移动信息时代迈进。未来的移动通信将为无处不在的互联网提供全方位的、无缝的移动性接入,并最终实现任何人在任何地方任何时间与其他人进行任何方式的通信的目的。

习　题

1. 什么叫移动通信? 移动通信有哪些特点?
2. 说明无线寻呼系统组成及其主要特点。

3.无线寻呼网有哪些类型？其主要指标性能如何？

4.无绳电话的主要特点是什么？典型的系统有哪些？

5.DECT 系统由哪几部分组成？

6.CT—2 无绳电话系统和 DECT 系统有何异同点？

7.试述移动通信的发展过程与发展方向。

第 2 章
蜂窝的概念

2.1 蜂窝的概念

早期移动通信系统的设计目标是通过使用安装在高塔上的、单个的大功率发射机而获得一个大面积的覆盖范围。虽然这种方式能获得很好的覆盖，但它同时也意味着在系统中不能重复使用相同的频率，因为复用频率将导致干扰。例如，20 世纪 70 年代纽约的贝尔移动系统最多能支持 1 000 平方英里内的 12 个同时呼叫。而政府部门已不能使频率分配满足移动服务增长的需求，这样，调整移动通信系统结构，以使其既能用有限的无线频率获得大容量，同时又能覆盖大面积范围，已迫在眉睫。

我们知道传输损耗随着距离的增加而增加，并且与地形环境密切相关，因而移动台与基站之间的通信是有限的。例如：若基站天线高度为 70 m，工作频率为 450 MHz，天线增益为 8.7 dB，发射机功率为 25 W，移动台天线高度为 3 m，接收灵敏度为 −113 dBm，接收天线增益为 1.5 dB，则通信可靠性可达到 90% 的通信距离为 25 km。在 FDMA 系统中，通常每个信道有一部对应的收发信机。由于电磁兼容等因素的限制，在相同地点可同时工作的收发信机的数目是有限的(例如，某些地点的收发信机数目小于 30 个)。因此，用单个基站覆盖一个服务区(通常称为大区制)可容纳的用户数是有限的，无法满足大容量的要求。

蜂窝概念是解决频率不足和用户容量问题的一个重大突破。它能在有限的频谱上提供非常大的容量，而不需要做技术上的重大修改。蜂窝概念是一种系统级的概念，其思想是用许多小功率的发射机(小覆盖区)来代替单个的大功率发射机(大覆盖区)，每一个小覆盖区只提供服务范围内的相应部分覆盖。每个基站被分配整个系统可用信道中的一部分，相邻基站则被分配另外一些不同的信道，这样所有的可用信道就被分配给了一定数目的相邻基站。给相邻的基站分配不同的信道组，则基站之间的干扰达到最小。通过系统地分隔整个通信系统的基站及它们的信道组，可用信道在整个通信系统的地理区域内被分配，而且尽可能地复用，只要基站间的同频干扰低于可接受水平。

随着服务需求的增长，通过增加基站的数目，提供更大的容量，但没有增加额外的频率。这一基本原理是所有现代无线通信系统的基础，它通过整个覆盖区域内复用信道，实现了用固定数目的信道来为任意多的用户服务。此外,蜂窝概念允许在一个国家或一个大陆内,每一个用户设备都做成使用同样的一组信道,这样任何的移动终端都可在该区域内的任何地方使用。

为了使服务区达到无缝覆盖,提高系统的容量,需要采用多个基站来覆盖给定的服务区。从理论上讲,可以给每个小区分配不同的频率,但这样需要大量的频率资源,且频谱利用率很低。为了减少对频率资源的需求和提高频谱利用率,将相同的频率相隔一定的小区后重复使用,只要使用相同频率的小区(同频小区)之间干扰足够小即可。

2.2 服务小区的形状

下面针对不同的服务区来讨论小区的形状。

2.2.1 带状网

带状网主要用于覆盖公路,铁路,海岸等,如图 2.1、图 2.2 所示。

基站天线若用全向辐射,覆盖区形状是圆形的(图 2.2)。带状网宜采用有向天线,使每个小区呈扁圆形(图 2.1)。

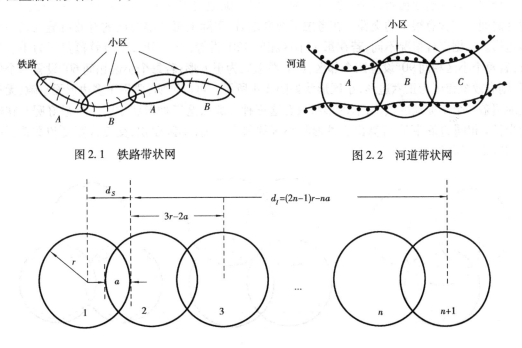

图 2.1 铁路带状网   图 2.2 河道带状网

图 2.3 带状网的通频道干

带状网可以进行频率再用,若以不同信道的两个小区组成一个区群,如图 2.1,称为双频制。若以不同信道的三个小区组成一个区群,如图 2.2,称为三频制。从造价和频率资源的利用而言,当然双频制最好;但从抗同频道干扰而言,双频制最差,还应考虑多频制。

设 n 频制的带状网如图 2.3 所示。每一个小区的半径为 r,相邻小区的交叠宽度为 a,第 $n+1$ 区与第 1 区为同频道小区。可算出信号传输距离 d_s 和同频道干扰传输距离 d_I 之比。若认为传输损耗近似与传输距离的四次方成正比,则在最不利的情况下可得到相应的干扰信号比如表 2.1。由表可见,双频制最多能获得 19 dB 的同频干扰抑制比,这通常是不够的。

表 2.1　带状网的同频干扰

		双频制	三频制	n 频制
d_S/d_I		$\dfrac{r}{3r-2a}$	$\dfrac{r}{5r-3a}$	$\dfrac{r}{(2n-1)r-na}$
I/S	$a=0$	-19 dB	-28 dB	$40\lg\dfrac{1}{2n-1}$
	$a=r$	0 dB	-12 dB	$40\lg\dfrac{1}{n-1}$

2.2.2　蜂窝网

在平面区域内划分小区,通常组成蜂窝式的网络。在带状网中,小区呈现线状排列,区群的组成和同频道小区距离的计算都比较方便,而在平面分布的蜂窝网中,这是一个比较复杂的问题。

全向天线辐射的覆盖区是个圆形。为了不留空隙地覆盖整个平面服务区,一个个圆形辐射区之间一定含有很多的交叠。在考虑了交叠之后,实际上每个辐射区的有效覆盖区是一个多边形。根据交叠情况不同,若在每个小区相间 120°设置三个邻区,则有效覆盖区为正三角形;若每个小区相间 90°设置四个邻区,则有覆盖区为正方形;若每个小区相间 60°设置六个邻区,则有效覆盖区为正六边形;小区形状如图 2.4 所示。可以证明,要用正多边形无空隙,无重叠地覆盖一个平面地区域,可取的形状只有这三种。那么这三种形状中哪一种最好呢? 在辐射半径 r 相同的条件下,计算出三种形状小区的邻区距离,小区面积,交叠区宽度和交叠区面积如表 2.2 所示。

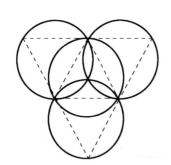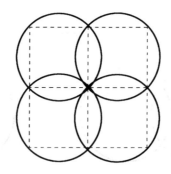

图 2.4　小区的形状

由表 2.2 可见,在服务区面积一定的情况下,正六边形小区的形状最接近理想圆形,用它覆盖整个服务区所需的基站数最少也就最经济。正六边形构成的网络形同蜂窝,因此把小区形状为六边形的小区制移动通信网称为蜂窝网。

表 2.2　三种形状小区的比较

小区形状	正三角形	正方形	正六边形
邻区距离	r	$\sqrt{2}r$	$\sqrt{3}r$
小区面积	$1.3\,r^2$	$2\,r^2$	$2.6\,r^2$
交叠区宽度	r	$0.59\,r$	$0.27\,r$
交叠区面积	$1.2\,\pi r^2$	$0.73\,\pi r^2$	$0.35\pi r^2$

正六边形的蜂窝系统分析起来比较简单、易处理,它已被广泛地接受。实际上一个小区的无线覆盖是一个不规则形状,并且决定于场强测量或传播预测模型。实际一个小区形状是不规则的,但也需要有一个规则的小区形状用于系统设计,以适应未来的增长需要。人们自然地想用一个圆来表示一个基站的覆盖范围,但是相邻的圆不可能没有间隙的或没有重叠的覆盖整个平面。考虑要覆盖整个区域而没有重叠和间隙的几何形状时,有三种可能的选择:正方形、等边三角形和六边形。小区设计应能为在不规则覆盖区域内的最弱信号的移动台服务,具有代表性的是处于小区边界的移动台。如果多边形中心与它的边界上最远点之间的距离是确定的,那么六边形在三种几何形状当中具有最大的面积。因此,如果用六边形作覆盖模型,可用最少的小区数就能覆盖整个地理区域;而且,六边形最接近于圆形的辐射模式,全向的基站天线和自由区间传播的辐射模式就是圆形的。

2.3　频率复用

蜂窝无线系统依赖于整个覆盖区域内信道的智能分配和复用。每一个蜂窝基站都被分配一组无线信道,该信道组所包含的信道全部不能在相邻小区中使用。基站天线设计要做到某一特定小区内期望的覆盖。通过将覆盖范围限制在小区边界以内,相同的信道组就可用于覆盖不同的小区,只要这些小区两两之间相隔的距离足够远,使得相互间的干扰水平在可接受的界限之内。为整个系统中的所有基站选择和分配信道组的设计过程就叫做频率复用或频率规划。

图 2.5 说明了蜂窝频率复用的思想,在该图中标有相同字母的小区使用相同的信道组。频率复用设计是基于地图之上的,指明在哪儿使用了不同的频率信道。

当用六边形来模拟覆盖范围时,在每个小区中,基站可设在小区的中央,用全向天线形成圆形覆盖区,这就是所谓"中心激励"方式,如图 2.6(a)。也可以将基站设计在每个小区六边形的三个顶点上,每个基站采用三副 120°扇形辐射的定向天线,分别覆盖三个相邻小区的各三分之一区域,每个小区由三副 120°扇形天线共同覆盖,这就是所谓"顶点激励",如图2.6(b)所示。采用 120°的定向天线后,所接受的同频干扰功率仅为采用全向天线系统的1/3,因而可以减少系统的同道干扰。另外,在不同地点采用多副定向天线可消除小区内障碍物的阴影区。

实际上,一般不允许基站完全地按照六边形设计图案来安置。大多数的系统设计都允许将基站安置的位置与理论上理想的位置有 1/4 小区半径的偏差。

为了理解频率复用的概念,考虑一个共有 S 个可用的双向信道的蜂窝系统。如果每个小

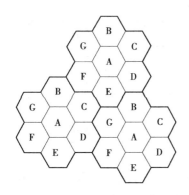

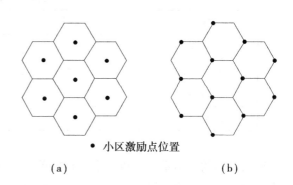

● 小区激励点位置

（a）　　　　　　　　　（b）

图 2.5　蜂窝频率复用示意图　　　图 2.6　小区的两种激励方式

（a）中心激励方式　（b）顶点激励方式

区都分配 K 个信道（$K<S$），并且 S 个信道在 N 个小区中分为各不相同的、各自独立的信道组。而且每个信道组有相同的信道数目，那么可用无线信道的总数表示为：

$$S = K \cdot N$$

共同使用全部可用频率的 N 个小区叫做一个区群。如果区群在系统中共复制了 M 次，则双向信道的总数 C，可以作为容量的一个度量：

$$C = M \cdot K \cdot N = M \cdot S \tag{2.1}$$

从式（2.1）式中可以看出，蜂窝系统的容量直接与区群在某一固定服务范围内复制的次数成比例。因数 N 叫做区群的大小，典型值为 4、7 或 12。如果区群的大小 N 减小而数目保持不变，则需要更多的区群来覆盖给定的范围，从而获得了更大的容量（更大的 C 值）。一个大区群意味着小区半径与同频小区间距离的比例更大。相反地，一个小区群意味着同频小区间相距得更近。N 的值则表现了移动台或基站可以承受的干扰，同时保持令人满意的通信质量。从设计的观点来看，N 取可能的最小值是最好的，目的是为了获得某一给定覆盖范围上的最大容量（式（2.1）中 C 的最大值）。蜂窝系统的频率复用因子为 $1/N$，因为一个区群中的每个小区都只分配给系统中所有可用信道的 $1/N$。

由于图 2.5 所示的六边形有六个等距离邻区，并且小区中心与它的邻居之间的连线间的夹角都是 60°的倍数，因此只有一些特定的区群大小和小区规划才是可能的。为了将六边形划分成一个一个的小方格——使相邻小区无空隙——每一个区群的小区数量 N，只有满足式（2.2）的值。

$$N = i^2 + i \cdot j + j^2 \tag{2.2}$$

其中，i 和 j 为非零整数。

为了找到某一特定小区的相距最近的同频相邻小区，必须按以下步骤进行：①沿着任何一条六边形链移动 i 个小区；②逆时针旋转 60°再移动 j 个小区。图 2.7 中所示的为 $i=3$、$j=2$（$N=19$）。

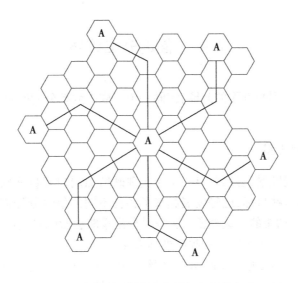

图 2.7 在蜂窝系统中定位同频小区的方法。
在这个例子中，$N=19$（也就是 $i=3$，$j=2$）

同样，我们可以作出其他区群的组合方式如图 2.8 所示。

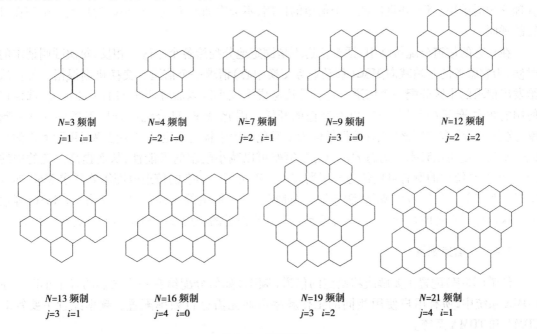

$N=3$ 频制 $j=1$ $i=1$ 　　$N=4$ 频制 $j=2$ $i=0$ 　　$N=7$ 频制 $j=2$ $i=1$ 　　$N=9$ 频制 $j=3$ $i=0$ 　　$N=12$ 频制 $j=2$ $i=2$

$N=13$ 频制 $j=3$ $i=1$ 　　$N=16$ 频制 $j=4$ $i=0$ 　　$N=19$ 频制 $j=3$ $i=2$ 　　$N=21$ 频制 $j=4$ $i=1$

图 2.8 区群的组成

2.4 信道分配策略

信道分配策略涉及到两方面的问题:①同一个区群内频率分配问题;②不同区群之间频率配置问题。

2.4.1 频率复用方案

为了充分利用无线频谱,必须要有一个能实现既增加用户容量又减小干扰为目标的频率复用方案。为了达到这些目标,已经发展起来了各种不同的信道分配策略。信道分配策略可以分为两类:固定的或动态的。选择哪一种信道分配策略会影响系统的性能,特别是在移动用户从一个小区切换到另一个小区时的呼叫处理方面。

在固定的信道分配策略中,每个小区分配给一组预先确定好的话音信道。小区中的任何呼叫都只能使用该小区中的空闲信道。如果该小区中的所有信道已被占用,则呼叫阻塞、用户得不到服务。固定分配策略也有许多变种。其中有一种方案,叫做借用策略,如果它自己的所有信道都已被占用的话,允许小区从它的相邻小区中借用信道。由移动交换中心(MSC)来管理这样的借用过程,并且保证一个信道的借用,不会中断或干扰借出小区的任何一个正在进行的呼叫。

在动态的信道分配策略中,话音信道不是固定地分配给各个小区。相反,每次呼叫请求的时候,为它服务的基站就向 MSC(移动业务交换中心)请求一个信道。交换机则根据一种算法给发出请求的小区分配一个信道。这种算法考虑了该小区以后呼叫阻塞的可能性、候选信道使用的频次、信道的复用距离,以及其他的开销。因此,MSC 只分配符合以下条件的某一频率:这个小区没有使用该频率;而且任何为了避免同频干扰而限定的最小频率复用距离内的小区也都没有使用该频率。动态的信道分配策略可以减小阻塞的可能性,从而提高系统的中继能力,因为系统中的所有可用信道对于所有小区都可用。动态的信道分配策略要求 MSC 连续实时地收集关于信道占用情况、话务量分布情况、所有信道的无线信号强度指示(RSSI)等数据。这增加了系统的存储和计算量,但有利于提高信道的利用效率和减小呼叫阻塞的概率。

2.4.2 信道配置

信道(频率)配置主要解决将给定的信道(频率)如何分配给在一个区群的各个小区。在 CDMA 系统中,所有用户使用相同的工作频率因而无需进行频率配置。频率配置主要针对 FDMA 和 TDMA 系统。

在介绍信道配置方式之前,我们先来介绍一下什么叫互调干扰。

(1)互调干扰

互调干扰是由传输信道中的非线性电路产生的。例如,当两个或多个不同频率的信号同时输入到非线性电路时,由于非线性器件的作用,会产生许多谐波和组合频率分量,其中与所需信号频率 w_0 相接近的组合频率分量会顺利通过接收机而形成干扰,这就是互调干扰。一般说,多个频率不同的信号作用于任何一个非线性电路中都会产生许多组合频率的信号。为了方便,这里首先结合接收机中产生的互调干扰原理进行说明。一般非线性器件的输出电流 i_c

与输入电压 u 的关系式可写为：

$$i_c = a_0 + a_1 u + a_2 u^2 + a_3 u^3 + \cdots \tag{2.3}$$

其中，a_k 为非线性器件的特性系数，通常有 $a_1 > a_2 > a_3 > \cdots$。

假设有两个信号同时作用于非线性器件，即

$$u = A\cos w_A t + B\cos w_B t$$

(2.3)式中谐波产生的失真项可表示为

$$\sum_n a_n (\cos w_A t + B\cos w_B t)^n \qquad n = 2,3,4,\cdots$$

将上式展开并观察其中所包含的频率成分，可以发现：

1）在各个失真项都包含 w_A 和 w_B 的高次谐波分量（nw_A 和 nw_B），这些谐波分量的频率通常远离接收机的谐波频率 w_0，而不属于互调频率，可以不予考虑。

2）在二阶（$n = 2$）失真项中，会出现 $w_A + w_B$ 和 $w_A - w_B$ 两种组合频率。由于接收机的输入电路以及高频放大电路具有调谐回路，即具有选择性，这两种频率的干扰信号必将受到很大抑制，不易形成互调干扰。这是因为 w_A 和 w_B 往往接近 w_0，从而使 $w_A + w_B$ 和 $w_A - w_B$ 远离接收机的调谐频率 w_0，不可能形成互调干扰。

3）在三阶（$n = 3$）失真项中，会出现 $2w_A - w_B$、$2w_B - w_A$、$2w_A + w_B$ 与 $2w_B + w_A$ 等组合频率，这里，后两项的性质类似于二阶组合频率中的 $w_A + w_B$ 可以忽略。但对于 $2w_A - w_B$、$2w_B - w_A$ 两项而言，当 w_A 和 w_B 都接近于又用信号的频率 w_0 时，很容易满足以下条件：

$$\begin{cases} 2w_A - w_B \approx w_0 \\ 2w_B - w_A \approx w_0 \end{cases}$$

这一条件说明，$2w_A - w_B$ 和 $2w_B - w_A$ 两项频率不仅可以落入接收机的通频带之内，而且可以在现 w_A 和 w_B 都靠近 w_0 的情况下发生，因为接收机的输入电路对频率靠近其工作频率的干扰信号不会有很大的抑制作用，因而这两种组合频率的干扰对接收机的危害比较大。通常把这两种组合频率的干扰称为三阶互调干扰。

4）同理，在五阶（$n = 5$）失真项中，具有危害性的组合频率是 $3w_A - 2w_B$ 或 $3w_B - 2w_A$，通常把这两种组合频率的干扰称为五阶互调干扰。因为非线性器件中，系数 $a_5 < a_3$，因而高阶互调的强度一般都小于低阶互调分量的强度。这就是说，五阶互调干扰的影响小于三阶互调干扰的影响。因而在一些实际的系统设计中，常常只考虑三阶互调干扰，至于七阶以上的互调干扰，因为其影响更小，故一般不予考虑。

倘若在非线性电路的输入端同时出现三种不同频率的信号，即

$$u = A\cos w_A t + B\cos w_B t + C\cos w_C t$$

按上述方法同样分析可知，其中危害最大的互调频率是三阶互调中的 $w_B + w_A - w_C$、$w_B + w_C - w_A$ 和 $w_A + w_C - w_B$ 等项，以及五阶互调中 $2w_A - 2w_B + w_C$ 等项。

有时把两个干扰信号产生的三阶互调称之为三阶—Ⅰ型互调，把三个干扰信号产生的三阶互调称之为三阶—Ⅱ型互调。

在一个移动通信系统中，为了避免三阶互调干扰，在分配频率时，应合理的选择频道组中的频率，使他们可能产生的互调干扰不至落入同组频道中任一工作频道。

根据前面的分析可知，产生三阶互调干扰的频率是：

$$f_x = f_i + f_j - f_k$$

或

$$f_x = 2f_i - f_j$$

其中 f_i、f_j、f_k 是频率集合 $\{f_1, f_2, f_3, \cdots, f_n\}$ 中的任意三个频率，f_x 也是该频率集合中一个频率。

(2)信道配置

信道分配(配置)的方式主要有两种:一是分区分组配置法;二是等频距配置法。

1)分区分组配置法

分区分组配置法所遵循的原则是:尽量减少占用的总频段,以提高频段的利用率;同一区群内不能使用相同的信道,以避免同频干扰;小区内采用无三阶互调的相容信道组,以避免互调干扰。现举例说明如下。

设给定的频段以等间隔划分为信道,按顺序分别标明各信道的号码为:1,2,3,…。

若每个区群有 7 个小区,每个小区需 6 个信道,按上述原则进行分配,可得到:

第一组　　1、5、14、20、34、36
第二组　　2、9、13、18、21、31
第三组　　3、8、19、25、33、40
第四组　　4、12、16、22、37、39
第五组　　6、10、27、30、32、41
第六组　　7、11、24、26、29、35
第七组　　15、17、23、28、38、42

每一组信道分配给区群内的一个小区。这里使用 42 个信道就只占用了 42 个信道的频段,是最佳的分配方案。

以上分配中的主要出发点是避免三阶互调,但未考虑同一信道组中的频率间隔,可能会出现较大的邻道干扰,这是这种配置方法的一个缺陷。

2)等频距配置法

等频距配置法是按等频率间隔来配置信道的,只要频距选得足够大,就可以有效地避免邻道干扰。这样的频率配置可能正好满足产生互调的频率关系,但正因为频距大,干扰易于被接收机输入滤波器滤除而不易作用到非线性器件,这也就避免了互调的产生。

等频距配置时可根据群内的小区数 N 来确定同一信道组内各信道之间的频率间隔,例如,第一组用 $(1, 1+N, 1+2N, 1+3N, \cdots)$,第二组用 $(2, 2+N, 2+2N, 2+3N, \cdots)$ 等。例如 $N = 7$,则信道的配置为:

第一组　　1、8、15、22、29、…
第二组　　2、9、16、23、30、…
第三组　　3、10、17、24、31、…
第四组　　4、11、18、25、32、…
第五组　　5、12、19、26、33、…
第六组　　6、13、20、27、34、…
第七组　　7、14、21、28、35、…

这样同一信道组内的信道最小频率间隔为 7 个信道间隔,若信道间隔为 25 kHz,则其最小频率间隔可达 175 kHz,这样,接收机的输入滤波器便可有效地抑制邻道干扰和互调干扰。

如果是定向天线进行顶点激励的小区制,每个基站应配置三组信道,向三个方向辐射,例如:$N=7$,每个区群就需要 21 个信道组。整个区群内各基站信道组的分布如图 2.9 所示。

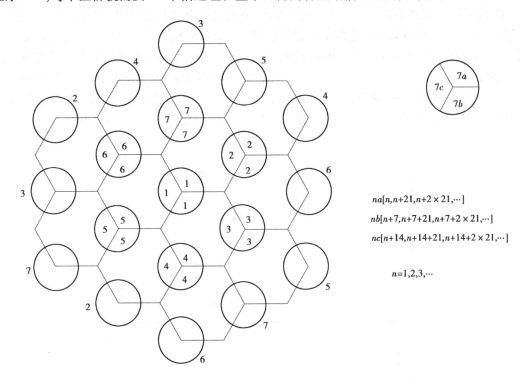

$$na[n,n+21,n+2\times21,\cdots]$$
$$nb[n+7,n+7+21,n+7+2\times21,\cdots]$$
$$nc[n+14,n+14+21,n+14+2\times21,\cdots]$$

$$n=1,2,3,\cdots$$

图 2.9 三顶点激励的信道配置

以上讲的信道配置方法都是将某一组信道固定配置给某一基站,这只能适应移动台业务分布相对固定的情况。事实上,移动台业务的地理分布是经常会发生变化的,如早上从住宅区向商业区移动,傍晚又反向移动,发生交通事故或集会时又向某处集中。此时,某一小区业务量增大,原来配置的信道可能不够用了,而相邻小区的业务量小,原来配置的信道可能有空闲,小区之间的信道又无法相互调剂,因此频率的利用率不高,这就是固定配置信道的缺陷。为了进一步提高频率利用率,使信道配置能随移动通信业务量地理分布的变化而变化,有两种办法:一是"动态配置法"——随业务量的变化重新配置全部信道;二是"柔性配置法"——准备若干个信道,需要时提供给某个小区使用。前者如能理想地实现,频率利用率可提高 20% ~ 50%,但要及时算出新的配置方案,且能避免各类干扰,电台及天线共用器等装备也要能适应,这是十分困难的。后者控制比较简单,只要预留部分信道使各基站都能共用,可应付局部业务量变化的情况,是一种比较实用的方法。

2.5 切 换 策 略

当一个移动台正在通话的时候,从一个基站移动到另一个基站,MSC 自动地将呼叫转移到新基站的信道上。这种切换操作不仅要识别一个新基站,而且要求将话音和信令信号分派到新基站的信道上。

切换处理在任何蜂窝无线系统中都是一项重要的任务。在小区内外配空闲信道时,许多切换策略都使切换请求优先于呼叫初始请求。切换必须要很顺利地完成,并且尽可能少地出现,同时要使用户觉察不到。为了适应这些要求,系统设计者必须要指定一个启动切换的最恰当的信号强度。一旦将某个特定的信号强度指定为基站接收机中可接收的话音质量的最小可用信号(一般在 $-90\ \text{dBm} \sim -100\ \text{dBm}$ 之间),稍微强一点的信号强度就可作为启动切换的门限。其中的间隔表示为 $\Delta = P_{r切换} - P_{r最小可用}$,不能太小也不能太大。如果 Δ 太大,就可能会有不需要的切换来增加 MSC 的负担;如果 Δ 太小,就可能会因信号太弱而掉话,而在此之前又没有足够的时间来完成切换。因此,必须谨慎的选择 Δ 以满足这些相互冲突的要求。

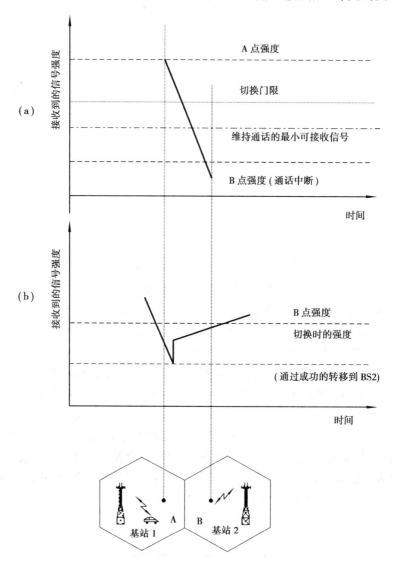

图 2.10   在小区边界的切换图解
(a)不正确的切换情况   (b)正确的接收情况

  图 2.10 说明了切换的情况。图 2.10(a)示范了一种情况:没有做切换、信号一直下降到使信道畅通的最小强度以下。当 MSC 处理切换的延时过大时就会发生这种掉话情况,或者是对于系统中的切换时间来说,Δ 值设置得太小时。当话务量大的时候就可能导致延时过大,原

因是 MSC 的负担太重,或是在邻近的基站中都已没有可用的信道(这时 MSC 就只有一直等到邻近基站有一个空闲信道为止)。

在决定何时切换的时候,很重要的一点是要保证所检测到的信号电平的下降不是因为瞬间的衰减,而是由于移动台正在离开当前服务的基站。为了保证这一点,基站在准备切换之前先对信号监视一段时间。必须优化这种连续的信号能量的检测以避免不必要的切换,同时保证在由于信号太弱而通话中断之前完成必要的切换。决定切换进行的时间长短取决于车辆的行驶速度。如果在某一固定时间间隔内接收到的短期的平均信号强度的坡度很陡,则要进行快速切换。车辆速度的信息,在决定是否切换时有用,可以根据基站接收到的短期的衰减信号的数据来计算。

呼叫在一个小区内没有经过切换的通话时间,叫做驻留时间。某一特定用户的驻留时间受到一系列参数的影响,包括传播、干扰、用户与基站之间的距离,以及其他的随时间而变的因素。即使移动用户是静止的,基站和移动台附近也会产生衰减,因此即使是静止的用户也可能有一个随机的、有限的驻留时间。分析表明有关驻留时间的数据变动很大,它取决于用户的移动速度和无线覆盖的类型。例如,在为高速公路上的车辆用户提供覆盖的小区中,大多数用户都有一个相对比较稳定的速度,并且是在有很好的无线覆盖的公路上行驶。在这种情况下,任意一个用户的驻留时间都是一个随机数,它是具有平均驻留时间很集中的一种分布。另一方面,对于在密集的、混乱的微区中的用户来说,平均驻留时间有很大的变化,而且驻留时间要比在别的小区中短。很明显,有关驻留时间的统计数据在实际的切换算法设计中是很重要的。

在第一代模拟蜂窝系统中,信号能量的检测是由基站来完成、由 MSC 来管理的。每个基站连续地监视它的所有反向话音信道的信号能量,以决定每一个移动台对于基站发射台的相对位置。为了检测小区中正在进行的呼叫的 RSSI,要用基站中备用的接收机,即定位接收机,来决定相邻基站中的移动用户的信号能量。定位接收机由 MSC 来控制,用来监视相邻基站中的有切换可能的移动用户的信号能量,并且将所有的 RSSI 值传给 MSC。MSC 根据每个基站的定位接收机接收到的信号能量数据,来决定是否进行切换。

在使用数字 TDMA 技术的第二代系统中,是否切换的决定是由移动台来辅助完成的。在移动台辅助切换(MAHO)中,每个移动台检测从周围基站中接收到的信号能量,并且将这些检测数据连续的回送给当前为它服务的基站。当从一个相邻小区的基站中接收到的信号能量比当前基站的高出一定电平时,或是维持了一定的时间时,就准备进行切换。MAHO 方法使得基站间的呼叫切换比在第一代模拟系统中快得多,因为切换的检测是由每个移动台来完成的,这样 MSC 就不再需要连续不断地监视信号能量。MAHO 在切换频繁的微蜂窝环境下特别适用。

在一个呼叫过程中,如果移动台从一个蜂窝系统离开到另一个具有不同 MSC 控制的蜂窝系统中,则需要进行系统间的切换。当某个小区中的移动台的信号减弱,而 MSC 又在它自己的系统中找不到一个小区来转移正在进行的通话,则该 MSC 就要做系统间切换。要完成一个系统间切换需要解决许多问题,例如,当移动台驶离本地系统而变成相邻系统中的一个漫游者时,一个本地电话就变成了长途电话。同时,在系统间切换完成之前就必须定义好这两个MSC之间的兼容性。

不同的系统用不同的策略和方法来处理切换请求。一些系统处理切换请求的方式与处理初始呼叫是一样的。在这样的系统中,切换请求在新基站中失败的概率和来话的阻塞概率是一样的。然而,从用户的角度来看,正在进行的通话突然中断比偶尔的新呼叫阻塞更令人讨厌。为了提高用户所觉察到的服务质量,已经想出了各种各样的办法来实现在分配话音信道的时候,切换请求优先于初始呼叫请求。

2.5.1　优先切换

使切换具有优先权的一种办法叫做信道监视方法,即保留小区中所有可用信道的一小部分,专门为那些可能要切换到该小区的通话所发出的切换请求服务。这种方法的缺点,在于它会降低所能承载的话务量,因为可用来通话的信道减少了。然而,监视信道在使用动态分配策略时能使频谱得到充分利用,因为动态分配策略可通过在有效的、根据需求的分配方案使所需的监视信道减小到最小值。

对切换请求进行排队,是减小由于缺少可用信道而强迫中断的发生概率的另一种方法。强迫中断概率的降低与总体承载话务量之间有一种折衷关系。由于接收到的信号强度下降到切换门限以下和因信号强度太弱而通话中断之间的时间间隔是有限的,因此可以对切换请求进行排队。延时和队列长度由当前特定服务区域的业务流量模式来决定。必须注意到,对切换进行排队也不能保证强迫中断的概率为零,因为过长的延时将引起所接收到的信号强度下降到维持通话所需的最小值以下,从而导致强迫中断。

2.5.2　实际切换中需要注意的事项

在实际的蜂窝系统中,当移动速度变化范围较大时,系统设计将会遇到许多问题。高速车辆只要几秒钟就驶过了一个小区的覆盖范围,而步行用户在整个通话中可能不需要切换。特别是在为了提高容量而增加了微区的地方,MSC很快就会因为经常有高速用户在小区之间穿行而不堪负荷。已经提出了多种方案来处理同一时刻的高速和低速用户的通信,同时将MSC介入切换的次数减到最小。另一个现实的局限性是对获得新小区站址的限制。

蜂窝概念虽然可通过增加小区站点来增加系统容量,但在实际中,要在市区内获得新的区站点的物理位置,对于蜂窝服务的提供者来说是很困难的。分区法、条例,以及其他非技术性的障碍,经常使得蜂窝提供者宁愿在一个与已经存在小区相同的物理位置上安装基站和增加信道,而不愿去寻找新的站点位置。通过使用不同高度的天线(经常是在同一建筑物或发射台上)和不同强度的功率,在一个站点设置"大的"和"小的"覆盖区是可能的。这种技术叫做伞状小区方法,用来为高速移动用户提供大面积的覆盖,同时为低速移动用户提供小面积的覆盖。图2.11举出了一个伞状宏区和一些比它小的微区同点设置的例子。伞状小区的方法使高速移动用户的切换次数下降到最小,同时为步行用户提供附加的微区信道。每个用户的移动速度可能是由基站或是由MSC来估计的,方法是通过计算RVC上的短期的平均信号能量相对于时间的变化速度,或是用更先进的算法来评估和区分用户。如果一个在伞状宏区内的高速移动用户正在接近基站,而且它的速度正在很快地下降,则基站就能自己决定将用户转移到同点设置的微区中,而不需要MSC的干涉。

在微区系统中还存在另外一个实际的切换问题,就是小区拖尾。小区拖尾由对基站发射强信号的步行用户所产生。在市区内当用户和基站之间存在一个视距(LOS)无线路径时,就会发生这种情况。由于用户以非常慢的速度离开基站,平均信号能量衰减不快,即使当用户远离了小区的预定范围,基站接收到的信号仍可能高于切换门限,因此就不做切换。这会产生潜在的干扰和话务量管理问题,因为用户在那时已经深入到了相邻小区中。为解决小区拖尾问

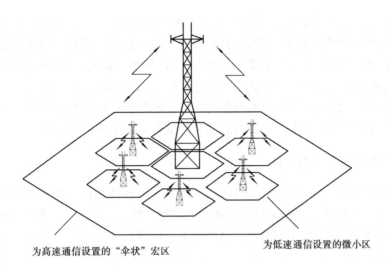

为高速通信设置的"伞状"宏区　　　　　　　为低速通信设置的微小区

图 2.11　伞状小区设置

题,需要仔细的调整切换门限和无线覆盖参数。

在第一代模拟蜂窝系统中,从认为信号强度低于切换门限时开始到完成一个切换的典型时间是 10 秒。条件是 Δ 值在 6 dB ~ 12 dB 之间。在新的数字蜂窝系统中,例如 GSM,移动台通过确定候选切换基站来辅助切换过程,切换过程一般只需要 1 ~ 2 s。因此,在现代蜂窝系统中,Δ 值通常在 0 ~ 6 dB 之间。切换过程进行得越快,处理高速和低速移动用户的能力就越大,也使得 MSC 有充足的时间去"抢救"需要切换的呼叫。

新的蜂窝系统的另一个特征是根据大范围的测量,而不是根据信号能量来做出切换的决定。同频或邻频干扰的强度可以由基站或 MSC 来测量,这一信息可以和常规的信号能量数据一起提供给多变量算法,用以决定何时需要切换。

IS—95 CDMA 扩频蜂窝系统,具有独一无二的软切换能力,其他的无线系统都不具备这种能力。它不像接信道划分的无线系统那样在切换的时候分配一个不同的无线信道(叫做硬切换),扩频通信用户在每个小区里都共享相同的信道。因此,切换就不意味着所分配的信道在物理上的改变,而是由一个不同的基站来处理无线通信任务。通过同时计算多个基站接收到的一个用户的信号,MSC 就可能及时地判断出任一时刻用户信号的哪种"版本"是最好的。这种技术利用了不同位置的基站所据供的宏分集,并且允许 MSC 在任何情况下对传递给 PSTN 的用户信号的"版本"做一个"软"决策。从不同基站接收到的瞬时信号中进行选择的处理叫做软切换。

2.6　干扰和系统容量

干扰是蜂窝无线系统性能的主要限制因素。干扰来源包括同小区中的另一个移动台、相邻小区中正在进行的通话、使用相同频率的其他的基站、或者无意中渗入蜂窝系统频带范围的任何非蜂窝系统。话音信道上的干扰会导致串话,使用户听到了背景的干扰。信令信道上的干扰则会导致数字信号发送上的错误,而造成遗漏或阻塞。市区内的干扰更严重,因为市区内的射频源更多、基站和移动台的数量多。干扰是增加容量的一个重要瓶颈,而且常常导致掉话。蜂窝系统两种主要的干扰是:同频干扰和邻频干扰。虽然干扰信号常常是在蜂窝系统内产生的,在实际中要控制它们也是很难的(由于随机的传播效应)。频带外用户引起的干扰更加难以控制,这种情况是由于用户设备前端的饱和效应或是间歇的互调效应是在没有任何警告的情况下发生的。实际上,使用相互竞争的蜂窝系统常常是频带外干扰的一个重要来源,因为竞争者为了给顾客提供不相上下的覆盖,常常使他们的基站相距得很近。

2.6.1 同频干扰和系统容量

频率复用意味着在一个给定的覆盖区域内,存在着许多使用同一组频率的小区。这些小区叫做同频小区。这些小区之间的信号干扰叫做同频干扰。不像热噪声那样可以通过增大信噪比(SNR)来克服,同频干扰不能简单的通过增大发射机的发射功率来克服。这是因为增大发射功率会增大对相邻同频小区的干扰。为了减小同频干扰,同频小区必须在物理上隔开一个最小的距离,为传播提供充分的隔离。

如果每个小区的大小都差不多,基站也都发射相同的功率,则同频干扰比例与发射功率无关,而变为小区半径(R)和相距最近的同频小区的中心之间距离(D)的函数。增加 D/R 的值,相对于小区的覆盖距离,同频小区的空间隔离就会增加,从而来自同频小区的射频能量减小而使干扰减小。参数 Q 叫做同频复用比例,与区群的大小有关(见表2.3)。对六边形系统来说,Q 可表示为:

$$Q = D/R = \sqrt{3N}$$

Q 的值越小,则容量越大;但是 Q 值大可以提高传播质量,因为同频干扰小。在实际的蜂窝系统中,需要对这两个目标进行协调和折衷。

表2.3 不同 N 值的同频复用比例

Q 可表示为	区群的大小(N)	同频复用比(Q)
$i=1,j=1$	3	3
$i=1,j=2$	7	4.58
$i=2,j=2$	12	6
$i=1,j=3$	13	6.24

若设 i_0 为同频干扰小区数,则监视前向信道的移动接收台的信噪比(S/I 或 SIR)可以表示为:

$$\frac{S}{I} = \frac{S}{\sum_{i=1}^{i_0} I_i} \tag{2.4}$$

其中,S 是从预设基站中来的想获得的信号功率,I_i 是第 i 个同频干扰小区所在基站引起的干扰功率。如果已知同频小区的信号强度,前向链路的 S/I 比值就可以通过式(2.4)求得对移动无线信道的传播测量表明,在任一点接收到的平均信号能量随发射机和接收机之间距离的幂指数下降。在距离发射天线 d 处接收到的平均信号功率 P, 可以由下式来估算:

$$P_r = P_0 \left(\frac{d}{d_0} \right)^{-n}$$

其中，P_0 是参考点接收功率，该点与发射天线有一个较小的距离 d_0，0 是路径衰减指数。现在考虑前向链路，该级路中预想要获得的信号来自当前服务的基站，干扰来自同频基站。假设 D_i 是第 i 个干扰源与移动台间的距离，则移动台接收到的来自第 i 个干扰小区的功率与 $(D_i)^{-n}$ 成正比。在市区的蜂窝系统内，路径衰减指数一般在 2~4 之间。

如果每个基站的发射功率相等，整个覆盖区域内的路径衰减指数也相同，则移动台的 S/I 可以近似的表示为：

$$\frac{S}{I} = \frac{R^{-n}}{\sum\limits_{i=1}^{i_0} (D_i)^{-n}} \tag{2.5}$$

仅仅考虑第一层干扰小区，如果所有干扰基站与预设基站间是等距的，小区中心间的距离都为 D，则式(2.5)可以简化为：

$$\frac{S}{I} = \frac{(D/R)^n}{i_0} = \frac{(\sqrt{3N})^n}{i_0}$$

上式将 S/I 与区群大小 N 联系起来了，N 同时也决定了系统的总体容量，参见式(2.1)。例如，假设六个相距很近的小 K 已经近得足够产生严重的干扰，而且它们与预设基站之间的距离近似相等。对于使用 FM 和 30 kHz 信道的美国 AMPS 蜂窝系统，主观的测试表明，当 S/I 大于或等于 18 dB 时就可以提供足够好的话音质量。假设路径衰减指数 $n=4$，根据上式可以得出，为了达到这个要求，区群的大小 N 最小必须为 6.49。所以，为了达到 S/I 大于等于 18 dB 的要求，区群最小值需要为 7。必须要注意，上式是基于六边形小区的，在这种系统中所有干扰小区和基站接收机间是等距的，因而在许多情况下能得出理想的结果。在一些频率复用方案（例如，$N=4$）中，最近点小区与预设小区间的距离变化很大。

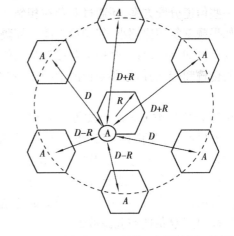

图 2.12 区群大小 $N=7$ 的第一层同频小区的图例

从图 2.12 中可见，对于一个移动台在小区边界上、$N=7$ 的区群，移动台与最近的两个同频干扰小区间的距离为 $D-R$，和其他的第一层的干扰小区间的距离分别为 $D+R/2$、D、$D-R/2$、$D+R$。假设 n 等于 4，根据上式得出最坏情况下的信噪比，可以很近似地表示为：

$$\frac{S}{I} = \frac{R^{-4}}{2(D-R)^{-4} + 2(D+R)^{-4} + 2D^{-4}} \tag{2.6}$$

如果 $N=7$、同频复用比例 $Q=4.6$，则根据式(2.6)计算出最坏情况下 S/I 的值近似为 49.56 (17 dB)。因此，对于一个 7 小区的区群，最坏情况下的 S/I 的值略小于 18 dB。要设计一个在最坏情况下还有适当性能的蜂窝系统，需要将 N 增大到下一个最大的值，根据式(2.2)算出来是 12（相应的 $i=j=2$）。这很明显会大量减小系统容量，因为 12 小区的复用使得每个小区只能用1/2的频谱,而7小区复用的小区可以用1/7的频谱。实际上,用7/12的系统容量损失来适应很少发生的最坏情况是得不偿失的。从以上分析可以看出,同频干扰决定了链路性能,同时也确定了频率复用方案和蜂窝系统的总体容量。

当移动台在小区边界(A点)时,它就经历前向信道中同频干扰的最坏情况。移动台与不同的同频小区间所有注的距离,为了简化分析已作了近似处理。

2.6.2 邻频干扰

来自所使用信号频率的相邻频率的信号干扰叫做邻频干扰。邻频干扰是由于接收滤波器不理想,使得相邻频率的信号泄漏到了传输带宽内而引起的。如果相邻信道的用户在离用户接收机很近的范围内发射,而接收机是想接收使用预设信道的基站信号,则这个问题会变得很严重。这称作远近效应,就是一个在附近的发射机(可能是也可能不是属于蜂窝系统所用的同一种类型)"俘获"用户的接收机。还有,当有离基站很近的移动台用了与一个弱信号移动台使用的信道邻近的信道时,也会发生远近效应。

邻频干扰可以通过精确的滤波和信道分配而减到最小。因为每个小区只分配给了可用信道中的一部分,给小区分配的信道就没有必要在频率上相邻。通过使小区中的信道间隔尽可能的大,邻频干扰会减小。因此,不是在每个特定的小区分配在频谱上连续的信道,而是使在给定小区内分配的信道有最大的频率间隔。通过顺序地将连续的信道分配给不同的小区,许多分配方案可以使得在一个小区内的邻频信道间隔为 N 个信道带宽,其中 N 是区群的大小。其中一些信道分配方案,还通过避免在相邻小区中使用邻频信道来阻止一些次要的邻频干扰。

如果频率复用比例小,邻频信道间的间隔就可能不足以将邻频干扰强度保持在可容忍的极限内。例如,如果有一个移动台接近基站的程度是另一个的20倍,而且有信号能量溢出它自己的传输频带,弱信号移动台的信噪比(接收滤波器之前)可近似表示为:

$$S/I = 20^{-n}$$

如果路径衰减指数 $n = 4$,上式等于 -52 dB。如果基站接收机的中频(IF)滤波器的斜率为20 dB/倍频程,则为了获得52 dB的衰减,邻频干扰源至少要转移到距接收机频谱中心6倍于传输带宽的地方。即为了获得0 dB SIR,要求有6倍信道带宽间隔的滤波器。这意味着为了将邻频信道干扰降到可接受水平以下,需要有大于6倍的信道间隔,或是当距离很近的用户与远距离的用户使用同一个小区时,需要更陡峭的基站滤波器。实际上,为了抵制邻频干扰,每个基站都用高 Q 值的空腔滤波器。

2.6.3 功率控制减小干扰

在实际的蜂窝无线电和个人通信系统中,每个用户所发射的功率一直是在当前服务基站的控制之下。这是为了保证每个用户所发射的功率都是所需的最小功率,以保持反向信道中链路的良好质量。功率控制不仅有助于延长用户的电池寿命,而且可以显著地减小系统中反向信道的信噪比 S/I。功率控制对于允许每个小区中的每个用户都使用同一无线信道的CD-MA扩频通信系统来说特别重要。

2.7 中继和服务等级

蜂窝无线电系统依靠中继才能在有限的无线频谱内为数量众多的用户服务。中继的概念是指允许大量的用户在一个小区内共享相对较小数量的信道,即从可用信道库中给每个用户按需分配信道。在中继的无线系统中,每个用户只是在有呼叫时才给分配一个信道,一旦通话终止,原先占用的信道就立即回到可用信道库中。

根据用户行为的统计数据,中继使固定数量的信道或线路可为一个数量更大的、随机的用户群体服务。电话公司根据中继理论来决定那些有成百上千台电话的办公大楼所需分配的线路数目。中继理论也用在蜂窝无线系统的设计中,在可用的电话线路数目与在呼叫高峰时没有线路可用的可能性之间有一个折中。当电话线路数下降时,对于一个特定的用户,所有线路都忙的可能性变大。在中继的移动无线系统中,当所有的无线信道都被占用而用户又请求服务时,则发生呼叫阻塞而被系统拒绝进入。在一些系统中,可能用排队来保存正在请求通话的用户信息,直到有信道为止。

为了设计一个能在特定的服务等级上处理特定容量的中继无线系统,必须懂得中继理论和排队论。中继理论的基本原理是 19 世纪末的一个丹麦数学家爱尔兰(Erlang)提出来的,他致力于研究大量的用户怎样由有限的服务能力为他们服务(Bou88)。现在,用他的名字作为话务量强度单位。一个 Erlang(爱尔兰)表示一个完全被占用的信道的话务量强度(即单位小时的呼叫小时或单位分钟的呼叫分钟)。例如,一个在一小时内被占用了 30 分钟的信道的话务量为 0.5 Erlang。

服务等级(COS)是用来测量在系统最忙的时间用户进入系统的能力。忙时基于一周、一月或一年内顾客在最忙时间的需求。蜂窝无线系统的忙时通常出现在高峰时间,星期四下午的 4 点到 6 点或星期六晚上。服务等级用作某个中继系统的预定性能的基准。估算符合 COS所需的最大通信容量和分配适当数目的信道是无线设计者的工作。COS 通常定义为呼叫阻塞的概率,或是呼叫延迟时间大于特定排队时间的概率。

在中继理论中,为中继系统作容量估算时要用到表 2.4 中列出的一系列定义。

表 2.4　中继理论中用到的基本术语定义

建立时间:给正请求的用户分配一个中继无线信道所需的时间。
阻塞呼叫:由于拥塞无法在请求时间完成的呼叫,又叫损失呼叫。
保持时间:通话的平均保持时间,表示为 H(以秒为单位)。
话务量强度:表征信道时间利用率,为信道的平均占用率,以 Erlang 为单位。是一个无量纲的值,可用来表征单个或多个信道的时间利用率,表示为 A。
负载:整个系统的话务量强度,以 Erlang 为单位。
服务等级(GOS):表征拥塞的量,定义为呼叫阻塞概率(表示为 B,单位为 Erlang),或是延迟时间大于某一特定时间的概率(表示为 C,单位为 Erlang)。
请求速率:单位时间内平均的呼叫请求次数。表示为 λ/s。

每个用户提供的话务量强度等于呼叫请求速率乘以保持时间。也就是,每个用户产生的

话务量强度 A_u,表示为:

$$A_u = \lambda H \tag{2.7}$$

其中,H 是通话的平均保持时间,λ 是单位时间内的平均呼叫请求次数。对于一个有 U 个用户和不确定数目信道的系统,总共的话务量 A 为:

$$A = UA_u \tag{2.8}$$

而且,在一个有 C 个信道的中继系统中,如果话务量是在信道中平分的话,则每个信道的话务量强度 A_C 为:

$$A_C = UA_u/C \tag{2.9}$$

注意,提供的话务量并不是中继系统所承载的话务量,只是提供给系统的话务量。当提供的话务量超过了系统的最大容量时,所承载的话务量因为系统容量受限制(信道数量受限制)而受限制。最大可能承载的话务量决定于信道总数,表示为 C,以 Erlang 为单位。AMPS 蜂窝系统设计 GOS 为 2%的阻塞率,这意味着给小区分配的信道是按在最繁忙时间,由于信道被占用,100 个呼叫中有 2 个被阻塞设计的。

通常用到的有两种中继系统。第一种,不对呼叫请求进行排队,也就是,对于每一个请求服务的用户,假设没有建立时间,如果有空闲信道则立即进入;如果已没有空闲信道,则呼叫阻塞,被拒绝进入和释放掉,只能以后再试。这种中继叫做阻塞呼叫清除(blcoked calls cleared),其前提条件是呼叫分布服从泊松分布,还假设用户数量为无限大,并且(a)呼叫请求的到达无记忆性,意味着所有的用户,包括阻塞的用户,都可能在任何时刻要求分配一个信道;(b)用户占用信道的概率服从指数分布,那么根据指数分布,长时间的通话发生的可能性就很小;(c)在中继库中可用的信道数目有限。这称为 $M/M/m$ 排队系统,由此得出了 Erlang B 公式(也叫阻塞呼叫清除公式)。Erlang B 公式决定了呼叫阻塞的概率,也表征了一个不对阻塞呼叫进行排队的中继系统的 GOS。Erlang B 公式表示为:

$$P_r[\text{阻塞}] = \frac{\dfrac{A^C}{C!}}{\sum_{k=0}^{c} \dfrac{A^k}{k!}} = \text{GOS} \tag{2.10}$$

其中,C 是中继无线系统提供的中继信道数,A 是提供的总话务量。如果能给有限用户的中继系统建立一个模型,结果表达式将比 Erlang B 公式复杂得多。Erlang B 公式提供一个保守的GOS 估算。阻塞呼叫损失掉的中继无线系统的容量,根据 GOS 的不同和信道的数目在表 2.5中列出。

表 2.5　Erlang B 系统的容量

信道数目	容量(爱尔兰)			
	=0.01	=0.005	=0.002	=0.001
2	0.153	0.105	0.065	0.046
4	0.869	0.701	0.535	0.439
5	1.36	1.13	0.900	0.762
10	4.46	3.96	3.43	3.09
20	12.0	11.1	10.1	9.41

信道数目	容量(爱尔兰)			
	= 0.01	= 0.005	= 0.002	= 0.001
24	15.3	14.2	13.0	12.2
40	29.0	27.3	25.7	24.5
70	56.1	53.7	51.0	49.2
100	84.1	80.9	77.4	75.2

第二种中继系统,用一个队列来保存阻塞呼叫。如果不能立即获得一个信道,呼叫请求就一直延迟到有信道空闲为止。这种类型的中继叫做阻塞呼叫延迟,它的 GOS 定义为呼叫在队列中等待了一定时间后被阻塞的概率。为了求解 GOS,首先需要找到呼叫在最初被拒绝进入系统的概率。呼叫没有立即得到信道的概率决定于 Erlang C 公式:

$$P_r[延迟 > 0] = \frac{A^C}{A^C + C!\left(1 - \frac{A}{C}\right)\sum_{k=0}^{C-1}\frac{A^k}{k!}} \tag{2.11}$$

如果当时没有空闲信道,则呼叫被延迟,被延迟的呼叫被迫等待 t 秒以上的概率,由呼叫被延迟的概率及延迟大于 t 秒的条件概率乘积得到。因此,一个阻塞呼叫延迟的中继系统的 GOS 为:

$$P_r[延迟 > t] = P_r[延迟 > 0]P_r[延迟 > t \mid 延迟 > 0] \tag{2.12}$$
$$= P_r[延迟 > 0]\exp[-(C - A)t/H]$$

排队系统中所有呼叫的延迟 D 为:

$$D = P_r[延迟 > 0]\frac{H}{C - A} \tag{2.13}$$

其中,那些排队呼叫的平均延迟为 $H/(C - A)$。

中继效率用来读两某一 GOS 下和某一固定信道配置所能提供的用户数。信道分组的方式可以在很大程度上改变一个中继系统所能处理的用户数量。例如据表 2.4,GOS 为 0.01 的 10 个中继信道能支持 4.46 Erlang 的话务量,而两个各有 5 个中继信道的信道组能支持 2 × 1.362 Erlang,或 2.72 Erlang 的话务量。很明显,在从一特定的 GOS 上,10 个信道中继在一起所能支持的话务量比两组 5 个信道中继在一起所能支持的多 60%。必须明确,中继无线系统中的信道分配对整个系统的容量有重大的影响。

2.8　提高蜂窝系统容量

随着无线服务需求的提高,分配给每个小区的信道数最终变得不足以支持所要达到的用户数。从这点来看,需要蜂窝设计技术来给单位覆盖区域提供更多的信道。在实际中,用小区分裂、裂向和覆盖区域逼近等技术来增大蜂窝系统容量。小区分裂允许蜂窝系统有计划地增长。裂向用有方向的天线来进一步控制干扰和信道的频率复用。微小区概念将小区覆盖分散,将小区边界延伸到难以到达的地方。小区分裂通过增加基站的数量来增加系统容量,而裂向和微小区依靠基站天线的定位来减小同频干扰以提高系统容量。小区分裂和微小区技术不会像裂向那样降低中继效率,而且使得基站能监视与微小区有关的所有切换,从而减小 MSC 的计算量。以下详细介绍这三种流行的提高系统容量的技术。

2.8.1 小区分裂

小区分裂是将拥塞的小区分成更小小区的方法,每个小区都有自己的基站并相应的降低天线高度和减小发射机功率。由于小区分裂提高信道的复用次数,因而能提高系统容量。通过设定比原小区半径更小的新小区和在原有小区间安置这些小区(叫做微小区),使得单位面积内的信道数目增加,从而增加系统容量。

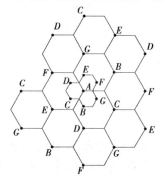

图 2.13 小区分裂的图例

假设每个小区都按半径的一半来分裂,如图 2.13 所示。为了用这些更小的小区来覆盖整个服务区域,将需要大约为原来小区数 4 倍的小区。用 R 为半径画一个圆就容易理解了。以 R 为半径的圆所覆盖的区域是以 $R/2$ 为半径的圆所覆盖区域的 4 倍。小区数的增加将增加覆盖区域内的区群数目,这样就增加了覆盖区域内的信道数量,从而增加容量。小区分裂通过用更小的小区代替较大的小区来允许系统的增长,同时又不影响维持同频小区间的最小同频复用因子所需的信道分配策略。图 2.13 为小区分裂的例子,基站放置在小区角上,假设基站 A 服务区域内的话务量已经饱和(即基站 A 的阻塞超过了可接受值)。因此该区域需要新基站来增加区域内的信道数目,并减小单个基站的服务范围。注意到,在图中,最初的基站 A 被六个新的微小区基站所包围。在图 2.13 所示的例子中,更小的小区是在不改变系统的频率复用计划的前提下增加的。例如,标为 G 的微小区基站安置在两个用同样信道的、也标为 G 的大基站中间。图中其他的微小区基站也同样。从图 2.13 中可以看出,小区分裂只是按比例缩小了区群的几何形状。这样,每个新小区的半径都是原来小区的一半。

对于在尺寸上更小的新小区,它们的发射功率也应该下降。半径为原来小区的一半的新小区的发射功率,可以通过检查在新的和旧的小区边界接收到的功率 P_r,并令它们相等来得到。这需要保证新的微小区的频率复用方案和原小区一样。对于图 2.13

$$P_r[在旧小区边界] \propto P_{t1}R^{-n} \qquad (2.14)$$

及

$$P_r[在新小区边界] \propto P_{t2}(R/2)^{-n} \qquad (2.15)$$

其中,P_{t1} 和 P_{t2} 分别为大的小区及较小的小区的基站发射功率,n 是路径衰减指数。如果令 $n=4$,并令接收到的功率都相等,则

$$P_{t2} = P_{t1}/16 \qquad (2.16)$$

也就是说,为了用微小区来填充原有的覆盖区域,而又达到 S/I 要求,发射功率要降低 12 dB。

实际上,不是所有的小区都同时分裂。对于服务提供者来说,要找到完全适合小区分裂的确切时期通常很困难。因此,不同规模的小区将同时存在。在这种情况下,需要特别注意保持同频小区间所需的最小距离,因而频率分配变得更复杂。同时也要注意到切换问题,使得高速和低速移动用户能同时得到服务(普遍使用伞状小区方法)。如图 2.13 中,当同一个区域内

有两种规模的小区时,从式(2.15)可看出,不能简单地让所有新小区都用原来的发射功率,或是让所有旧小区都用新的发射功率。如果所有小区都用大的发射功率,更小的小区使用的一些信道将不足以从同频小区中分离开。另一方面,如果所有小区都用小的发射功率,大的小区中将有部分地段被排除在服务区域之外。由于这个原因,旧小区中的信道必须分成两组,一组适应小的小区的复用需求,另一组适应大的小区的复用需求。大的小区用于高速移动通信,那么切换次数就会减小。

两个信道组的大小决定于分裂的进程情况。在分裂过程的最初阶段,在小功率的组中信道数会少一些。然而,随着需求的增长,小功率组需要更多的信道。这种分裂过程一直持续到该区域内的所有信道都用于小功率的组中,此时,小区分裂覆盖整个区域,整个系统中每个小区的半径都更小。常用天线下倾,即将基站的辐射能量集中指向地面(而不是水平方向),来限制新构成的微小区的无线覆盖。

2.8.2 划分扇区

小区分裂通过从根本上重组系统来获得系统容量的增加。通过减小小区半径 R 和不改变同频复用因子 D/R,小区分裂增加单位面积内的信道数。然而,另一种提高系统容量的方法是保持小区半径不变,而寻找办法来减小 D/R 比值。在这种方法中,容量的提高是通过减小区群中小区的数量,从而提高频率复用来实现的。但是为了做到这一点,需要在不降低发射功率的前提下减小相互干扰。

蜂窝系统中的同频干扰能通过用定向天线来代替基站中单独的一根全向天线来减小,其中每个定向天线辐射某一特定的扇区。使用定向天线,小区将只接收同频小区中一部分小区中的干扰。使用定向天线来减小同频干扰,从而提高系统容量的技术叫做裂向。同频干扰减小的因素决定于使用扇区的数目。通常一个小区划分为 3 个 120°的扇区或是 6 个 60°的扇区,如图 2.14(a)和(b)。

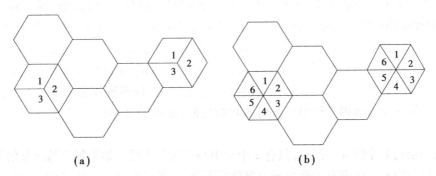

(a)   (b)

图 2.14

(a)120°裂向   (b)60°裂向

利用裂向以后,在某个小区中使用的信道就分为分散的组,每组只在某个扇区中使用,如图 2.14(a)和(b)所示。假设为 7 小区复用,对于 120°扇区,第一层的干扰源数目由 6 下降到 2。这是因为 6 个同频小区中只有 2 个能接收到相应信道组的干扰。参考图 2.15,考虑在标有"5"的中心小区的右边扇区的移动台所受到的干扰。在中心小区的右边有 3 个标"5"的同频小区的扇区,3 个在左边。在这 6 个同频小区中,只有 2 个小区具有可以辐射进入中心小区的天线模式,因此中心小区的移动台只会受到来自这两个小区的前向链路的干扰。这种情况下的 S/I 可以根据式(2.5)算得为 24.2 dB,这对于 2.6 节中全向天线的情况是一个重大的提高,在 2.6 节中实际系统的最坏的 S/I 为 17 dB。使扇区天线下倾能进一步提高 S/I 比值。

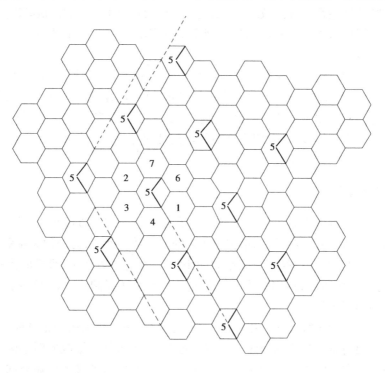

图 2.15　120°裂向如何减小同频小区干扰的图例

　　S/I 的提高意味着 120°裂向后,相对于没有裂向的 12 小区复用的最坏可能情况下而言,所需最小的 S/I 值 18 dB 在 7 小区复用时很容易满足。这样,裂向减小干扰,获得 12/7 或 1.714 倍的容量的增加。实际上,由裂向带来的干扰的减小,使得设计人员能够减小区群的大小 N,也给信道分配附加一定的自由度。提高 S/I 从而增加系统容量带来的不利方面是导致每个基站的天线数目的增加,和由于基站的信道也要划分而使中继效率降低。还有,由于裂向减小了某一组信道的覆盖范围,切换次数增加。幸运的是,许多现代化的基站都支持裂向,允许移动台在同一个小区内进行扇区与扇区间的切换,而不需要 MSC 的干预,因此切换不是关键的问题。

　　在第一层的 6 个同频小区中,只有 2 个对中心小区有干扰。如果每个基站都用全向天线,则 6 个小区与中心小区都有干扰由于中继效率下降,话务量会有所损失,所以一些运营商不用裂向方法,特别是在密集的市区,在这些地方定向天线模式在控制无线传播时往往失效。由于在裂向中每个基站使用不止一个天线,小区中的可用信道必须进行划分并且对特定天线实行专用。这就把可用的中继信道分成为多个部分,从而降低了中继效率。

2.8.3　一种新的微小区概念

　　当使用裂向时需要增加切换次数,这就导致移动系统的交换和控制链路的负荷增加。为解决此问题,Lee 作了分析。他提出了一种基于 7 小区复用的微小区概念,如图 2.16 所示。

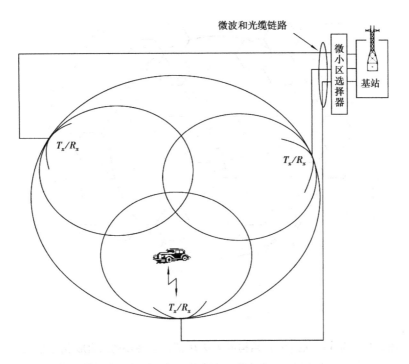

图 2.16　微小区的概念

在这个方案中,每 3 个(或者更多)区域站点(在图 2.16 中以 T_x/R_x 表示)与一个单独的基站相连,并且共享同样的无线设备。各微小区用同轴电缆、光导纤维或是微波链路与基站连接。多个微小区和一个基站组成一个小区。当移动台在小区内行驶时,由信号最强的微小区来服务。这种方法优于裂向,因为它的天线安放在小区的外边缘,并且任意基站的信道都可由基站分配给任一个微小区。

当移动台在小区内从一个微小区行驶到另一个微小区时,它使用同样的信道。因此,与裂向不同,当移动台在小区内的微小区之间行驶时不需要 MSC 进行切换。以这种方式,某一信道只是当移动台行驶在微小区内时使用,因此,基站辐射被限制在局部,干扰也减小了。信道根据时间和空间在 3 个微小区之间分配,也像通常一样进行同频复用。这种技术在高速公路边上或市区开阔地带特别有用。

微小区技术的优点在于小区可以保证覆盖半径,又可以减小蜂窝系统的同频干扰,因为一个大的中心基站已由多个在小区边缘的小功率发射机(微小区发射机)来代替。同频干扰的减小提高了信号的质量,也增大了系统容量,而没有裂向引起的中继效率的下降。如前面所述,18 dB 的 S/I 是满足窄带 FM 系统性能要达到的。对于一个 $N=7$ 的系统,D/R 为 4.6 可以达到这样的要求(参见图 2.17)。关于微小区系统,由于任何时刻的发射都受某一微小区的控制,这意味着 D_z/R_z 为 4.6(其中,D_z 为两个同频微小区间的最小距离,R_z 为微小区的半径)可以达到所需的链路性能。在图 2.17 中,令每个独立的六边形代表一个微小区,每三个六边形一组代表一个小区。微小区半径 R_z 约等于六边形的半径。现在,微小区系统的容量直接与同频小区间的距离相关,而与微小区无关。

在图 2.17 中,该距离表示为 D。如果 D_z/R_z 为 4.6,从图 2.17 可以看出,同频复用因子 D/R 的值为 3,其中 R 是小区的半径,并等于六边形半径的两倍。根据式(2.1),$D/R=3$ 相对

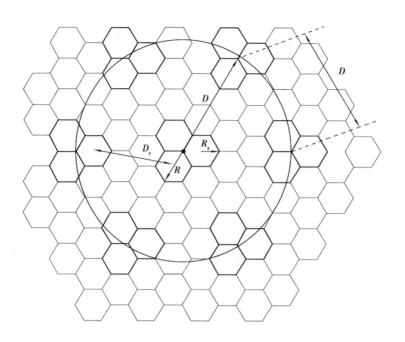

图 2.17 为 $N=7$ 的微小区结构定义 D、D_z、R、R_z。更小的六边形组成微小区,

三个六边形为一个小区。图中画出了最近的 6 个同频小区

应的区群大小 $N=3$。从此可以推算出,区群大小从 $N=7$ 减到 $N=3$,根据微小区的概念,将使系统容量增加 2.33 倍,因此,对于同样的 18 dB 的 S/I 要求,相对于传统的蜂窝规划,该系统在容量上有很大的增加。

通过检查图 2.17 和利用式(2.4),微小区系统最坏情况的 S/I 估计为 20 dB。因此,在最坏情况下,相对于传统的用全向天线的 7 小区复用系统来说,此系统在所需的信噪比上提供 2 dB 的余量,同时系统容量增加 2.33 倍。没有中继效率的损失。在许多蜂窝系统和个人通信系统中正在采纳微小区结构。

习 题

1. 蜂窝体制为什么选择正六边形作为小区形状?

2. 证明对于正六边形系统,同频复用因子为 $Q=\sqrt{3N}$,其中,$N=2i+2j+ij$。

3. 什么叫同频再用? 同频再用系数取决于哪些因素?

4. 某一移动通信系统,频率范围为 163.200～163.475 MHz,频道间隔为 25 kHz,若需要 5 个频道,试求无三阶互调干扰的频道组。能否组成既无三阶互调,又无邻道干扰的频道组?

5. 为什么采用小区分裂?

第 **3** 章
移动无线信号环境与传播

3.1 无线电波传播简介

发射机天线发出的无线电波,可依不同的路径到达接收机,当频率 $f > 30$ MHz 时,典型的传播通路如图 3.1 所示。沿路径①从发射天线直接到达接收天线的电波称为直射波,它是 VHF 和 UHF 频段的主要传播方式;沿路径②的电波经过地面反射到达接收机,称为地面反射波;沿路径③的电波沿地球表面传播,称为地表面波,由于地表面波的损耗随频率升高而急剧增大,传播距离迅速减小,因此在 VHF 和 UHF 频段地表面波的传播可以忽略不计。除此之外,在移动信道中,电波遇到各种障碍物时会发生反射和散射现象,它对直射波会引起干涉,即产生多径衰落现象。

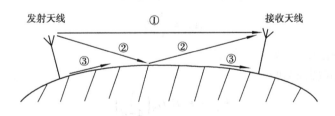

图 3.1 典型的传播通路

3.2 自由空间传播方式

所谓自由空间传播是指天线周围为无限大真空时的电波传播,它是理想传播条件。电波在自由空间传播时,可以认为是直射波传播,其能量既不会被障碍物所吸收,也不会产生反射或散射。实际情况下,只要地面上空的大气层是各向同性的均匀媒质,其相对介电常数 ε_r 和相对导磁率 μ_r 都等于 1,传播路径上没有障碍物阻挡,到达接收天线的地面反射信号场强也可

41

以忽略不计,在这样情况下,电波可视作在自由空间传播。

虽然电波在自由空间里传播不受阻挡,不产生反射、折射、绕射、散射和吸收,但是,当电波经过一段路径传播之后,能量仍会受到衰减,这是由于辐射能量的扩散而引起的。由电磁场理论可知,若各向同性天线(亦称全向天线或无方向性天线)的辐射功率为 P_T 瓦时,则距辐射源 d 米处的电场强度有效值 E_0 为

$$E_0 = \frac{\sqrt{30P_T}}{d}(\text{V/m}) \tag{3.1}$$

磁场强度有效值 H_0 为

$$H_0 = \frac{\sqrt{30P_T}}{120\pi d}(\text{A/m}) \tag{3.2}$$

单位面积上的电波功率密度 S 为

$$S = \frac{P_T}{4\pi d^2}(\text{W/m}^2) \tag{3.3}$$

若用天线增益为 G_T 的方向性天线取代各向同性天线,则上述公式应改写为

$$E_0 = \frac{\sqrt{30P_TG_T}}{d}(\text{V/m}) \tag{3.4}$$

$$H_0 = \frac{\sqrt{30P_TG_T}}{120\pi d}(\text{A/m}) \tag{3.5}$$

$$S = \frac{P_TG_T}{4\pi d^2}(\text{W/m}^2) \tag{3.6}$$

接收天线获取的电波功率等于该点的电波功率密度乘以接收天线的有效面积,即

$$P_R = S \times A_R \tag{3.7}$$

式中,A_R 为接收天线的有效面积,它与接收天线增益 G_R 满足下列关系:

$$A_R = \frac{\lambda^2}{4\pi}G_R \tag{3.8}$$

式中,$\lambda^2/4\pi$ 为各向同性天线的有效面积。

由式(3.6)至式(3.8)可得

$$P_R = P_TG_TG_R\left(\frac{\lambda}{4\pi d}\right)^2 \tag{3.9}$$

当收、发天线增益为 0 dB,即当 $G_R = G_T = 1$ 时,接收天线上获得的功率为

$$P_R = P_T\left(\frac{\lambda}{4\pi d}\right)^2 \tag{3.10}$$

由上式可见,自由空间传播损耗 L_{fs} 可定义为

$$L_{fs} = \frac{P_T}{P_R} = \left(\frac{4\pi d}{\lambda}\right)^2 \tag{3.11}$$

以 dB 计,得

$$[L_{fs}](\text{dB}) = 10\lg\left(\frac{4\pi d}{\lambda}\right)^2(\text{dB}) = 20\lg\left(\frac{4\pi d}{\lambda}\right)(\text{dB}) \tag{3.12}$$

或

$$[L_{fs}](\mathrm{dB}) = 32.44 + 20\,\lg d + 20\,\lg f \tag{3.13}$$

式中,d 是距离的千米数,f 是频率的兆赫数。

由上式可见,自由空间中电波传播损耗(亦称衰减)只与工作频率 f 和传播距离 d 有关,当 f 或 d 增大一倍时,$[L_{fs}]$ 将分别增加 6 dB。

3.3　三种基本传播机制(反射、绕射、散射)

在移动通信系统中,影响传播的三种最基本的传播机制为反射、绕射和散射。

当电磁波遇到比波长大得多的物体时发生反射,反射发生于地球表面、建筑物和墙壁表面。

当接收机和发射机之间的无线路径被尖利的边缘阻挡时发生绕射,由阻挡表面产生的二次波散布于空间,甚至于阻挡体的背面。当发射机和接收机之间不存在视距路径,围绕阻挡体也产生波的弯曲。有高频波段,绕射和反射一样,依赖于物体的形状,以及绕射点入射波的振幅、相位和极化情况。

当波穿行的介质中存在小于波长的物体并且单位体积内阻挡体的个数非常巨大时,发生散射。散射波产生于粗糙表面、小物体或其他不规则物体。在实际的通信系统中,树叶、街道标志和灯柱等会发生散射。

3.4　路径损耗模型对数正态衰落模型

接收信号的场强中值在长时间内的缓慢变化称为慢衰落,一种典型的慢衰落就是阴影衰落。这是由于电波在传播路径上遇到障碍物就会产生电磁场的阴影区,当手机通过不同的阴影区时,就会引起中值变化。在相同的收发距离情况下,不同位置的周围环境差别非常大,由于阴影效应,导致路径损耗为随机的对数正态分布(lognormal distribution)。可见,阴影衰落是随位置的较大变化(数十个或数百个波长以上的变化,而非数个波长以内的位置变化)而造成的缓慢衰落,亦称地形衰落或位置衰落。

服从对数正态分布的阴影衰落在当信号用分贝表示时就成为正态分布,即有如下概率密度函数:

$$p(r) = \frac{1}{\sqrt{2\pi\sigma^2}}\exp\left[\frac{-(r-m)^2}{2\sigma^2}\right] \tag{3.14}$$

式中,r 为信号中值的分贝值,m 为信号中值 r 的均值(分贝),σ 为信号中值 r 的标准方差(分贝)。σ 随频率、天线高度和环境而变化,在市郊最大,在开阔地区最小,其值通常在 5 ~ 12 dB。

为什么阴影衰落可用对数正态分布来描述呢? 可以简单证明如下。假设在传播路径上引起信号衰减的各个物体的作用相互独立,那么整个衰减值 A 可以简单地表示为(其中 N 个阻挡体引起的衰减分别为 $A_1, \cdots, A_N$):

$$A = A_1 \times A_2 \times \cdots \times A_N$$

用 dB 表示时,为:

$$L = L_1 + L_2 + \cdots + L_N$$

其中,L_i 是随机变量,按照中心极限定理,L 是高斯随机变量,所以,A 就服从对数正态分布。实际上,并不是所有的阻挡体对信号衰减的贡献都相同,距离移动台近的贡献大。而且,单个绕射体的贡献不能简单相加,因此,严格来说,独立的假设并不合理。但是,当考虑了各种建筑物的高度、空间分布和建筑方法以及树叶等引起的衰减时,实际的分布和对数正态分布非常接近。

慢衰落,除了上面所说的阴影衰落外,由于大气参数变化引起折射率的缓慢变化还形成另一种慢衰落,经测定,它也服从对数正态分布。所不同的是,该种慢衰落在移动台静止时也存在,它是随时间的慢变化。

所以,实际上的慢衰落是随地点变化和时间变化的两种衰落综合而成的。这两种变化相互独立,它们的联合概率分布的标准方差为 $\sigma = \sqrt{\sigma_l^2 + \sigma_t^2}$,其中 σ_l 和 σ_t 分别是随位置分布和时间分布的标准方差。

σ_l 体现了地形地貌对电波传播的影响大小。阴影衰落的速度与地形地貌、用户移动的速度有关,而与载波频率无关。但是阴影衰落的尝试却是与载波频率相关的,这是因为低频信号比高频信号具有更强的绕射能力。至于受气象影响的 σ_t,它主要和传播路径的性质及距发射台的远近有关。

3.5 室外传播模式宏蜂窝的传播模型

传播模型的研究可分为两类:一类是基于无线电传播理论的理论分析方法;一类是建立在大量测试数据和经验公式基础上的实测统计方法,即在大量场强测试的基础上,经过对数据的分析与统计处理,找出各种地形地物下的损耗与距离、频率以及天线高度的关系,给出传播特性的各种图表和计算公式,建立传播预测模型,从而能用较简单的方法预测接收信号的中值。下面,我们将分别从这两个角度来分析路径损耗模型。

(1)经验模型

经验模型基于两个基本的传播模型:即自由空间传播模型和平面大地传播模型。建立一个经验传播模型,需要对实际的路径损耗进行一系列的测量,找出比较适合于这些测量值的函数,同时,对于某个特定环境获取出相应的参数值,频率、天线高度等来减少模型和测量值之间的差别。注意每一个测量值代表了许多个样本的平均值,它是从一个小范围区域获得的(大概在 10~50 m 的范围),这样做可以减小快衰落的影响。在与原始测量环境相似的环境中,可以用经验模型进行系统设计。

1)自由空间传播模型

自由空间是指在理想的、均匀的、各向同性的介质中传播,不发生反射、折射、绕射、散射和吸收现象,只存在电磁波能量扩散而引起的传播损耗的空间。在自由空间中,若发射点处的发射功率为 P_t,以球面波辐射;若接收的功率为 P_r,且有

$$P_r = \frac{A_r}{4\pi r^2} P_t G_t \tag{3.15}$$

式中，$A_r = \lambda^2 G_r/4\pi$，λ 为工作波长；G_t，G_r 分别为发射天线和接收天线增益，r 为发射天线和接收天线间的距离。

自由空间的传播损耗 L 定义为

$$L = P_t/P_r$$

当 $G_t = G_r = 1$ 时，自由空间的传播损耗可写作

$$L = (4\pi r/\lambda)^2$$

若以分贝表示，则有

$$L(\mathrm{dB}) = 32.45 + 20\lg f_c + 20\lg R \tag{3.16}$$

由上面传播损耗公式可知，自由空间的传播损耗是与距离平方成正比的。

2）平面大地传播模型

在移动无线信道中，基站和移动台之间的单一直接路径很少是传播的惟一物理方式，因此单独使用自由空间的传播模型，在多数情况下是不准确的。图 3.2 所示的平面大地传播模型是基于几何光学的非常有用的传播模型，考虑了发射机和接收机之间的地面反射路径。该模型在预测几千米范围（使用天线塔超过 50 m）大尺度信号强度时是非常准确的，同时对城区视距内的微蜂窝环境也是非常准确的。在大多数移动通信

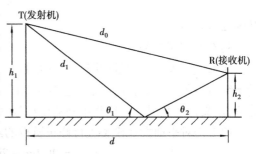

图 3.2　平面大地传播模型

系统中，最大的收发距离最多为几千米，这样的地球可假设为平面。

图 3.2 中接收点的场强 E 可表示为

$$E = E_0[1 + \alpha_\nu \exp(j\Delta\varphi)] \tag{3.17}$$

其中，E_0 是自由空间（直射波）接收点的场强；α_ν 是地面反射系数；$\Delta\varphi$ 为接收点处直射波和反射波的相位差。若直射波和反射波的路径差为 $\Delta d = d_1 - d_0$，而有

$$d_0^2 = (h_1 - h_2)^2 + d^2$$
$$d_1^2 = (h_1 + h_2)^2 + d^2$$

其中，h_1 为发射机高度，h_2 为接收机高度。若波长为 λ，则有相位差

$$\Delta\varphi = \Delta d \cdot 2\pi/\lambda \tag{3.18}$$

当发射机和接收机之间的距离 $d \gg h_1 + h_2$ 时，上式可简化为

$$\Delta\varphi = (2\pi/\lambda)(2h_1h_2/d) \tag{3.19}$$

已知接收点的场强为 E，则接收点的信号功率为

$$P_r = \frac{\left|E\right|^2}{2\eta_0} = \left|E_0[1 + \alpha_\nu \exp(j\Delta\varphi)]\right|^2/2\eta_0 \tag{3.20}$$

其中是，η_0 为自由空间的特性阻抗。因为

$$|E_0|^2/2\eta_0 = P_t[1/(4\pi d/\lambda)]^2$$

并考虑到在移动环境下 $\alpha_\nu \approx -1$，及 $\Delta\varphi \ll 1$ 弧度，（3.20）式可进一步写作

$$P_r = P_t[1/(4\pi d/\lambda)]^2\left|[1 + \alpha_\nu \exp(j\Delta\varphi)]\right|^2$$

$$= P_t \left[1/(4\pi d/\lambda) \right]^2 \left| \left[1 - \cos\Delta\varphi - j\sin\Delta\varphi \right] \right|^2 \qquad (3.21)$$

$$\approx P_t \left[1/(4\pi d/\lambda) \right]^2 (\Delta\varphi)^2$$

将(3.19)式代入(3.21)式,可得

$$P_r = P_t (h_1 h_2)^2 / d^4 \qquad (3.22)$$

上式表明,接收点的信号功率与距离 d 的 4 次方成正比。则有传播路径损耗

$$L_p = 40 \lg(d_2/d_1) \qquad (3.23)$$

由平面大地模型得出的传播路径损耗公式,其预测的结果与经验数据是吻合的。但是,它的缺点是未能表征工作频率对传播路径损耗的影响。因为,实际上接收点的信号功率是与工作频率呈如下反比关系

$$P_r \propto f^{-n} \qquad (3.24)$$

其中,$2 \leqslant n \leqslant 3$。

3)杂乱因子模型

在都市和郊区的测量中路径损耗指数 n 接近于 4,就像在平面大地模型中一样,但是所测量出绝对值更大。这就产生了一些模型,由平面大地损耗模型所组成,并附加一个额外的损耗分量,定义为杂乱因子。这些不同的模型根据不同的频率和环境被分配给相应的 k 和 n 值。

如下是对平面大地模型进行修正所得的经验模型:

$$L_{emp} = 40 \lg r - 20 \lg h_m - 20 \lg h_b + K \qquad (3.25)$$

杂乱因子模型应用较成功的一个例子是 Egli 所使用的方法,Egli 模型是根据不规则多反射地形的大量测试结果发展起来的。它是以平面大地模型为基础,再加上各种修正因子。这些因子分别是频率、地形、高度和方位的函数。该模型的实测数据是美国 FCC 提供的。它较适用于缓慢变化的不规则地段,其基本传播损耗方程为:

$$L_0(\mathrm{dB}) = 117 + 40 \lg R + 20 \lg f_c - 20 \lg h_b h_m \qquad (3.26)$$

上式的适用范围为:

距离:0 至 40 英里(64 km);

地形起伏高度:小于 50 英尺的丘陵区;

频率:40 ~ 400 MHz,可延伸到 1 GHz。

在地形变化超过上述范围时,可以加入修正因子。

但是 Delisle 给出了一个更简单的计算式,也接近于测量结果。

$$L = 40 \lg R + 20 \lg f_c - 20 \lg h_b + L_m \qquad (3.27)$$

$$L_m = \begin{cases} 76.3 - 10 \lg h_m & h_m < 10 \\ 76.3 - 10 \lg h_m & h_m \geqslant 10 \end{cases} \qquad (3.28)$$

当 h_b 很高时,预测的损耗低于自由空间损耗,此时就直接采用自由空间的损耗的计算式。

(2)基于无线电传播理论的物理模型

尽管经验公式的使用取得了较好的结果,但是它们也存在着一些缺点:

• 只有当参数范围被包括在原始测量数据的范围之内时,才能够采用经验公式。

• 必须将环境按照已有类别进行客观地分类,例如"城市",它在不同的国家有不同的含义。

• 经验公式没有从物理的角度去分析为什么会出现那样的传播机制。

最后一点尤为重要,因为经验模型不能解释为什么一些在特殊位置的大型建筑物或山峰等会极大程度地影响传播机制。

尽管平面大地模型中的路径损耗指数接近于在实际测量中所观察到的,但是它所描述的一些简单的物理情况并不适用于实际。因为在宏蜂窝中,移动台相对于基站或地面反射点来说都是处于非视距状态的,因此平面大地模型所依赖的两线情况几乎是不实际的。下面是一些物理模型。

1)Allsebrook and Parsons 模型

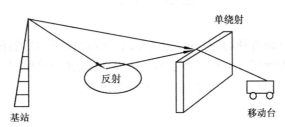

图 3.3　Allsebrook and Parsons 模型

尽管该模型是在大量测量中建立起来的,它仍被认为是对都市预测模型提供物理基础的第一次尝试。

测量是在研修英国大城市中进行的,工作频率分别为 86 MHz、167 MHz 和 441 MHz。这些城市覆盖了比较多类型的地形和建筑物分类类型。

$$L_T = L_p + L_B + \gamma \tag{3.29}$$

$$L_B = 20\ \lg\left(\frac{h_0 - h_m}{548\sqrt{(d_m \times 10^{-3})/f_c}}\right) \tag{3.30}$$

L_p 是平面大地模型计算出的路径损耗。

在任何情况下,计算出的 γ 值都偏大。且 L_p 在建筑区内是很难计算出的,因此该模型并不实用,但它仍被认为是对经验公式的一次改进。

$$\gamma = -2.03 - 6.67f_c + 8.1 \times 10^{-5}f_c^2 \tag{3.31}$$

2)Ikegami 模型

此模型的目的在于对于特定点的场强给予完全确定。通过使用一个详细的具有建筑物高度、形状和位置的地图,在发射机和接收机之间使用射线跟踪法,同时规定仅考虑墙壁的单一反射情况。将离移动台最近的建筑物处的绕射用单刃型模型进行近似,同时墙壁反射损耗被假定为一恒定值。两条射线(反射和绕射)的能量相加,产生了如下的近似模型:

$$L_E = 10\lg f_c + 10\lg(\sin\phi) + 20\lg(h_0 - h_m) - 10\lg\omega - 10\lg\left(1 + \frac{3}{L_r^2}\right) - 5.8 \tag{3.32}$$

这里 ϕ 是街道与基站到移动台的直线之间的夹角,$L_r = 0.25$,这是反射损耗。在模型的分析中我们假设移动台处在街道的中央。因此该模型所代表的位置如图 3.4 所示。还可以进一步假设与到移动台的绕射角度相比,刃型顶部的基站仰角可以忽略不计。

此模型的预测结果与在 200 MHz,400 MHz 和 600 MHz 的测量值相比,表明了该模型可以成功地显示出路径损耗沿着一条街道的整体变化趋势。预测表明场强独立于移动台在街道中的位置。这也可以通过大量测量数据的平均值得到证明。对于街道角度和宽度的变化仍能得

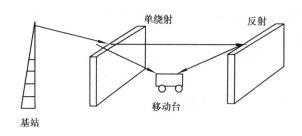

图 3.4　Ikegami 模型

到比较好的预测结果。

尽管该模型能较好地解释场的变化,但是基站天线高度不能影响传播仍是一个错误的假设。同样的假设意味着使用自由空间路径损耗指数,因此这个模型多用于估计较远距离的场强。近似地,可以通过与测量值的比较来估计频率的变化。

3.6　室内传播模式

目前,无线通信的应用正逐渐由室外环境向室内扩展和延伸。研究室内电波传播的多径现象,建立有实用意义的室内电波传播模型,可以为室内无线通信系统的设计提供最佳网站配置的依据。从而可节省巨额的实地设站检测费用,具有较大的经济效益。

室内无线信道有两个方面不同于传统的移动无线信道—覆盖距离更小,环境的变动更大。室内的电波传播不受气候因素(如雨、雪和云等)的影响,但要受建筑物的大小、形态、结构、房间布局及室内陈设的影响,最重要的是建筑材料的影响。室内障碍物不仅有砖墙,而且有木材、金属、玻璃及其他材料(如地毯、墙纸等)。这些材料对电波传播的影响是不同的。本节概述建筑物内路径损耗模型。

室内无线传播同室外具有同样的机理:反射、绕射、散射。但是,条件却很不同。例如,信号电平很大程度上依赖于建筑物内门是开还是关;天线安装在何处也影响大尺度传播;天线安装于桌面高度与安装在天花板的情况会有极为不同的接收信号。

室内无线传播是一个新的领域,在 1980 年初首次开始研究。Cox 在 AT&T 贝尔实验室,Alexander 在英国电信,首先对大量家具和办公室建筑周围及内部路径损耗进行了仔细地研究。

一般来说,室内信道分为视距(LOS)或阻挡(OBS)两种,并随着环境杂乱程度而变化。双线地面反射模型是估计视距微蜂窝路径损耗的最佳方法,对于 OBS 微蜂窝环境,简化的对数距离路径损耗模型则更有效。下面给出最近出现的一些主要模型。

3.6.1　分隔损耗(同楼层)

建筑物具有大量的分隔和阻挡物。家用房屋中使用木框与石灰板分隔构成内墙,楼层间为木质或非强化的混凝土。另一方面,办公室建筑通常有较大的面积,使用可移动的分隔,以使空间容易划分,楼层间使用金属加强混凝土。作为建筑物结构的一部分的分隔,称为硬分隔,可移动的并且未延展到天花板的分隔称为软分隔。分隔的物理和电特性变化范围非常广泛,将通用模型应用于特定室内情况是非常困难的。

3.6.2　楼层间分隔损耗

建筑物楼层间的损耗由建筑物外部面积和材料及建筑物的类型决定。甚至建筑物窗口的数量也影响楼层间的损耗。对于三层建筑,建筑物一层内的衰减比其他层数衰减要大得多。在 5、6 层以上,只有非常小的路径损耗。

3.6.3　对数距离路径损耗模型

很多研究表明,室内路径损耗遵从公式:

$$PL(\text{dB}) = PL(d_0) + 10n\lg(\frac{d}{d_0}) + X_\sigma \tag{3.33}$$

其中,n 依赖于周围环境和建筑类型,X_σ 表示标准偏差为 σ 的正态随机变量。

3.6.4　建筑物信号穿透

电磁波对建筑物的穿透损耗定义为当发射源在室外时,建筑物室外场强与室内场强之比(用分贝表示)。它和建筑物的结构(砖石或水泥钢筋结构等)有关,也和室内位置(如靠近窗口还是建筑物中心深处)及所处楼层层次有关。当然,这个穿透损耗还是频率的函数,随频率而变。

因此,在设计这种情况的通信系统时,只能通过测量,取其中值来设计(它也是个随机量)。许多测量表明,大致有如下规律:钢筋混凝土结构的穿透损耗大于砖石或土木结构的;建筑物内的损耗随电波穿透深度(进入室内的深度)而增大;损耗和楼房层次有关,以一楼为准,则楼层愈高,损耗愈小(这相当于移动台的天线高度增加),而地下室则损耗最大。

穿透损耗与频率的关系是,频率低的损耗大,而频率高的则损耗相对地要小一些。因频率高的易于进入门窗而到达室内。

3.7　小范围多径传播

3.7.1　影响小范围衰落的因素

由于高大建筑物等阻挡体的存在,常常会导致发射信号经过不同的传输路径到达接收端。这即所谓的多径传播效应(multipath propagation)。各径信号经过不同的传输路径到达接收端时,具有不同的时延和入射角,这将导致接收信号的时延扩展(delay spread)和角度扩展(angle spread)。

另外,移动用户在传播径向方向的运动将使接收信号产生多普勒(Doppler)扩展,其结果是导致接收信号在频域的扩展,同时改变了信号电平的变化率。

归纳起来,由于地理环境的复杂性和多样性,用户移动的随机性和多径传播现象等因素的存在,使得移动通信系统的信道变得十分复杂。

3.7.2 多普勒效应

当移动台对基站有相对运动时,接收到信号会发生频率偏移,称为多普勒频移。假设发射频率为 f_c,对于到达接收端的某条路径,若其径向与移动台移动方向的夹角为 θ,则多普勒频移值为 $f_d = f_m\cos\theta$,这里 $f_m = v/\lambda$,为最大多普勒频移。当运动方向朝向基站时,f_d 为正;反之为负。此时,接收频率不再是 f_c,而是 $f = f_c + f_d$。由于移动台在不停的运动,夹角 θ 在不停的变化,且变化是随机的,因而接收信号的频率也在随机变化。如果车速不高,则此值不大,一般小于设备的频率稳定度,影响可以忽略。但对于一些高速的移动体,必须考虑它的影响。

需要指出的是:固定通信时(或移动台静止时通信),虽然多径传播仍然存在,但由于静止,所收到的信号没有快衰落的现象,只有当有强烈反射的移动体经过附近(如会反射电波的车辆或飞机等),且干扰到接收的电波时,会有短暂的快衰落。另外,在固定通信中,多径时延扩展也存在,只是此时它是固定数值而不是随机变化的了;多普勒频移则不再存在。

3.8 移动多径信道的参数

3.8.1 时间色散参数

在多径传播环境下,由于传播路径的差异将导致多径信号以不同的时间到达接收端。如果发射端发送的是一个单脉冲信号,那么接受端收到的将是多个具有不同的时间时延的脉冲的叠加。显而易见,从时间域来看,接收信号出现了所谓的时延扩展。

时延扩展对数字信号的传输有重要影响。一方面,对扩频系统来说,如果两条多径信号之间的相对时延超过扩频信号带宽的倒数,即超过一个扩频码的脉宽,那么就称这两条多径信号是可分离的。扩频系统可以利用分集接收技术(如 Rake 接收机)合并可分离的多径信号,从而改善接收信号的质量。另一方面,如果多径传播产生的时延扩展大于码元宽度,将使前一码元波形扩展到相邻码元周期内,就会产生码间串扰(ISI,Inter Symbol Interference),导致接受波形的失真。显然,要避免码间串扰,则要求最大时延扩展小于单个码元持续时间,或者说码元传输速率 R_b 小于最大时延的倒数,即满足:$R_b \pi 1/T_{max}$。假如某个地区最大时延为 12 μs,如果不采用分集接收或均衡措施,则最大无码间串扰的码元传输速率为 83.33 kb/s。一般来说,密集市区的时延扩展要比空旷郊县大得多。

3.8.2 相干带宽

从频域来看,时延扩展可以导致频率选择性衰落,即信道对不同频率成分有不同的响应,若信号带宽过大,就会引起严重的失真。为简化分析,我们以两条径的信道为例。路径 1 的信号为 $S_i(t)$,路径 2 的信号为 $rS_i(t)e^{j\omega\Delta(t)}$,这里 r 为一比例常数。于是,接收信号为两者之和,即

$$S_0(t) = S_i(t)(1 + re^{j\omega\Delta(t)}) \tag{3.34}$$

信道等效网络的传递函数为

$$H_c(j\omega, t) = \frac{S_0(t)}{S_i(t)} = 1 + re^{j\omega\Delta(t)}$$

信道的幅频特性为

$$A(\omega, t) = \left| 1 + r\cos\omega\Delta(t) + jr \cdot \sin\omega\Delta(t) \right| \qquad (3.35)$$

由上式可知,当 $\omega\Delta(t) = 2n\pi$ 时(n 为整数),双径信号同相叠加,信号出现峰点;而当 $\omega\Delta(t) = (2n+1)\pi$ 时,双径信号反相相消,信号出现谷点,根据式(3.35)画出的幅频特征如图 3.5 所示。

由图可见,其相邻两个谷点的相位差为

$$\Delta\varphi = \Delta\omega \times \Delta(t) = 2\pi$$

则　　　$\Delta\omega = \dfrac{2\pi}{\Delta(t)}$　　或　　$B_c = \dfrac{\Delta\omega}{2\pi} = \dfrac{1}{\Delta(t)}$

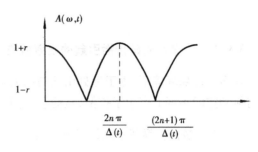

图 3.5　信道幅频特征

由式可见,两相邻场强为最小值的频率间隔是与多径时延 $\Delta(t)$ 成反比的,通常称 B_c 为相关带宽。实际上,移动信道中传播路径通常不止两条,而是多条,且由于移动台处于运动状态,相对时延差 $\Delta(t)$ 也是随时间而变化的,所以合成信号振幅的谷点和峰点在频率轴上的位置也将随时间而变化,使信道的传递函数呈现复杂情况,这就很难准确地分析相关带宽的大小。工程上,对于角度调制信号,相关带宽可按下式估算:

$$B_c = \frac{1}{2\pi\Delta} \qquad (3.36)$$

式中,Δ 为时延扩展。例如 $\Delta = 3$ μs,$B_c = 1/(2\pi\Delta) = 53$ kHz。此时信号的传输带宽应小于 $B_c = 53$ kHz。

如果信号的带宽比相关带宽大,那么信号通过信道时,不同频率分量遭受的衰减相关很大,这样导致信号失真很大;反之当信号带宽小于相关带宽时,信号经过传输后,各频率分量遭受的衰减具有一致性,即相关性,衰落信号的波形不失真,这就是非频率选择性衰落。例如,某小区最大时延 $\Delta\tau = 3$ μs,则其相关带宽 $B_c = 333.3$ kHz,对于 25 kHz 的 AMPS 窄带信号而言,这个时候的衰落为非频率选择性衰落,而对宽带 CDMA 信号则是频率选择性衰落。

对于某个特定的移动环境,其时延扩展 Δ 可由大量实测数据经过统计处理计算出来,从而其相关带宽也是确定的,也就是说相关带宽是信道本身的特性参数,与信号无关。所以当信号通过时,是出现频率选择性衰落还是出现非频率选择性衰落,仅仅取决于信号本身的带宽了。对于数字通信系统来说,当码元速率较低,信号带宽远小于信道相关带宽时,信号通过信道传输后各频率分量的变化具有一致性,则信号波形不失真,无码间串扰,此时的衰落为平坦衰落;反之,当码元速率较高,信号带宽大于信道相关带宽时,信号通过信道传输后各频率分量的变化不一致,将引起波形失真,造成码间串扰,此时的衰落为选择性衰落。

3.8.3　多普勒频移和相干时间

在前面我们已经指出,用户在传播径向的移动将使接收到的信号产生 Doppler 频移,从而使接收信号的功率谱展宽。当运动方向与径向一致时,有最大的 Doppler 频移 f_m。

相干相间 T_c 定义为 Doppler 频移扩展宽度 F_D 的倒数,即:$T_c = 1/F_D$。该参数表示由 Doppler 效应导致的信号衰落的衰落速度。这类衰落是在特定时间段发生的,因而被称为时间选择性衰落。

3.9 小范围衰落的类型

3.9.1 有多径时延传播引起的衰落效应

在多径传播环境下,由于远处山丘与高大建筑物反射,使得经过不同传播路径的多径信号在时域和空间角度上产生了扩散,从而引起频率选择性衰落和空间选择性衰落。

3.9.2 多普勒频移引起的衰落效应

多普勒频移将引起时间选择性衰落。

3.10 瑞利分布和莱斯分布

3.10.1 瑞利(Rayleigh)分布

多径衰落是移动台收到不同路径来的同一信号源的电波干涉所造成的结果。通过下面的推导可得到多径信号的分布。

假设信号是垂直极化的(即电场沿 z 轴方向),发射信号为 $Re[e^{j\omega_c t}] = \cos\omega_c t$,接收信号为 $Re[E_z(t)] = r\cos(\omega_c t + \psi)$,它由具有不同衰减和不同时延的 N 条路径的信号叠加组成:

$$
\begin{aligned}
E_z(t) &= E_0 \sum_{n=1}^{N} C_n(t) e^{j[\omega_c(t-\tau_n(t)) + (2\pi f_m\cos\alpha_n)t]} \\
&= e^{j\omega_c t} E_0 \sum_{n=1}^{N} C_n(t) e^{j[(2\pi f_m\cos\alpha_n)t - \omega_c\tau_n(t)]} \quad\quad (3.37)\\
&= e^{j\omega_c t} E_0 \sum_{n=1}^{N} C_n(t) e^{j\theta_n(t)}
\end{aligned}
$$

式中,$\sum$ 项反映了多径衰落特性,N 为径数,$E_0 C_n(t)$ 反映了第 n 条径的幅度衰减($C_n(t)$ 满足 $\sum_{n=1}^{N} C_n^2(t) = 1$),$\tau_n(t)$ 反映了第 n 条的时延。其中 $\theta_n = \omega_n t + \phi_n$,$\omega_n = 2\pi f_m\cos\alpha_n$ 是多普勒频移,$f_m = \dfrac{v}{\lambda}$ 为最大多普勒频移,α_n 为第 n 条径的能流密度矢量 $\vec{S}_n$ 与速度矢量 $\vec{V}$ 的夹角。$\phi_n = -\omega_c\tau_n$ 是在 $0 \sim 2\pi$ 均匀分布的随机相角。上式进一步写成:

$$
E_z(t) = e^{j\omega_c t} E_0 \sum_{n=1}^{N} C_n(t) e^{j\theta_n(t)} = e^{j\omega_n t}[T_c(t) + jT_s(t)] \quad\quad (3.38)
$$

接收信号 $\quad\quad Re[E_z(t)] = T_c(t)\cos\omega_c t - T_s(t)\sin\omega_c t = r\cos(\omega_c t + \psi)$

$$T_c(t) = E_0 \sum_{n=1}^{N} C_n \cos(\omega_n t + \phi_n)$$

$$T_s(t) = E_0 \sum_{n=1}^{N} C_n \sin(\omega_n t + \phi_n)$$

$T_c(t)$ 和 $T_s(t)$ 分别代表接收信号的同相和正交分量。根据中心极限定理,当 N 足够大时,$T_c(t)$ 和 $T_s(t)$ 互不相关,且服从高斯分布,均值为 0,方差相等,即有:

均值 $$E[T_c(t)] = E[T_s(t)] = 0$$

方差 $$\sigma^2 = E[T_c^2(t)] = E[T_s^2(t)] = \frac{E_0^2}{2} = E[|E_z|^2]$$

$T_c(t)$ 和 $T_s(t)$ 的联合概率密度函数为

$$p(T_c, T_s) = \frac{1}{2\pi\sigma^2} \exp\left[-\frac{T_c^2 + T_s^2}{2\sigma^2}\right] \tag{3.39}$$

由于 $$r^2 = T_c^2 + T_s^2, \quad \psi = \arctan\left(\frac{T_s}{T_c}\right) \tag{3.40}$$

将式(3.39)从直角坐标变换到极坐标 (r, ψ) 上去,并在 $(0, 2\pi)$ 对 ψ 积分,可得到信号包络 r 的概率密度分布为:

$$\begin{cases} p(r) = \dfrac{r}{\sigma^2} \exp\left(-\dfrac{r^2}{2\sigma^2}\right) & r \geq 0 \\ p(r) = 0 & \text{其他} \end{cases} \tag{3.41}$$

可见 r 服从瑞利分布,在 $(0, +\infty)$ 对 r 积分,可得到信号相角 ψ 在 $(0, 2\pi)$ 服从均匀分布。

3.10.2 莱斯(Ricean)分布

当到达接收机的信号中含有一个明显的较强的路径分量,则此时的信号包络将由瑞利分布变为莱斯分布。推导如下:

由于直射波的存在,接收场强变为:

$$E_z(t) = E_0 C_0 e^{j(\omega_c t + \theta_0)} + E_0 \sum_{n=1}^{N} C_n(t) e^{j[\omega_c(t - \tau_n) + (2\pi f_m \cos\varepsilon_n)t]} \tag{3.42}$$

$$= e^{j(\omega_c t + \theta_0)} E_0 C_0 e^{j\theta_0} + \sum_{n=1}^{N} C_n(t) e^{j\theta_n(t)}$$

$$Re[E_z(t)] = E_0 C_0 \cos(\omega_c t + \theta_0) + E_0 \sum_{n=1}^{N} C_n \cos(\omega_c t + \theta_n) \tag{3.43}$$

$$= E_0 C_0 \cos\theta_0 \cos\omega_c t - E_0 C_0 \sin\theta_0 \sin\omega_c t + T_c(t) \cos\omega_c t + T_s(t) \sin\omega_c t$$

令 $A_0 = E_0 C_0$,则式(3.43)可表示为

$$Re[E_z(t)] = (A_0 \cos\theta_0 + T_c(t)) \cos\omega_c t - (A_0 \sin\theta_0 + T_s(t)) \sin\omega_c t \tag{3.44}$$

$$= r_c(t) \cos\omega_c t - r_s(t) \sin\omega_c t$$

$$= r \cos(\omega_c t + \varphi)$$

其中,包络 $r = \sqrt{r_c^2 + r_s^2}$,相位 $\varphi = \arctan\left(\dfrac{r_s}{r_c}\right)$

由前面的推导可知,$r_c(t)$ 和 $r_s(t)$ 是相互独立的高斯变量,且有

均值$\langle r_c(t) \rangle = A_0\cos\theta_0$

$\langle r_s(t) \rangle = A_0\sin\theta_0$

方差$D[r_c(t)] = D[r_c(t)] = D[T_c(t)] = D[T_s(t)] = \sigma^2$

于是有$r_c(t)$和$r_s(t)$的联合概率密度函数为:

$$p(r_c, r_s) = \frac{1}{2\pi\sigma^2}\exp\left\{-\frac{1}{2\sigma^2}\left[(r_c - A_0\cos\theta_0)^2 + (r_s - A_0\sin\theta_0)^2\right]\right\}$$

$$p(r,\varphi) = p(r_c, r_s)\begin{vmatrix} \dfrac{\partial r_c}{\partial r} & \dfrac{\partial r_s}{\partial r} \\ \dfrac{\partial r_c}{\partial \varphi} & \dfrac{\partial r_s}{\partial \varphi} \end{vmatrix} = p(r_c, r_s)r$$

$$= \frac{r}{2\pi\delta^2}\exp\left\{-\frac{1}{2\sigma^2}\left[r^2 + A_0^2 - 2A_0 r\cos(\theta_0 - \varphi)\right]\right\}$$

在区间$(0, 2\pi)$对φ积分,得信号包络概率密度

$$p(r) = \frac{1}{2\pi\sigma^2}\int_0^{2\pi}\exp\left\{-\frac{1}{2\sigma^2}\left[r^2 + A_0^2 - 2A_0 r\cos(\theta_0 - \varphi)\right]\right\}\mathrm{d}\varphi$$

$$= \frac{r}{\sigma^2}\exp\left[-\frac{1}{2\sigma^2}(r^2 + A_0^2)\right]\int_0^{2\pi}\exp\left[\frac{A_0 r}{\sigma^2}\cos(\theta_0 - \varphi)\right]\mathrm{d}\varphi \qquad (3.45)$$

$$= \frac{r}{\sigma^2}\exp\left[-\frac{1}{2\sigma^2}(r^2 + A_0^2)\right]I_0\left(\frac{A_0 r}{\sigma^2}\right) \qquad (r \geq 0)$$

$\left(\text{注:零阶修正贝塞尔函数 } I_0(x) = \dfrac{1}{2\pi}\displaystyle\int_0^{2\pi}\exp(x\cos\theta)\mathrm{d}\theta\right)$

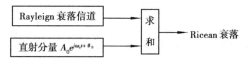

图 3.6　Ricean 衰落

这个概率密度函数就是我们常说的莱斯分布,也称广义瑞利分布。很明显,若$A_0 = 0$,则式(3.45)变为瑞利分布,强直射波的存在使得接收信号包络从瑞利分布变为莱斯分布,当直射波进一步增强($A_0/2\sigma^2 \gg 1$),莱斯密度函数将向高斯密度函数趋近。

根据前面的介绍,我们容易理解 Ricean 信道可以如图 3.6 表示。

Ricean 分布的概率密度函数常用参数k表述,k通常被称为"Ricean 因子",表达式为:

$$k = \frac{\text{常数部分功率}}{\text{随机部分功率}} = \frac{A_0^2/2}{\sigma^2} = \frac{A_0^2}{2\sigma^2} \qquad (3.46)$$

这样,Ricean 分布的概率密度函数可以用以下两种形式表示:

$$p(r) = \frac{2kr}{A_0^2}e^{-kr^2/A_0^2}e^{-k}I_0\left(\frac{2kr}{A_0}\right) = \frac{r}{\sigma^2}e^{-r/(2\sigma^2)}e^{-k}I_0\left(\frac{r\sqrt{2k}}{\sigma}\right) \qquad (3.47)$$

在保持部的信号功率不变的情况下:$k = 0$时,Ricean 分布即成为 Rayleigh 分布;随着因子k的增加,信号遇到深衰落的可能性减小,这样平均误码率就会减小,因此 Ricean 信道为比瑞利更"友好"的信道,从某种程度上瑞利代表的是一种"更差"的移动信道;k非常大时,信号的直射分量完全占支配地位,遇到小的衰落时,信道转变成 AWGN 型。

注意:Ricean 分布适用于一条路径明显强于其他多径的情况。但并不意味着这条路径就是直射路径(LOS);在非直射(NLOS)系统中,如果源自某一个散射体的径的功率特别强,信号

的衰落也会服从 Ricean 分布。

有些信道既不是 Ricean 又不是瑞利的。比如,如果两个路径是等功率的,并且强于其他的路径时,信号的静态分布就不能由 Ricean 分布来近似了。然而,大多数情况下,瑞利和 Ricean 分布足以用来表示移动信道的系统特性。

3.11　多径衰落信道的统计模型

在陆地移动通信中,移动台往往受到各种障碍物和其他移动体的影响,以致到达移动台的信号是来自不同传播路径的信号之和,如图 3.7 所示。

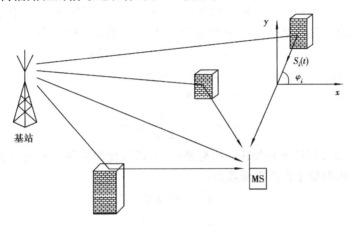

图 3.7　多径衰落信道模型

假设基站发射的信号为

$$S_0(t) = a_0 \exp[j(\omega_0 t + \varphi_0)] \tag{3.48}$$

式中,ω_0 为载波角频率,φ_0 为载波初相。经反射(或散射)到达接收天线的第 i 个信号为 $S_i(t)$,其振幅为 a_i,相移为 φ_i。假设 $S_i(t)$ 与移动台运动方向之间的夹角为 θ_i,其多普勒频移值为

$$f_i = \frac{v}{\lambda}\cos\theta_i = f_m\cos\theta_i \tag{3.49}$$

式中,v 为车速,λ 为波长,f_m 为 $\theta_i = 0^0$ 时的最大多普勒频移,因此 $S_i(t)$ 可写成

$$S_i(t) = a_i \exp\left[j\left(\varphi_i + \frac{2\pi}{\lambda}vt\cos\theta_i\right)\right]\exp[j(\omega_0 + \varphi_0)] \tag{3.50}$$

假设 N 个信号的幅值和到达接收天线的方位角是随机的且满足统计独立,则接收信号为

$$S(t) = \sum_{i=1}^{N} S_i(t) \tag{3.51}$$

令

$$\psi_i = \varphi_i + \frac{2\pi}{\lambda}vt\cos\theta_i$$

$$x = \sum_{i=1}^{N} a_i\cos\psi_i = \sum_{i=1}^{N} x_i \tag{3.52}$$

$$y = \sum_{i=1}^{N} a_i \sin\psi_i = \sum_{i=1}^{N} y_i \tag{3.53}$$

则 $S(t)$ 可写成

$$S(t) = (x + jy)\exp[j(\omega_0 t + \varphi_0)] \tag{3.54}$$

由于 x 和 y 都是独立随机变量之和,根据概率的中心极限定理,大量独立随机变量之和的分布趋向正态分布,即有概率密度函数为:

$$p(x) = \frac{1}{\sqrt{2\pi}\sigma_x}e^{-\frac{x^2}{2\sigma_x^2}} \tag{3.55}$$

$$p(y) = \frac{1}{\sqrt{2\pi}\sigma_y}e^{-\frac{y^2}{2\sigma_y^2}} \tag{3.56}$$

式中,σ_x、σ_y 分别为随机变量 x 和 y 的标准偏差。x、y 在区间 dx、dy 上取值概率分别为 $p(x)dx$、$p(y)dy$,由于它们相互独立,所以在面积 $dxdy$ 中的取值概率为

$$p(x,y)dxdy = p(x)dx \cdot p(y)dy \tag{3.57}$$

式中,$p(x,y)$ 为随机变量 x 和 y 的联合概率密度函数。

假设 $\sigma_x^2 = \sigma_y^2 = \sigma^2$,且 $p(x)$ 和 $p(y)$ 均值为零,则

$$p(x,y) = \frac{1}{2\pi\sigma_x}e^{-\frac{x^2+y^2}{2\sigma^2}} \tag{3.58}$$

通常,二维分布的概率密度函数使用极坐标系 (r,θ) 表示比较方便。此时,接收天线处的信号振幅为 r,相位为 θ,对应于直角坐标系为:

$$r^2 = x^2 + y^2$$

$$\theta = \arctan\frac{y}{x}$$

在面积 $drd\theta$ 中的取值概率为

$$p(r,\theta)drd\theta = p(x,y)dxdy$$

得联合概率密度函数为

$$p(r,\theta) = \frac{r}{2\pi\sigma^2}e^{-\frac{r^2}{2\sigma^2}} \tag{3.59}$$

对 θ 积分,可求得包络概率密度函数 $p(r)$ 为

$$p(r) = \frac{1}{2\pi\sigma^2}\int_0^{2\pi} re^{-\frac{r^2}{2\sigma^2}}d\theta = \frac{r}{\sigma^2}e^{-\frac{r^2}{2\sigma^2}} \quad (r \geqslant 0) \tag{3.60}$$

同理,对 r 积分可求得相位概率密度函数为 $p(\theta)$ 为

$$p(\theta) = \frac{1}{2\pi\sigma^2}\int_0^{\infty} re^{-\frac{r^2}{2\sigma^2}}dr = \frac{1}{2\pi} \quad 0 \leqslant \theta \leqslant 2\pi \tag{3.61}$$

由式 (3.60) 可知,多径衰落的信号包络服从瑞利分布,故把这种多径衰落称为瑞利衰落。

由式 (3.60) 不难得出瑞利衰落信号的一些特征:

均值

$$m = E(r) = \int_0^{\infty} rp(r)dr = \sqrt{\frac{\pi}{2}}\sigma = 1.253\sigma \tag{3.62}$$

均方值

$$E(r^2) = \int_0^{\infty} r^2 p(r)dr = 2\sigma^2 \tag{3.63}$$

通过上述分析及大量实测表明,多径效应使接收信号包络变化接近瑞利分布。在典型移

动信道中,衰落深度达 30 dB 左右,衰落速率(它等于每秒钟信号包络经过中值电平次数的一半)约 30 ~ 40 次/秒。

3.12　任意地形的信号中值的预测

由于移动信道中电波传播条件十分复杂,要准确计算出信号场强或传播损耗是很困难的,通常采用分析和统计相结合的办法。通过分析,了解各因素的影响,通过大量试验,找出各种地形地物下的传播损耗与距离、频率、天线高度之间的关系。首先研究陆地移动信道场强中值的估算,以自由空间传播为基础,再分别考虑各种地形地物对电磁波传播的实际影响,并逐一予以修正。

可将地形分成为两大类,即中等起伏地形和不规则地形。所谓中等起伏地形是指在传播路径的地形剖面图上,地面起伏高度不超过 20 m,且起伏缓慢,峰点与谷点之间的水平距离大于起伏高度。其他地形如丘陵、孤立山岳、斜坡和水陆混合地形等称为不规则地形。

不同地物环境其传播条件不同,按照地物的密集程度不同可以分为三类地区:

1)开阔地　在电磁波传播的路径上无高大树木、建筑物等障碍物,呈开阔状地面,如农田、荒野、广场、沙漠和戈壁滩等;

2)郊区　在靠近移动台近处有些障碍物但不稠密,如有少量的低层房屋或小树等;

3)市区　有较稠密的建筑物和高层楼房。

近年来,随着移动通信业务的发展,移动通信的服务范围也日益扩大。在陆地、海上和空中都得到了广泛应用,而且正逐步由室外扩展到室内,如办公室、住宅、车间、商场等;从地面扩展到地下,如地下铁路、坑道、隧道、矿井等。这些都是电磁波传播的特殊环境。比如室内移动通信提供手机用户在不同的楼层间进行通信,无论哪种通信系统,只要无线电波要穿透墙壁或楼板才能进行通信时,就必然存在电波的穿透损耗,即建筑物的穿透损耗。

多年来,人们对电磁波由建筑物外部进入室内的穿透损耗进行了大量的测试和研究。通常规定用建筑物附近道路中央的场强与在室内不同楼层中测得的场强之差表示此穿透损耗。穿透损耗的大小与建筑物的材料、窗口大小和通信所用的频率有关,但主要与楼层的高低有关。楼层越低,损耗越大。对于多层楼房内设置基站的专用移动通信系统而言,由于室内建筑物的结构多样,所用天线的形式与架设地点各不相同,因而很难确定一种统一的穿透损耗作为通信系统设计的依据。

对于地下铁路、坑道等限定空间的无线通信,因为电波的传播损耗很大,因此通信距离很短。这里所说的限定空间是指无线电波不能穿透的场所。例如,一般的 VHF 和 UHF 频段的电台,在矿井巷道或直径 3 m 左右隧道中的通信距离只有几百米。在限定空间内,为了增加通信距离,常用波导线传输方式。这种传输方式最先应用于列车无线通信系统。在隧道内敷设能导引电磁波的波导线,借助波导线,电磁波能量一方面向前传输,一面泄漏出一部分能量。以便与隧道内的行使车辆进行通信。

常见的波导线有两种:平行双导线和泄漏同轴电缆。平行双导线在传送高频能量时具有开放式电磁场分布,即电磁波能量分布在传输线附近的空间,为增加传输线的纵向通信距离,应尽量减少传输线的固有损耗。它的辐射性能易受铺设条件和周围物体的影响,尤其是当表面潮湿或覆盖灰尘时,损耗会急剧增大。泄漏同轴电缆则是在其外导体上按照一定节距开槽以此泄漏电磁波。

习 题

1. 简述移动通信信道中点拨传播的方式及其特点。

2. 在标准大气折射下,发射天线高度为 300 m,接收天线高度为 10 m,试求视线传播极限距离。

3. 接发双方相距 10 km,采用 100 MHz 载频,当收、发天线增益为 0 dB 时,自由空间传播损耗 L_{fs} 为多少?

4. 某一移动通信系统,基站天线高度为 100 m,天线增益 $Gb = 6$ dB,移动台天线高度为 3 m,天线增益 $Gm = 0$ dB,在平坦地面上通信,通信距离为 10 km,工作频率为 150 MHz,试求:

(1)传播路径上损耗中值;

(2)基站发射机送送天线的功率为 10 W,试计算移动台天线上信号功率中值。

5. 若上题中工作频率改变到 450 MHz 频段通信,试求传播损耗中值。

6. 在时延扩展为 4 μs 移动通信系统中,信号的传输带宽应小于多少?

7. 移动通信中的衰落现象如果按照衰落速度分类,可以分成哪几类? 它们有什么区别?

8. 瑞利分布和莱斯分布之间关系如何?

第 **4** 章

移动无线通信的调制技术

随着现代通信技术的日益发展,调制技术作为通信中的一个极为重要的内容,也得到了迅速的发展。一个通信系统的质量在很大程度上依赖于所采用的调制方式。众所周知,调制就是为了使信号特性与信道特性相匹配,调制方式的选择是由系统的信道的特性决定的。显然,对于不同类型的信道,相应地存在着不同的调制方式。

在无线移动通信中,由于电波传播条件极其恶劣,并且存在快衰落的影响,使接收信号幅度发生急剧变化。为了减小这种影响,必须采用抗干扰能力较强的调制方式。此外,由于通信容量的不断增加,但可供使用的频带却是非常有限的,解决的办法除了采取一些频率复用技术外,还倾向于采用频谱利用率较高的调制技术。

移动通信中为了降低放大器的成本,都普遍使用了高效率的 C 类功率放大器,以获得较大的射频输出,降低了移动站的功耗;在接收端,接收机采取了诸如限幅等措施来对抗多径衰落的影响。收发两端的放大和滤波等器件,使得移动通信信道具有带限特性和非线性特性。非线性部件具有幅相(AM/PM)转换效应,即当输入信号幅度变化时,能够转化为输出信号的相位变化。理论和实验均已证明,当带限以后的已调波特性不能适应非线性特性时,其非线性特性会使已经滤除的带外分量几乎又都被恢复出来,这种现象称为频谱扩散,在通信中应尽量避免。

移动通信信道的这些特性,对调制技术提出了以下要求:一方面要求已调波的包络恒定或包络起伏很小,以减小 AM/PM 效应。另一方面要求已调波具有良好的频谱特性,即主瓣窄,高频滚降速度快,这种信号经过带限滤波后,只让主瓣无失真地通过,由于被滤除的旁瓣功率很小,所以滤波器的输出信号(即非线性部件的输入信号)的包络起伏很小,从而大大减少了AM/PM 效应。

目前,在数字蜂窝移动通信中,多采用线性调制技术和恒包络调制技术。线性调制技术主要包括 PSK,QPSK,DQPSK,OK—QPSK,π/4—DQPSK 和多电平 PSK 等。恒包络调制技术主要包括 MSK,GMSK,GFSK 和 TFM 等。

4.1　角度调制与幅度调制的比较

数字调制的基本类型有幅移键控(ASK)、频移键控(FSK)和相移键控(PSK)三种。此外还有许多由基本调制类型改进或综合而获得的新型调制技术,如振幅和相位联合的调制技术(QAM)等。对于幅度调制来说,一般调制后信号的频谱是调制信号(即基带信号)频谱的线性平移或线性变换,从这个角度来看,我们也可称之为线性调制技术。

移动通信的调制技术在最初曾经使用过调幅制式,它的基本调制原理见图4.1。

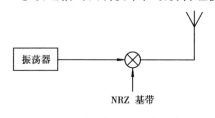

图 4.1　调幅框图

它是按照 NRZ 波形的基带信号通断来控制载波振荡器输出信号的方法实现的。准确地说,振幅调制信号就是载波振荡器输出信号与 NRZ 波形的乘积。若基带波形为 $a(t)$,则幅度调制信号还可表示为:

$$y(t) = a(t) \times \cos(wt) \qquad (4.1)$$

式中,$a(t)$ 值可取为 0 或 1。

实践证明,调幅信号虽然实现简单,但调幅信号在移动通信的变参信道中传输时,其抗衰落性能和抗干扰性能都很差,因此,现在已极少采用,而广泛采用角度调制(即调频 FSK 和调相 PSK)方式。

角度调制和线性调制不同,角度调制中已调信号的频谱与调制信号频谱之间不存在线性对应关系,而是产生出与频谱搬移不同的新的频率分量,因而呈现出非线性过程的特征,因此,角度调制又称为非线调制技术。角度调制信号在包络恒定,抗干扰性能和抗衰落性能方面都明显优于调幅信号。它的特点是需要占用较宽的信道带宽。众所周知,随着移动通信的发展,频谱资源日益紧张,信道间隔由最初的 100 kHz 减至目前的 25 kHz,因此,只能采用频带偏小的窄带调频。单边带调制的信号具有更窄的带宽,但它的抗干扰性能和抗衰落性能差,难以直接应用于移动通信中。调相技术具有比较高的频谱利用率,随着放大器技术的进步,相移键控调制技术也逐渐得到了应用。

4.2　脉冲成型技术

当矩形脉冲通过带限信道时,脉冲会产生较大的脱尾振荡,致使脉冲在时间上扩展,每个符号的脉冲会扩展到相邻符号的时间间隔内,这样,就会造成符号间的互相干扰(即码间干扰 ISI),从而导致接收机在检测一个符号时发生错误的概率增加。因此,有必要对基带数字信号进行波形整形,选择一种满足无码间干扰的基带码型。脉冲成型技术能实现这一功能。

4.2.1　对码间干扰补偿的奈奎斯特标准

利用奈奎斯特准则消除码间干扰的主要思路是,只要整个通信系统的响应设计成在接收端每个抽样时刻只对当前的符号有影响,而对其他符号的响应等于 0,那么,ISI 的影响就能完全被抵消。假设 $h_{eff}(t)$ 是整个通信系统的冲激响应,这个条件在数学上可表示为:

$$h_{eff}(nT_s) = \begin{cases} K & n = 0 \\ 0 & n \neq 0 \end{cases} \tag{4.2}$$

其中，T_s 是符号周期，n 是整数，K 是非零常数。考虑了整个系统各个部分的影响，则 $h_{eff}(t)$ 可表示为：

$$h_{eff}(t) = \delta(t) \times p(t) \times h_c(t) \times h_r(t) \tag{4.3}$$

其中，$p(t)$ 是符号的脉冲波形，$h_c(t)$ 是信道的冲激响应，$h_r(t)$ 是接收机的冲激响应。

奈奎斯特准则使用了具有 $\dfrac{\sin(x)}{x}$ 形式的系统冲激响应，如下式：

$$h_{eff}(t) = \frac{\sin(\pi t/T_s)}{\pi t/T_s} \tag{4.4}$$

式中，T_s 为符号周期。显然，这个冲激响应满足式（4.4）能消除 ISI 的奈奎斯特的条件。所以，如果合理的选取整个通信系统的冲激响应，则有可能完全消除 ISI。而系统的传递函数就是这个冲激响应的傅立叶变换。由通信原理可知，这个传递函数虽然满足了最小带宽的零 ISI 准则，但它属于锐截止的理想低通矩形滤波器（"砖墙"滤波器），在实际中实现时会有困难。还有，$\dfrac{\sin(x)}{x}$ 脉冲波形对定时抖动的要求非常严格，在过零点取样时间内的任何偏差（抖动）都会由于相邻符号间的重叠而造成严重的 ISI。因此，在实际应用时，设计出了各种具有幅频滚降特性的低通网络，提出了各种能满足无码间干扰条件的滤波器。

4.2.2 升余弦滚降滤波器

在移动通信系统中最普遍采用的脉冲成型滤波器是升余弦滚降滤波器（RRC），它属于满足奈奎斯特准则一类的滤波器，升余弦滚降滤波器的传递函数表示为：

$$H_{RC}(f) = \begin{cases} 1, & 0 \leq |f| \leq (1-\alpha)/2T_s \\ 1/2\left[1 + \cos\left(\dfrac{\pi(2T_s|f| - 1 + \alpha)}{2\alpha}\right)\right], & (1-\alpha)/2T_s \leq |f| \leq (1+\alpha)/2T_s \\ 0, & |f| \phi (1+\alpha)/2T_s \end{cases}$$

$$\tag{4.5}$$

其中，α 是滚降系数，取值范围从 0 到 1，$\alpha = 0$ 时，升余弦滚降滤波器对应于具有最小带宽的矩形滤波器，即"砖墙"滤波器。

滚降升余弦滤波器的冲激响应可通过对其传递函数进行傅立叶变换得到：

$$h_{RC}(t) = \left(\frac{\sin(\pi t/T_s)}{\pi t/T_s}\right)\left(\frac{\cos(\pi\alpha/T_s)}{1 - (4\alpha t/2T_s)^2}\right) \tag{4.6}$$

随着 α 的增加，滤波器的带宽也增加，但其相邻符号间隔内的时间旁瓣减小，这意味着增加 α 可以减小系统对定时抖动的敏感程度，但代价是增加了带宽。

在移动通信设计中，会遇到这样的问题：要获得较小带宽的脉冲成型滤波器，要求使用功率效率较低的线性功放。采用实时反馈的线性放大器来提高功率效率，是当前移动通信中的研究热点之一。

在 WCDMA（FDD）移动通信系统中，基带改善脉冲成型滤波器采用的是根升余弦（RCC）滚降滤波器，滚降系数取 0.22。

4.2.3　高斯滤波器

不用奈奎斯特技术来实现脉冲成型也是可能的,这些技术中突出的一项是使用效率特别高的高斯脉冲成型滤波器。高斯滤波器不像奈奎斯特滤波器在相邻符号的峰值处为 0 值,并且,其传递函数平滑,没有过零点,高斯脉冲滤波器的脉冲响应产生一个强烈依赖于 3 dB 带宽的传递函数,如下式所示:

$$H_G(f) = \exp(-\alpha^2 f^2) \tag{4.7}$$

参数 α 与基带高斯成型滤波器的 3 dB 带宽 B_{3dB} 有关,为:

$$\alpha = \frac{\sqrt{\ln2}}{2B_{3dB}} = \frac{0.588\ 7}{B_{3dB}} \tag{4.8}$$

随着 α 的增加,高斯滤波器占用的频谱减小,实际信号在时间上更分散,其冲击响应为:

$$h_G(t) = \frac{\sqrt{\pi}}{\alpha}\exp\left(-\frac{\pi^2}{\alpha^2}t^2\right) \tag{4.9}$$

高斯滤波器的绝对带宽窄,带外截止尖锐,能抑制不需要的高频信号分量。另外,它的脉冲响应过冲量较小,能防止调制器产生不必要的瞬时频偏。因此,它非常适用于非线性射频放大器和不能精确地保持窄脉冲波形不变的调制技术。需要注意的是,因为高斯脉冲成型滤波器不满足奈奎斯特准则,所以减小占用的频谱会造成 ISI 增加,导致性能下降。这样,使用高斯脉冲成型滤波器时,在希望得到的射频带宽和 ISI 之间就存在折中,当要求误码率性能不太高时,可使用高斯脉冲成型滤波器。在第三代 TD—CDMA 标准中就采用了这种脉冲成型滤波器。

4.3　线性调制技术

这里所谓的"线性",是指调制技术要求通信设备从基带频率变换到射频频率以及对信号的放大和发射的过程中都要保持高度的线性特性。线性调制技术允许的失真很小,这就增大了设备的设计难度和成本。但是这类调制方式可获得较高的频谱利用率,特别是近年来由于放大器设计技术的进展,实现了高效率而实用的线性放大器,使得 QPSK 等线性调制技术得到了广泛的应用。下面分别对几种线性调制进行一些讨论。

4.3.1　绝对相移键控(BPSK)

这是相移键控中最简单的形式,二进制序列数字信号"1"和"0",分别用载波的相位"0"和"π"或"π/2"、"-π/2"两个离散值表示。

数学上的时域表达式为:

$$z(t) = A\cos[w_0 t + \theta(t)] \tag{4.10}$$

式中,$\theta(t)$ 为"0"和"π"或"π/2"、"-π/2",由数字信息比特的极性决定。根据选用的参考相位标准不同,二相相移键控可分为绝对相移键控和相对相移键两种。

绝对相移键控采用未调载波相位作为参考基准相位,即利用载波相位的绝对值来传送数字信息。因此,它的时域表达式可写为:

$$Z(t) = A\cos[w_0 + 0] \quad b_k = 0;$$
$$Z(t) = A\cos[w_0 + \pi] \quad b_k = 1; \tag{4.11}$$

或者写成:

$$Z(t) = D(t)A\cos(w_0 t) \tag{4.12}$$

其中,

$$D(t) = \begin{cases} -1, & b_k = 0 \\ +1, & b_k = 1 \end{cases} \tag{4.13}$$

二进制数字序列 b_k 经波形变换后,形成幅度为 +1 和 -1 的 NRZ(非归零码—No-Return Zero)二进制矩形脉冲序列 $D(t)$,与载波相乘后,即得 BPSK 信号。

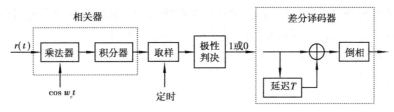

图 4.2 二相相移键控的相干解调

绝对相移键控 BPSK 的解调,不能采用分路滤波,包络检测等方法,只能用相干解调的方法。解调是依据相干检测原理建立起来的。如发端是二相绝对调相,其解调器如图 4.2 所示,乘法器就是逻辑"与",因此"与"门可以作乘法器使用,积分器要求不高时,可以用无源 RC 积分器,多数采用由运算放大器组成的有源积分器。这种解调方法存在相位模糊问题。

4.3.2 相对相移键控(DPSK)

相对相移键控有时也称为差分相移键控,它与 BPSK 不同的是,它是通过前一个码元和后一个码元的比较,利用前后码元间的载波相位差来传递数字信息的。实现相对调相的方法是,首先对数字基带信号进行差分编码,即由绝对码变为相对码,然后再进行绝对调相。其调制原理见图 4.3。

图 4.3 DPSK 调制框图

可见,DPSK 和 BPSK 的不同之处只是多了一个差分编码器而已。

对于二相差分调制,接收端的解调有两类:一是如图 4.4 所示,由于它是以前面一个相邻符号的相位作为现在观察的符号的参考相位,实现时是把前一个符号延迟一个符号持续时间 T,作为检测后一符号的参考相位,对后一符号进行检测,此法称差分相干检测。其最大的特点是不需要载波提取电路,此即 DPSK—DPSK 工作方式;另一方法如图 4.2 所示,只是在后面多加一个差分译码器。此即 DPSK—CPSK 工作方式。这种方式的抗干扰能力强些,但需要载波提取电路,只有在信噪比低的情况时使用。

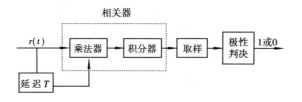

图 4.4　DPSK 的差分检测

4.3.3　四相相移键控(QPSK)

四相相移键控是用得比较多的一种调制方式。四相调相信号的载波相位有四种取值,每一种取值都代表两个二进制信息码元。因此,先对输入的二进制数据序列进行分组,每两个信息码元或称符号为一组,然后根据组合情况用四种载波相位表征它们。按照双比特码元与符号相位对应关系不同,又分为 $\pi/4$(已调波相位取 $\pi/4$ 的奇数倍)系统和 $\pi/2$(已调波相位取 $\pi/2$ 的整数倍)系统,如图 4.5。

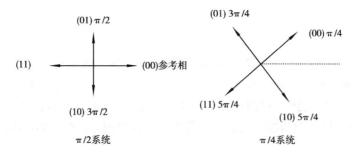

图 4.5　QPSK 信号的相位矢量图

无论是 $\pi/4$ 系统还是 $\pi/2$ 系统,均可认为是载波相互正交的两个二相 PSK 信号之和。QPSK 的调制框图如图 4.6 所示。

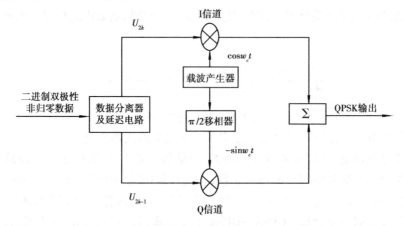

图 4.6　QPSK 调制框图

可见,QPSK 是把二进制双极性非归零数据序列,经数据分离器分成奇(I 路)、偶(Q 路)两路,每路的码元宽度扩展为 $2Tb$。两路分别对正交载波 $\cos w_c t$ 和 $\sin w_c t$ 相乘,进行二相调制,然后相加合成 QPSK 信号。其中延迟电路的作用是使 I、Q 两路中宽度为 $2Tb$ 的数据沿对齐。在

任一码元宽度 $2Tb$ 内,QPSK 信号时域表达式为:

$$Z(t) = U_{2k}(A/2)\cos w_c t + U_{2k-1}(A/2)\sin w_c t \quad (2k-1)Tb \leqslant t \leqslant (2k+1)Tb \quad (4.14)$$

QPSK 在时域内的调制波形和相位路径见图4.7。

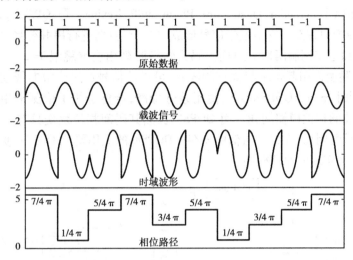

图4.7　QPSK 已调波信号的时域波形和相位路径图

4.3.4　交错正交相移键控(OQPSK)

交错正交相移键控(OQPSK,Offset Quadrature Phase Shift Keying)是继 QPSK 之后发展起来的一种数字调制技术,它是 QPSK 的一种改进形式。从不同角度看,这种调制技术又可叫做参差四相相移键控(SQPSK),偏移四相相移键控(OKQPSK)或双二相相移键控(Double—BPSK)等。

它的调制原理框图如图4.8所示。它将同相支路与正交支路的比特流在时间上错开半个码元周期。各支路比特流经过差分编码,然后分别进行 2PSK 调制,经调制后,I 与 Q 支路的比特流在合成器进行矢量合成后输出。跟 QPSK 正交调制器比较,OQPSK 调制器还多了个差分编码器。

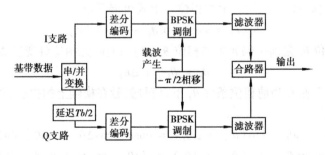

图4.8　OQPSK 调制框图

由于 OQPSK 调制 I、Q 支路比特流在时间上错开了 $Tb/2$,合成后相邻码元间相位变化只能是0°或90°,而不会出现180°的相位突变。因此,它对于 QPSK 调制而言,具有相位更加平滑,包络特性好,频谱相对集中,频带利用率高等优点。

OQPSK 在码元转换时刻相位仍是不连续的,还有90°的突变,因此,它的频带仍然较宽,高频滚降特性也较差。

4.3.5 π/4 偏移差分相移键控(π/4—DQPSK)

π/4—DQPSK(Differential Quadrature Phase Shift Keying)是 QPSK 和交错相移键控(OQPSK)的一种折中方案。它由基带信号形成(包括对数据进行串并变换、极性变换、差分编码和低通滤波)和正交调制两部分组成。码元转换时刻相位突跳限于 ±π/4 或 ±3π/4,这较之 QPSK 的 ±π 跳变而引起包络起伏有所改善,可以使信号通过带限非线性信道后的频谱扩散相对较小。同时,π/4—QQPSK 可以使用差分检测,避免了相干检测中相干载波提取的困难,以及相干载波的相位模糊问题。而 OQPSK 虽然其码间相位跳变只有 ±π/2,但由于其不能使用非相干解调,因而,在移动通信中 π/4—DQPSK 的应用要比 OQPSK 更广泛。图 4.9 是 π/4—DQPSK 调制实现的原理框图。

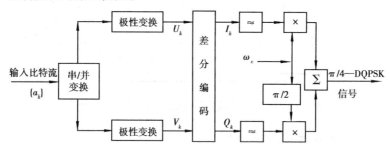

图 4.9　π/4—DQPSK 调制原理框图

输入数据$\{a_k\}$经串/并变换和极性变换之后得到同相通道 I 和正交通道 Q 的两路非归零脉冲$\{U_k\}$和$\{V_k\}$。通过适当的信号变换,使得在 $kT \leq t \leq (k+1)T$ 时间内 I 通道的信号幅值 I_k 和 Q 通道的信号幅值 Q_k 发生相应的变化,在分别进行正交调制后的合成信号成为 π/4—DQPSK 信号。(这里 T 是非归零脉冲$\{U_k\}$和$\{V_k\}$的码宽,它是输入数据$\{a_k\}$码宽 T_b 的两倍,即 $T = 2T_b$)。

设已调信号

$$S_k(t) = [\cos\omega_c t + \theta_k] \tag{4.15}$$

式中,θ_k 为 $kT \leq t \leq (k+1)T$ 之间的附加相位。上式可展开成

$$S_k(t) = \cos\omega_c \cos\theta_k - \sin\omega_c t \sin\theta_k \tag{4.16}$$

当前码元的附加相位 θ_k 是前一码元附加相位 θ_{k-1} 与当前码元相位跳变量 $\Delta\theta_k$ 之和,即

$$\theta_k = \theta_{k-1} + \Delta\theta_k$$

因为同相分量 I_k 是在当前相位条件 θ_k 下,信号矢量在横轴上的投影,正交分量 Q_k 则是在纵轴上的投影,所以

$$I_k = \cos\theta_k = \cos(\theta_{k-1} + \Delta\theta_k) = \cos\theta_{k-1}\cos\Delta\theta_k - \sin\theta_{k-1}\sin\Delta\theta_k$$
$$Q_k = \sin\theta_k = \sin(\theta_{k-1} + \Delta\theta_k) = \sin\theta_{k-1}\cos\Delta\theta_k + \cos\theta_{k-1}\sin\Delta\theta_k$$

其中 $\sin\theta_{k-1} = Q_{k-1}$,$\cos\theta_{k-1} = I_{k-1}$,上两式可改写为

$$I_k = I_{k-1} \cdot \cos\Delta\theta_k - Q_{k-1} \cdot \sin\Delta\theta_k \tag{4.17}$$
$$Q_k = Q_{k-1} \cdot \cos\Delta\theta_k + I_{k-1} \cdot \sin\Delta\theta_k \tag{4.18}$$

这是 $\pi/4$—DQPSK 的一个基本关系式,它表明了前码元两正交信号幅度 I_{k-1}, Q_{k-1} 与当前码元两正交信号幅度 I_k, Q_k 之间的关系,取决于当前码元的相位跳变量 $\Delta\theta_k$,而当前码元的相位跳变量又取决于差分编码电路输入的码组 U_k 和 V_k,它们的关系如表 4.1 所示。

表 4.1　$\pi/4$—DQPSK 的相位跳变规则

U_k	V_k	θ	$\cos\theta$	$\sin\theta$
1	1	$\pi/4$	$1/\sqrt{2}$	$1/\sqrt{2}$
-1	1	$3\pi/4$	$-1/\sqrt{2}$	$1/\sqrt{2}$
-1	-1	$-3\pi/4$	$-1/\sqrt{2}$	$-1/\sqrt{2}$
1	-1	$-\pi/4$	$1/\sqrt{2}$	$-1/\sqrt{2}$

4.4　恒包络调制

这类调制技术的优点是已调信号具有相对窄的功率谱密度,高频滚降快,对设备没有线性要求。许多实际的移动无线通信系统都使用这类调制方法,这时,不管调制信号如何改变,载波的幅度是恒定的。恒包络调制可以满足多种应用环境,表现在:

- 可以使用功率效率高的 C 类放大器,而不会产生频谱扩展。
- 带外辐射小,可达 $-60 \sim -70$ dB。
- 可用限幅器—鉴频器检测,从而简化接收机的设计,并能很好地抵抗随机噪声和由 Rayleigh 衰落引起的信号波动。

恒包络调制有许多优点,但它们占用的带宽比线性调制类要大。

4.4.1　二进制频移键控(FSK)

FSK 是二进制频移键控,它是一种恒幅的相位连续的调制方式。在 FSK 中载波频率随着调制信号 1 获 0 而变。即传输信号"1"时,载波频率为 f_1;传输信号"0"时,载波频率为 f_2。则 FSK 已调信号时域表达式为:

$$S_{FSK}(t) = A\cos\left[2\pi(f_c + \Delta f_d m(t))t\right] \tag{4.19}$$

其中 A 是载波的振幅,$g(t)$ 是宽度为 T_s(基带信号码元周期)的单个矩形脉冲,$m(t)$ 是二元对称非归零基带数字信号(其取值为 ± 1),Δf_d 为角频偏。则瞬时频率仅有两个值,即 $f_1 = f_c - \Delta f_d$ 和 $f_2 = f_c + \Delta f_d$,由此定义调频指数 h

$$h = (f_2 - f_1)/R_b \tag{4.20}$$

其中 $R_b = \dfrac{1}{T_s}$(T_s 是数据码元周期)

二进制 FSK 已调信号可以看做两个不同载频的幅移键控已调信号之和,所以它的已调信号带宽为两倍基带信号带宽(B)与 $|f_2 - f_1|$ 之和,即:

$$B_{FSK} = 2B + |f_2 - f_1| \tag{4.21}$$

一种最简单的产生 FSK 信号的方法是,依照数据比特是 0 还是 1,在两个独立的振荡器中切换。通常,这种方法产生的波形在切换的时刻是不连续的,因此这种 FSK 信号又称为不连续 FSK 信号。

更常用的产生 FSK 信号的方法是,使用信号波形对单一载波振荡器进行频率调制。这种调制方法类似于生成模拟 FM 信号,只是调制信号为二进制波形。

FSK 的解调可采用包络检波法、相关解调法和非相关解调法等方法解调。FSK 相位连续时,可采用鉴频器解调。包络检波法是接收端采用两个带通滤波器,其中心频率分别为 f_1 和 f_2,它们的输出经过包络检波,如果 f_1 支路的包络强于 f_2 支路,则判决为"1",反之判决为"0"。非相干解调时输入信号分别经过对 $\cos w_1 t$ 和 $\cos w_2 t$ 匹配的两个匹配滤波器,其输出再经过包络检波和比较判决,如果 f_1 支路的包络强于 f_2 支路,则判决为"1",反之判决为"0"。图 4.10 给出了 FSK 的相干解调框图。

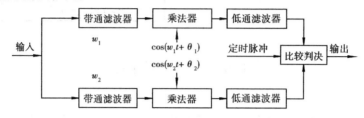

图 4.10　FSK 的相干解调框图

4.4.2　最小频移键控(MSK)

根据式(4.19),FSK 信号在一个码元周期内的波形可以写成

$$S(t) = \begin{cases} S_1(t) = A\cos 2\pi f_1 t = A\cos w_1 t & 0 \leqslant t \leqslant T_s \\ S_2(t) = A\cos 2\pi f_2 t = A\cos w_2 t & 0 \leqslant t \leqslant T_s \end{cases}$$

则两个信号波形的相关系数如下定义

$$\rho = \frac{2}{A^2 T_s}\int_0^{T_s} S_1(t)S_2(t)\,\mathrm{d}t = \frac{\sin(w_2 - w_1)T_s}{(w_2 - w_1)T_s} + \frac{\sin 2w_c T_s}{2w_c T_s} \tag{4.22}$$

一般 $2w_c T_s \gg 1$ 或 $2w_c T_s = k\pi$,则相关系数可写作

$$\rho = \frac{\sin(w_2 - w_1)T_s}{(w_2 - w_1)T_s} \tag{4.23}$$

根据上式作出相关系数曲线如图 4.11 所示。

由图可以看出:

1)当 $(w_2 - w_1)T_s = 1.43\pi$ 时,相关系数有最小值 $\rho = -\dfrac{2}{3\pi} \approx -0.21$(对应的调频指数 $h = 0.715$)。这时两信号具有超正交特性,对这样的信号进行相干解调,在误码率一定条件下,所需的信号能量比 $\rho = 0$ 的正交信号还小,即 $h = 0.715$ 的 2FSK 是一种性能较好的调制方式。

2)当 $(w_2 - w_1)T_s = k\pi(k \geqslant 1)$ 时,$\rho = 0$,两信号具有正交特性。接收机利用这一特性很容易区分两个信号,其中当 $k = 1$ 时,对应的调频指数 $h = 0.5$ 是满足正交条件的最小调频指数。按此 h 值配置的信号频率所占据的带宽最小,或者说,在频带限制下比特传输率最高,这就是最小频移键控 MSK。

最小频移键控 MSK 是相位连续 2FSK 的一个特例,有时也称它为快速频移键控(FFSK)。MSK 信号的时域表达式可写为:

$$S(t) = \cos\left(w_c t + \frac{\pi a_k}{2T_s}t\right) + \varphi_k \tag{4.24}$$

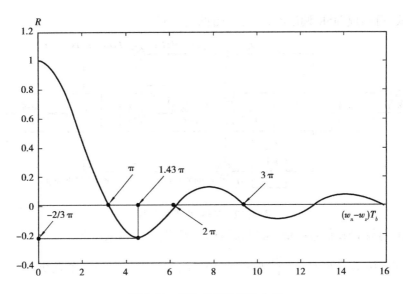

图 4.11　FSK 的相关系数曲线

$$(k-1)Ts \leqslant t \leqslant kTs$$

或者

$$S(t) = \cos\left[w_c t + \theta(t)\right]$$

$$\theta(t) = \frac{\pi a_k}{2Ts} + \varphi_k \tag{4.25}$$

$$(k-1)Ts \leqslant t \leqslant kTs$$

w_c 是角频率, Ts 是码元宽度, a_k 是第 k 个码元中的信息, 其取值为 ± 1, φ_k 是第 k 个码元的相位常数, 它在时间 $(k-1)Ts \leqslant t \leqslant kTs$ 中保持不变。

为了便于对 MSK 的调制和解调, 我们可以对式 (4.25) 进行一些改动, 由于

$$\cos\left[w_c t + \theta(t)\right] = \cos\theta(t)\cos w_c t - \sin\theta(t)\sin w_c t$$

$$\theta(t) = \frac{2\pi a_k}{2Ts} + \varphi_k, \varphi_k = 0, \pi, a_k = \pm 1 \tag{4.26}$$

所以

$$\cos\theta(t) = \cos\left(\frac{\pi t}{2Ts}\right)\cos\varphi_k$$

$$-\sin\theta(t) = -a_k\sin\left(\frac{\pi t}{2Ts}\right)\cos\varphi_k$$

故 MSK 信号又可以表示为:

$$S(t) = \cos\varphi_k\cos\left(\frac{\pi t}{2Ts}\right)\cos w_c t - a_k\cos\varphi_k\sin\left(\frac{\pi t}{2Ts}\right)\sin w_c t \tag{4.27}$$

上式第一项为同相分量 (I 分量), 第二项为正交分量 (Q 分量), $\cos\left(\frac{\pi t}{2Ts}\right)$ 和 $\sin\left(\frac{\pi t}{2Ts}\right)$ 称为加权函数, $\cos\varphi_k$ 中, 同相分量的等效数据, $-a_k\cos\varphi_k$ 是正交分量的等效数据, 它们都与原始输入数据有确定的关系。我们可以令 $\cos\varphi_k = I_k$, $-a_k\cos\varphi_k = Q_k$, 那么, 可得 MSK 的调制表示式:

$$S(t) = I_k\cos\left(\frac{\pi t}{2Ts}\right)\cos w_c t - Q_k\sin\left(\frac{\pi t}{2Ts}\right)\sin w_c t \tag{4.28}$$

根据上式,可构成 MSK 调制器,其方框图见图4.12。

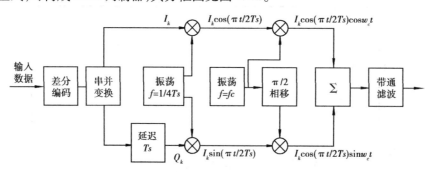

图4.12 MSK 的调制框图

MSK 的解调与 FSK 信号相似,可以采用相干解调,也可以采用非相干解调。

MSK 中的相位函数 $\theta(t) = \dfrac{\pi a_k}{2Ts} + \varphi_k, \varphi_k = 0, \pi, a_k = \pm 1$,它是一个直线方程式,其斜率为

$\dfrac{\pi a_k}{2Ts}$,截距为 φ_k,由于 $a_k = \pm 1$,因此,它的相位是随着码元的极性,线性地增大($a_k = 1$)或减小($a_k = -1$)$\pi/2$,如图4.13 所示。

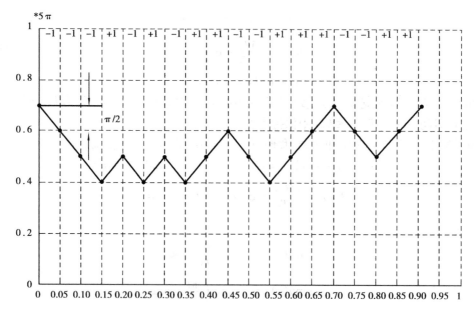

图4.13 MSK 的相位路径图

由于 MSK 的相位连续变化,没有突变,所以它必然有良好的频谱特性,高频滚降比 QPSK 和 BPSK 等要快。

4.4.3 高斯滤波最小频移键控(GMSK)

MSK 信号由于相位是连续变化的,因而频谱衰减速度快。尽管 MSK 信号已具有较好的频谱特性,但仍满足不了功率谱在相邻频道取值(即邻道辐射)低于主瓣峰值 60 dB 以上的要求。这主要是因为当相邻两个符号极性变化时,相位路径在符号转化时刻将产生一个拐点,相

位路径在转换时刻的斜率是不连续的,这将影响已调信号频谱的衰落速度。基于上述考虑,如果改变相位路径的变化规律,可以派生出很多恒包络调制方式。高斯滤波最小频移键控就是其中一种,它是 MSK 的直接改进,在调制之前将基带信号经过一个按"相关编码"设计的滤波器后再进行调制,具体使用高斯滤波器作为调制前基带滤波器,将基带信号成形为高斯脉冲后再进行最小频移键控,这种调制方式称为高斯滤波最小频移键控 GMSK。GMSK 调制方式能满足移动通信条件下对邻道干扰的严格要求,GMSK 以其优良的性能而被泛欧数字蜂窝移动通信系统(GSM)所采用。GMSK 调制系统框图如图 4.14 所示。

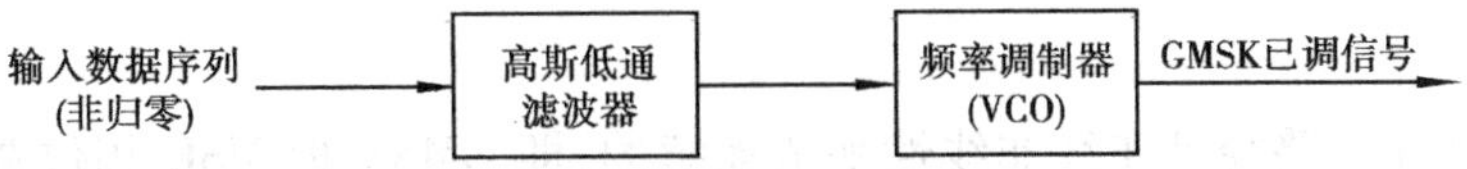

输入数据序列 (非归零) → 高斯低通滤波器 → 频率调制器 (VCO) → GMSK已调信号

图 4.14　GMSK 的调制框图

图中高斯滤波器的传递函数和相应的冲击响应为

$$H(f) = \exp(-\alpha^2 f^2) \tag{4.29}$$

$$h(t) = \frac{\sqrt{\pi}}{\alpha} \exp\left[-\left(\frac{\pi}{\alpha}t\right)^2\right] \tag{4.30}$$

式中 α 是与滤波器 3 dB 带宽 B_α 有关的参数,它们间的关系为

$$\alpha B_\alpha = \sqrt{\frac{1}{2}\ln 2} \approx 0.588\ 7 \tag{4.31}$$

如果输入为双极性非归零矩形脉冲数据序列

$$m(t) = \sum_n a_n b(t - nT_b) \quad a_n = \pm 1 \quad \text{其中} \ b(t) = \begin{cases} \dfrac{1}{T_b} & 0 \leqslant |t| \leqslant \dfrac{T_b}{2} \\ 0 & \text{其他} \end{cases} \tag{4.32}$$

T_b 为码元周期。则高斯滤波的输出为

$$X(t) = m(t) \cdot h(t) = \sum_n a_n g(t - nT_b) \tag{4.33}$$

式中 $g(t)$ 为高斯滤波器的脉冲响应

$$g(t) = b(t) \cdot h(t) = \frac{1}{T_b} \int_{T_b - \frac{T_b}{2}}^{T_b + \frac{T_b}{2}} h(\tau) \mathrm{d}\tau = \frac{1}{T_b} \int_{T_b - \frac{T_b}{2}}^{T_b + \frac{T_b}{2}} \frac{\sqrt{\pi}}{\alpha} \exp\left[-\left(\frac{\pi t}{\alpha}\right)^2\right] \mathrm{d}t \tag{4.34}$$

$X(t)$ 加于压控振荡器,直接调频后即得到 GMSK 信号:

$$S_{\text{GMSK}}(t) = A\cos[w_c t + \Phi(t)] \tag{4.35}$$

而附加相位函数 $\Phi(t)$ 为

$$\Phi(t) = K_0 \int_{-\infty}^{t} X(\tau) \mathrm{d}\tau = K_0 \sum_n a_n \int_{-\infty}^{t} g(\tau - nT_b) \mathrm{d}\tau$$

$$= \sum_n \frac{\pi}{2} a_n \int_{-\infty}^{t} g(\tau - nT_b) \mathrm{d}\tau \tag{4.36}$$

由此可见已调信号的相位路径取决于高斯滤波器输出脉冲的形状,或者说在一个码元周期内已调相位变化取决于其间脉冲的面积。由于脉冲宽度大于 T_b,即相邻脉冲间有重叠,因此在决定一个码元内脉冲面积时要考虑相邻码元的影响。为了分析简便,可以考虑脉冲宽度为 $3T_b$,那么在连续三个码元不同情况下的相位路径,可由下面规则确定:

①一个码元内相位变化增加还是减少取决于这个码元内脉冲波形叠加后面积的正负极

性,若面积为正,则相位增加;反之则相位减少。

②一个码元内相位变化值取决于这个码元内叠加后脉冲面积的大小。当相邻三个码元为+1、+1、+1时,滤波器特性和频率调制器灵敏度保证一个码元内相位增加 $\frac{\pi}{2}$;当相邻三个码元为 −1、−1、−1时,滤波器特性和频率调制器灵敏度保证一个码元内相位减少 $\frac{\pi}{2}$。在其他码元情况下,由于正负极性的抵消,叠加后脉冲波形面积小于上述两种情况,即相位变化值小于 $\pm\frac{\pi}{2}$。

这样得到的相位路径是连续非线性平滑连续的,即 GMSK 把 MSK 相位路径的尖角平滑了。由此可知,它的频谱特性必优于 MSK 调制方式:主瓣宽度更窄,高频滚降速度更快,提高了抑制邻道干扰的性能,因此,特别适合于移动通信无线传输的要求。

4.5 混合线性和恒包络调制技术

4.5.1 M 相相移键控(MPSK)

在多进制相位键控中载波相位取 M 个可能值中的一个,即 $\theta_i = 2(i-1)\pi/M$,其中 $i = 1,2,\cdots,M$。

$$S_i(t) = \sqrt{\frac{2E_i}{T_i}}\cos\left(2\pi ft_c + \frac{2\pi}{M}(i-1)\right), 0 \leq t \leq T_s, i = 1,2,\cdots,M \qquad (4.37)$$

其中,$E_s = (\log_2 M)E_b$ 是每一符号的能量,$T_s(\log_2 M)T_b$ 是符号周期。上面的公式可用积分形式改写成:

$$S_i(t) = \sqrt{\frac{2E_s}{T_s}}\cos\left[(i-1)\frac{2\pi}{M}\right]\cos(2\pi f_c t) - \sqrt{\frac{2E_s}{T_s}}\sin\left[(i-1)\frac{2\pi}{M}\right]\sin(2\pi f_c t)$$
$$i = 1,2,\cdots,M \qquad (4.38)$$

通过选择基本正交信号 $\phi_1(t) = \sqrt{\frac{2}{T_s}}\cos(2\pi f_c t)$ 和 $\phi_2(t) = \sqrt{\frac{2}{T_s}}\sin(2\pi f_c t)$,其中 $0 \leq t \leq T_s$,多进制 PSK 信号的表达式为:

$$S_{M-PSK}(t) = \left\{\sqrt{E_s}\cos\left[(i-1)\frac{\pi}{2}\right]\phi_1(t) - \sqrt{E_s}\sin\left[(i-1)\frac{\pi}{2}\right]\phi_2(t)\right\} \qquad i = 1,2,\cdots,M$$
$$(4.39)$$

因为在多进制中有两个基本信号,所有多进制 PSK 的星座图是二维的。多进制信号点均匀分布在以原点为中心、$\sqrt{E_s}$ 为半径的圆周上。因此,多进制相移键控信号在没有脉冲整形的情况下有着恒定包络。

可以利用式(4.40)计算加性高斯白噪声信道中的 MPSK 信号的符号差错概率。圆周上相邻符号间的距离等于 $2\sqrt{E_s}\sin\left(\frac{\pi}{M}\right)$。下面给出多进制 PSK 系统的平均误符号概率:

$$P_e \leqslant 2Q\left(\sqrt{\frac{2E_b \log_2 M}{N_0}} \sin\left(\frac{\pi}{M}\right)\right) \tag{4.40}$$

和 BPSK、QPSK 的调制解调一样,多进制 PSK 的解调,或者使用相干检测,或者使用非相干解调微分检测。加性高斯白噪声信道中微分解调多进制 PSK 系统($M \geqslant 4$)的符号差错概率大约为:

$$P_e \approx 2Q\left(\sqrt{\frac{4E_s}{N_0}} \sin\left(\frac{\pi}{2M}\right)\right) \tag{4.41}$$

多进制 PSK 信号的功率谱(PSD)可以类似与处理 BPSK 和 QPSK 的方法得到。多进制相移键控信号的符号周期 T_s 与比特周期 T_b 有关:

$$T_a = T_b \log_2 M$$

矩形脉冲的多进制 PSK 信号的 PSD 公式如下:

$$P_{\text{MPSK}} = \frac{E_s}{2}\left[\left(\frac{\sin\pi(f-f_c)T_s}{\pi(f-f_c)T_s}\right)^2 + \left(\frac{\sin\pi(-f-f_c)T_s}{\pi(-f-f_c)T_s}\right)^2\right] \tag{4.42}$$

$$P_{\text{MPSK}} = \frac{E_s \log_2 M}{2}\left[\left(\frac{\sin\pi(f-f_c)T_b\log_2 M}{\pi(f-f_c)T_b\log_2 M}\right)^2 + \left(\frac{\sin\pi(-f-f_c)T_b\log_2 M}{\pi(-f-f_c)T_b\log_2 M}\right)^2\right] \tag{4.43}$$

从公式(4.43)看出,在 R_b 保持不变的情况下,MPSK 信号的主瓣随着 M 的增加而减小,所以随着 M 值的增加带宽效率也在增加。即 R_b 不变,M 增加时 η_b 增加,B 减小。同时,增大 M 意味着星座图更加紧密,因此功率效率(抗噪声性能)降低。表 4.2 列出了不同 M 值的 MPSK 系统的带宽效率和功率效率,其中 MPSK 信号在加性高斯白噪声信道中经过理想奈奎斯特(Nyquist)脉冲整形。假设这些值没有定时抖动和衰落(这两个因素当 M 增加时对误码率有很多负面的影响)。通常,在实际无线通信信道中,必须进行仿真以确定误码率的大小,因为干扰和多径效应会改变 MPSK 信号的瞬时相位,从而在检测器产生误码。当然,检测器实现方式的其他特点也会影响接收性能。实际应用时,移动信道中的 MPSK 信号需要使用导频或均衡。

表 4.2　MPSK 信号的带宽效率和功率效率

M	2	4	8	16	32	64
$\eta_B = R_b/B$	0.5	1	1.5	2	2.5	3
$E_b/N_0(BER = 10^{-6})$	10.5	10.5	14	18.5	23.4	28.5

4.5.2　多进制正交幅度调制(QAM)

多进制 PSK 调制中,传输信号的幅度保持在一恒定值,因此星座图是圆形的。通过同时改变相位与幅度,我们获得一种新的调制方法,称为正交幅度调制(QAM),它们的星座图由信号点方格组成。MQAM 信号的一般表达式为:

$$S_i(t) = \sqrt{\frac{2E_{\min}}{T_s}} a_i \cos(2\pi f_c t) - \sqrt{\frac{2E_{\min}}{T_s}} b_i \sin(2\pi f_c t) \tag{4.44}$$

其中,$0 \leqslant t \leqslant T \quad i = 1, 2, \cdots, M$。$E_{\min}$ 是幅度最小的信号的能量,a_i 和 b_i 是一对独立的整数,根据信号点的位置而定。应当注意多进制 QAM 每个符号没有恒定的能量,可能的符号间的距离也不恒定。所以一些特殊值的 $S_i(t)$ 会比其他的 $S_i(t)$ 更容易检测。

假设使用矩形脉冲成形滤波器,信号 $S_i(t)$ 扩展为一对如下定义的基本函数:

$$\phi_1(t) = \sqrt{\frac{2}{T_s}}\cos(2\pi f_c t) \quad 0 \leqslant t \leqslant T_s \tag{4.45}$$

$$\phi_2(t) = \sqrt{\frac{2}{T_s}}\sin(2\pi f_c t) \quad 0 \leqslant t \leqslant T_s \tag{4.46}$$

第 i 个信号点的坐标是 $(a_i\sqrt{E_{\min}}, b_i\sqrt{E_{\min}})$,其中 (a_i, b_i) 是 $L \cdot L$ 的矩阵的元素,如下式:

$$\{a_i, b_i\} = \begin{bmatrix} (-L+1, L-1) & (-L+3, L-1) & \cdots & (-L+1, L-1) \\ (-L+1, L-3) & (-L+3, L-3) & \cdots & (-L+1, L-3) \\ \vdots & \vdots & & \vdots \\ (-L+1, -L-1) & (-L+3, -L-1) & \cdots & (-L+1, L+1) \end{bmatrix} \tag{4.47}$$

其中,$L = \sqrt{M}$。

假设使用相干检测,多进制 QAM 信号在加性高斯白噪声信道中的平均误码率大约是:

$$P_e \cong 4\left(1 - \frac{1}{\sqrt{M}}\right)Q\left(\sqrt{\frac{2E_{\min}}{N_0}}\right) \tag{4.48}$$

使用平均信号能量 E_{av} 公式可表示为:

$$P_e \cong 4\left(1 - \frac{1}{\sqrt{M}}\right)Q\left(\sqrt{\frac{3E_{av}}{(M-1)N_0}}\right) \tag{4.49}$$

QAM 调制信号的功率和带宽效率与多进制 PSK 调制信号相同。而在功率效率方面,QAM 优于多进制 PSK。表 4.3 列出了不同 M 值 QAM 信号的带宽和功率效率,其中假设在加性高斯白噪声信道中使用了升余弦滚降滤波器。与多进制 PSK 信号相比,表中所列出的数据性能更好。实际应用是必须经过仿真信道的不同参数,以及指定接收机的具体实现方式后,才能确定无线系统的误码率。无线系统中的 QAM 信号也必须使用导频信号或均衡。

表 4.3　QAM 的带宽和功率效率

M	4	6	64	56	1 024	4 096
η_B	1	2	3	4	5	6
$E_b/N_0(BER = 10^{-6})$	10.5	15	18.5	24	28	33.5

4.5.3　多进制频移键控(MFSK)

多进制 FSK 中的传输信号定义为:

$$S_i(t) = \sqrt{\frac{2E_s}{T_s}}\cos\left[\frac{\pi}{T_s}(n_c + i)t\right] \quad 0 \leqslant t \leqslant T_s, i = 1, 2, \cdots, M \tag{4.50}$$

其中,对于某些固定的 n_c,$f_c = n_c/2T_s$。M 个传输信号具有相同的能量和周期,信号频率间隔为 $1/2 T_s$ 赫兹,所以信号是正交的。

对于多相干的多进制 FSK 信号,最佳接收机有 M 相关器或匹配滤波器。平均误码率为:

$$P_e \leq (M-1)Q\left(\sqrt{\frac{E_b \log_2 M}{N_0}}\right) \tag{4.51}$$

对于使用匹配滤波器,然后经过包络检测器的非相干信号检测方式,其平均误码率为:

$$P_e = \sum_{k=1}^{M-1} \left(\frac{(-1)^{k+1}}{K+1}\right)\left(\frac{M-1}{k}\right)\exp\left(\frac{-kE_s}{(k+1)N_0}\right) \tag{4.52}$$

仅使用二项展开式的首项,误码率可界定在如下范围:

$$P_e \leq \frac{M-1}{2}\exp\left(\frac{-E_s}{2N_0}\right) \tag{4.53}$$

相干多进制 FSK 信号的信道带宽定义为:

$$B = \frac{R_b(M+3)}{2\log_2 M} \tag{4.54}$$

非相干多进制 FSK 信号的信道带宽定义为:

$$B = \frac{R_b M}{2\log_2 M} \tag{4.55}$$

这就意味着多进制 FSK 信号的带宽效率随着 M 的增加而降低。因此与多进制 PSK 信号不同,多进制 FSK 信号的带宽效率较低。但是由于所有的 M 信号都是正交的,信号彼此不占用空间,因此功率效率随着 M 值的加大而增加。另外,多进制 FSK 信号可使用非线性放大器进行放大,性能不会降低。表 4.4 提供了不同 M 值的多进制 FSK 信号的带宽效率和功率效率。

表 4.4　多进制 FSK 的带宽效率和功率效率

M	2	4	8	16	32	64
η_B	0.4	0.57	0.55	0.42	0.29	0.18
$E_b/N_0(BER=10^{-6})$	13.5	10.8	9.3	8.2	7.5	6.9

多进制 FSK 信号的正交特性,启发研究人员将正交频分复用(OFDM)作为提供高的功率效率的方法,使得在一个信道中可容纳大量的用户。

4.6　扩频调制技术

到目前为止,所有的调制和解调技术都争取在加性高斯白噪声信道中达到更好的功率效率和带宽效率。由于带宽是一个有限的资源,目前所有调制技术的主要设计思路就是最小化传输带宽。相反,扩频技术使用的传输带宽比要求的最小信号带宽大几个数量级。尽管这种系统对于单个用户带宽效率很低,但是扩展频谱的优点是很多用户可以在一个频带中同时使用,而不会相互产生明显的干扰。事实证明,在多径干扰(MAI)环境中,扩频系统能获得很高的频谱利用率。

除了占用非常大的带宽,扩频信号与普通数字化信息数据相比,还有伪随机和类似噪声的特性。扩频波形由伪随机(PN)序列即所谓的伪噪声码控制。PN 序列是二进制序列,表现出某种随机性,但却可以在指定的接收机上以确定的方式进行再生。扩频信号在接收机处与本地产生的伪随机载波进行互相关运算进行解调。对应的 PN 序列经互相关运算后扩频信号压缩,恢复为窄带上的原始调制信号。而来自其他用户的互相关信号只是在接收机的输出产生很小的宽带噪声。

扩展频谱的调制方法具有很多优点,使得它特别适合无线移动通信环境。最重要的是其固有的抗干扰能力。由于每个用户被分配一个惟一的 PN 码,并与其他用户的 PN 码近似正交,所以接收机可以在同一频道中根据这些 PN 码将每个用户分开。而对于一定数量的用户,扩频信号中同频干扰可以忽略不计。窄带干扰只是影响扩频信号的一小部分,很容易通过滤波器消除其影响,而不损失过多的信息。因为所有的用户都是用相同的频率,因此扩频可以省略频率规划工作,所有的小区都可使用相同的信道。

良好的抗多径干扰的特性也是在无线移动通信中采用扩频系统的一个基本原因。有关资料表明,宽带信号是具有频率选择性的。因为扩频信号在一个很宽的频谱上有着相同的能量,任意时间只有一小部分频谱受衰落的影响。从时域上看,多径干扰会导致传输延时的 PN 信号和原 PN 序列互相关性变差,就像其他不相关的用户信号一样而被接收机忽略。扩频系统不仅可抗多径衰落,还可以进一步利用多径分量来提高系统的性能。

4.6.1 伪随机(PN)序列

伪随机(PN)或伪噪声序列是一种自相关的二进制序列,在一个周期内其自相关性类似与随机二进制序列。其相关性也与带宽受限的白噪声信号的自相关特性大致类似。尽管伪噪声序列是确定的,但是具有很多类似随机二进制序列的性质,例如 0 和 1 的数目大致相同,将序列平移后和原序列的相关性很小,任意两个序列的互相关函数很小等等。PN 序列通常由序列逻辑电路产生。图 4.15 所示的反馈移位寄存器是由一系列的两状态存储器和反馈逻辑构成。二进制序列按照时钟脉冲在移位寄存器中移动,不同状态的输出按一定的逻辑组合起来并且反馈回第一寄存器作为输入。当反馈逻辑由独立的“异或”门组成(通常是这种情况),此时移位寄存器称为线性 PN 序列生成器。

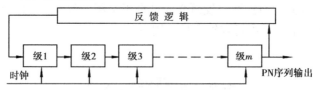

图 4.15　m 级简化的反馈移位寄存器框图

存储器的最初状态和反馈逻辑电路的结构决定了存储器后面的状态。如果线性移位寄存器在某些时刻到达零状态,它会永远保持零状态不变,因此输出相应地变为全零序列。因为 m 阶反馈移位寄存器只有 $2^m - 1$ 个非零状态,所以由 m 阶线性移位寄存器生成的 PN 序列不会超过 $2^m - 1$ 个,周期为 $2^m - 1$ 的线性反馈寄存器产生的序列称为最大长度(ML)序列。

4.6.2 直接序列扩频(DS—SS)

直接序列扩展频谱系统,又称“平均”系统或伪噪声系统,它是目前应用较广泛的一种扩频系统。TATS—1 军用卫星中的扩展频谱多址(SSMA)等系统都使用了直接序列扩频(DS—

SS）。

直接序列扩频（DS—SS）系统通过伪噪声序列直接与基带脉冲数据相乘来扩展基带数据频谱，伪噪声序列由伪噪声生成器产生。PN 波形的一个脉冲或符号称为"码片"。图 4.16 是使用二进制相移调制的 DS 系统的功能框图。这是一个普遍的直接序列扩频实现方法。

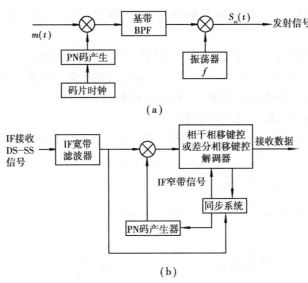

图 4.16　二进制相移调制的 DSSS 系统的方框图
（a）发射机　（b）接收机

数据信息比特以模二加的方式形成码片，然后再进行相移调制。接收端可使用相干或差分相移键控（PSK）调制器。接收到单用户的扩频信号表示如下：

$$S_{ss}(t) = \sqrt{\frac{2E_s}{T}} m(t) p(t) \cos(2\pi f_c t + \theta) \tag{4.56}$$

其中，$m(t)$ 是数据序列，$p(t)$ 是 PN 扩频序列，f_c 为载波，θ 是 $t = 0$ 时的载波初始相位。数据波形是时间序列上的无重叠的矩形脉冲，每一脉冲的幅度等于 $+1$ 或 -1。$m(t)$ 序列中的每一个符号代表一个数据符号，周期为 T_s。$p(t)$ 序列中的每一个脉冲代表一个码片，通常是幅度等于 $+1$ 或 -1 的矩形，周期为 T_c。数据符号和码片的边沿突变相一致，即 T_s 和 T_c 的比为整数。如果 W_{ss} 是 $S_{ss}(t)$ 的带宽，B 是 $m(t)$ 和 $\cos(2\pi f_c t)$ 的带宽，则有 $W_{ss} \gg B$。

图（b）为 DS 接收机。假设接收机已经达到同步，接受到的信号通过宽带滤波器，然后与本地产生的 PN 序列 $p(t)$ 相乘。如果 $p(t) = \pm 1$，则 $p^2(t) = 1$ 经乘法运算得到解扩信号

$$s_1(t) = \sqrt{\frac{2E_s}{T_s}} m(t) \cos(2\pi f_c t + \theta) \tag{4.57}$$

$s_1(t)$ 作为解调器的输入，由上式可以解出数据信号 $m(t)$。

解调器的抗干扰能力大致可用比值 W_{ss}/B 来衡量，定义如下比值为处理增益：

$$PG = \frac{T_s}{T_c} = \frac{R_c}{R_s} = \frac{W_{ss}}{2R_s} \tag{4.58}$$

系统处理增益越大，抗带内干扰能力越强。

4.6.3　跳频扩频(FH—SS)

跳频技术用简单的术语表达就是"多频、选码、频移键控",即用伪随机码序列构成跳频指令来控制频率合成器,并在多个频率中进行选择,然后进行频移键控。我们熟悉的二元频移键控 2FSK 只有两个频率,分别代表传号和空号,而跳频系统则要求提供几百个、甚至上万个频率。

跳频要求射频作周期性的变化,一个跳频信号可以看作是调制数据的突发,它的载频具有时变、伪随机等特点。所有可能的载波频率的集合称为跳频集。跳频发生几个信道的频带上,每个信道定义为其中心频率在跳频集中的频率区域。跳频集中使用的信道频宽称为瞬时带宽。跳频发生的频谱带宽称为总跳频带宽。

如果每次跳频只使用一个载波频率(单信道),数字数据调制就称为单信道调制。图 4.17给出了一个单信道的 FH—SS 系统。跳频之间的持续时间称为跳频持续时间或跳频周期,记之为 T。总的调频带宽和瞬时带宽分别记作 W_{ss} 和 B。跳频系统处理增益 $= W_{ss}/B$。

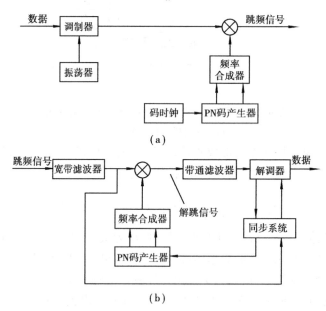

图 4.17　单信道调制跳频系统
（a）发射器　（b）接收器

从接收到的信号中去掉跳频称为解跳。如果图 4.17(b)中接收机合成器生成的频率和接收到的信号频率同步,则混频器的输出是有一个固定差频值的解跳信号。解调之前,解跳信号输入到传统的接收机中。在跳频系统中,当一个无用信号占用了一个特定的跳频信道时,这个信道中的噪声和干扰可以进入解调器。这样,一个非约定用户和一个约定用户同时在同一信道中发射信号时,跳频系统中就有可能出现干扰。

跳频可分为快跳频和慢跳频两种。如果在一次发射的信号期间有不止一个频率跳跃,则为快跳。快跳频意味着跳频的速率大于或等于信息速率。如果在频率跳跃的时间间隔中有一个或多个信号发射,则为慢跳频。FH—SS 系统的跳频速率取决于接收机合成器的频率灵敏度、发射信息的类型、编码冗余度等。

4.6.4　直接序列扩频的性能

图 4.18 给出了有 K 个用户接入的一个直接序列扩频系统。假设每个用户对应一个具有 N 个时间片的伪随机序列,设信号的周期为 T,那么 $NT_c = T$。第 k 个用户的发射信号可表示为:

$$S_k(t) = \sqrt{\frac{2E_s}{T}} m_k(t) p_k(t) \cos(2\pi f_c t + \phi_k) \tag{4.59}$$

其中 $p(t)$ 为第 k 个用户的伪随机码序列,$m(t)$ 是第 k 个用户的数据序列。接收到的信号将由 K 个不同发射信号的和组成(一个约定用户和 $K-1$ 个非约定用户)。把接收到的信号和相应的序列建立对应关系,产生一个判决变量,完成接收。用户 1 的第 i 个发送比特的判决变量为:

$$Z_i^{(1)} = \int_{(i-1)T+\tau_1}^{iT+\tau_1} r(t) p_1(t - \tau_1) \cos\left[2\pi f_c(t - \tau_1) + \phi_1\right] dt \tag{4.60}$$

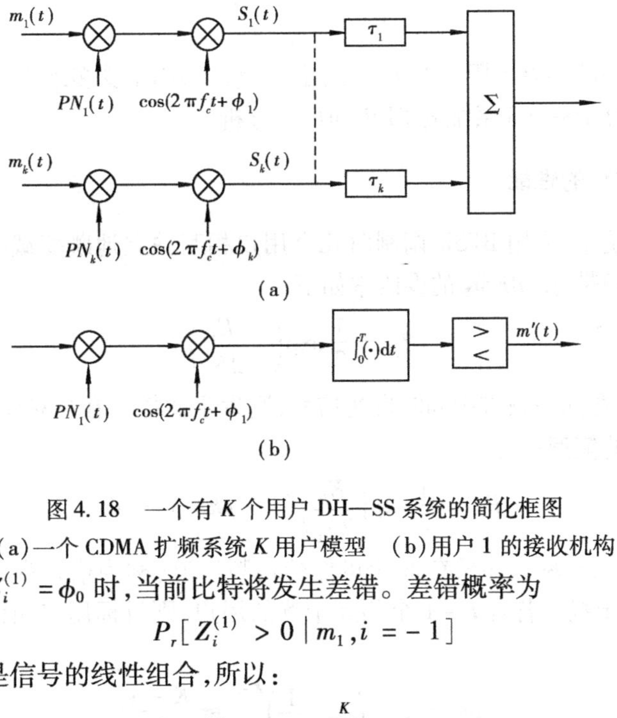

(a)

(b)

图 4.18　一个有 K 个用户 DH—SS 系统的简化框图

(a)一个 CDMA 扩频系统 K 用户模型　(b)用户 1 的接收机构

如果 $m = 1$,那么当 $Z_i^{(1)} = \phi_0$ 时,当前比特将发生差错。差错概率为

$$P_r[Z_i^{(1)} > 0 \mid m_1, i = -1]$$

接收到的 $r(t)$ 是信号的线性组合,所以:

$$Z_i^{(1)} = I_1 + \sum_{k=2}^{K} I_k + \xi \tag{4.61}$$

其中

$$I_1 = \int_0^T S_1(t) p_1(t) \cos(2\pi f_c t) dt = \sqrt{\frac{E_s T}{2}} \tag{4.62}$$

I_1 是接收机对来自用户 1 的信号的响应。

$$\xi = \int_0^T n(t) p_1(t) \cos(2\pi f_c t) dt \tag{4.63}$$

ξ 是代表噪声均值为零,方差如下的高斯随机变量。

$$E[\xi^2] = \frac{N_0 T}{4} \tag{4.64}$$

和

$$I_k = \int_0^T S_k(t - \tau_k) p_1(t) \cos(2\pi f_c t) dt \tag{4.65}$$

I_k 代表来自用户 k 的多用户接入干扰(多址干扰)。假定 I_k 是来自第 k 个干扰者在一个比特积分周期 T 上 N 个随机码片的累积效应,则由中心极限定理,这些效应的总和将趋于高斯分布。这样,比特差错可方便表示为:

$$P_e = Q \frac{1}{\sqrt{\dfrac{K-1}{3N} + \dfrac{N_0}{2E_b}}} \tag{4.66}$$

对单个用户,$K=1$,这个表达式可简化为 BPSK 的误比特率表达式。如果不考虑噪声的干扰和频带受限情况,E_b/N_0 将趋向于无限,此时误码率表达式的值等于:

$$P_e = Q\sqrt{\frac{3N}{K-1}} \tag{4.67}$$

这是不能再减小的误差下限。对大量的用户来说,误码率受多址干扰的限制多于热噪声。有关文献给出了计算 DS—SS 系统的 BER 的详细分析。

4.6.5 跳频扩频的性能

在跳频扩频系统中,采用 BFSK 调制时几个用户相互独立地跳变载波频率。如果两个用户不是使用相同的频带,则 BFSK 的误码率如下:

$$P_e = \frac{1}{2}\exp\left(-\frac{E_b}{2N_0}\right) \tag{4.68}$$

但是,两个用户在同一频带中同时发送信号,则发生碰撞。在这种情况下,总的比特误码概率可以建立如下的模型:

$$P_e = \frac{1}{2}\exp\left(\frac{E_b}{2N_0}\right)(1 - ph) + \frac{1}{2}ph \tag{4.69}$$

其中 ph 是一次碰撞的概率。如果有 M 个可能的跳频信道(称为槽),那么在目标用户的槽中将出现 $1/M$ 概率的干扰。若有 $K-1$ 个相互干扰的用户,则目标用户频槽中至少存在一个干扰者的概率为:

$$ph = 1 - \left(1 - \frac{1}{M}\right)^{K-1} \approx \frac{K-1}{M} \tag{4.70}$$

假定 M 很大。代入方程(4.69)得到:

$$P_e = \frac{1}{2}\exp\left(-\frac{E_b}{2N_0}\right)\left(1 - \frac{K-1}{M}\right) + \frac{1}{2}\left[\frac{K-1}{M}\right] \tag{4.71}$$

现在考虑如下的特殊情况:如果 $K=1$,误码率简化为方程(4.68),这是标准的 BFSK 误码率。同时,如果 E_b/N_0 趋向无限,则:

$$\lim_{\frac{E_b}{N_0} \to \infty}(P_e) = \frac{1}{2}\left[\frac{K-1}{M}\right] \tag{4.72}$$

这表明了由于多址干扰的存在,难以再减少误比特率。

以上的分析假定所有的用户同步地跳跃载波频率,这叫分槽频率跳跃。这对于许多跳频扩频系统来说不是一个理想的方案。即使各个用户时钟能达到同步,由于各种传播延迟,无线电信号也不会同步地到达各个用户。在同步的情况下,一次碰撞的概率是:

$$ph = 1 - \left\{ 1 - \frac{1}{M}\left(1 + \frac{1}{N_b} \right) \right\}^{K-1} \tag{4.73}$$

其中 N_b 是每次跳频的比特数。比较式(4.69)和式(4.70),我们看到对于异步的情况,碰撞的概率增加了(这是预料之中)。在式(4.69)中代入(4.73),异步跳频扩展系统的误码概率是:

$$P_e = \frac{1}{2}\exp\left(-\frac{E_b}{2N_0} \right)\left\{ 1 - \frac{1}{M}\left(1 + \frac{1}{N_b} \right) \right\}^{K-1} + \frac{1}{2}\left\{ 1 - \left[1 - \frac{1}{M}\left(1 + \frac{1}{N_b} \right) \right]^{K-1} \right\} \tag{4.74}$$

FH—SS 对于 DS—SS 有一个优势在于它不受远近问题的影响。因为信号通常不会同时使用同一频率,信号的相对功率电平就不如 DS—SS 系统中那么重要。虽然远近问题不会完全避免,但是,由于相邻信道间的不完全过滤,较强的信号对较弱的信号将产生干扰。为了克服偶发的碰撞,需要进行纠错编码。比如采用 Reed Solomon 或其他突发纠错编码,则系统性能可得到大幅度的提高。

4.7　衰落和多径信道中的调制性能

移动无线信道的特征是存在各种各样的衰落、多径效应和多普勒扩展。为了研究一个无线环境中调制方案的优劣,需要评估在这样的信道条件下调制方案的性能。误码率的计算公式是调制性能的一个衡量标准,但它并不提供任何关于误码类型的信息。例如,它不给出突发误码的概率等。在一个衰落的无线信道中,发射后的信号可能会受到很大程度的衰落,从而引起信号的中断或完全丢失。

计算中断概率是判断一个无线信道中信号优劣的另一种方法。在一次发射中发生比特误码率的特定数目确定了是否出现一次中断事件。在不同的信道中,各种调制方案的中断概率和误码率能够通过分析或通过计算仿真出来。计算慢速、平坦衰减信道中的误码率时,常用简单的分析方法,而对频率选择性信道中的性能分析和中断概率的计算需要通过计算机仿真来进行。

4.7.1　在慢速、平坦衰落信道中数字调制的性能

平坦衰落信道在发射的信号 $s(t)$ 中引起乘性(增益)变化。既然慢速,平坦衰落信道的变化比调制慢,可以假设信号的相移和衰减至少在一个符号的间隔上是不变的。那么接收到的信号可以表示为:

$$r(t) = a(t)\exp(-j\theta(t))s(t) + n(t) \quad 0 \leqslant t \leqslant T \tag{4.75}$$

其中,$a(t)$ 是信道的增益,$\theta(t)$ 是信道的相移,$n(t)$ 是加性高斯噪声。接收机处使用相干或非相干的匹配滤波,取决于是否可能对相位 $\theta(t)$ 作出精确的估计。

为了计算慢速、平坦衰落信道中数字调制方案的误码概率,在衰落导致的所有可能的信号强度范围内,必须对 AWGN 信道中的特定调制方式的差错概率进行平均。也就是说,AWGN 信道中的误码概率被视为一种有条件的误码概率,其中条件是 a 是固定的。因此,慢速、平坦

衰落信道中误码概率可以通过将 AWGN 信道中衰落概率密度函数的误码平均得到。这样,慢速、平坦衰落信道中的误码率可以计算如下:

$$P_e = \int_0^\infty P_e(X)p(X)d(X) \tag{4.76}$$

$P_e(X)$ 是具有特定信噪比 X 的任意调制方式的误码概率,其中 $X = a^2 E_b/N_0$,$p(X)$ 是衰落信道中 X 的概率密度函数。E_b 和 N_0 是常量,随机变量 a 是与 E_b/N_0 有关的用以代表衰落信道的幅度值。

对于 Rayleigh 衰落信道,a 具有 Rayleigh 分布,因此 a^2 和 X 是具有两个自由度的 χ^2 分布。那么:

$$p(X) = \frac{1}{\Gamma}\exp\left(-\frac{X}{\Gamma}\right) \quad X \geqslant 0 \tag{4.77}$$

其中 $\Gamma = \frac{E_b}{N_0}\overline{a^2}$ 是信噪比的平均值。

通过使用式(4.77)和 AWGN 中的一个特定调制方案的误码概率,慢速、平坦衰落信道中误码概率就能被计算出来。对相干的二进制 PSK 和相干的二进制 FSK,式(4.76)等价于:

$$P_{e,\text{PSK}} = \frac{1}{2}\left[1 - \sqrt{\frac{\Gamma}{1+\Gamma}}\right] (相干二进制 PSK) \tag{4.78}$$

$$P_{e,\text{FSK}} = \frac{1}{2}\left[1 - \sqrt{\frac{\Gamma}{2+\Gamma}}\right] (相干二进制 PSK) \tag{4.79}$$

DPSK 的平均误码概率和正交的非相干 FSK,在慢速、平坦的瑞利衰落信道中给出如下:

$$P_{e,\text{DPSK}} = \frac{1}{2(1+\Gamma)} (差分二进制 PSK) \tag{4.80}$$

$$P_{e,\text{NCFSK}} = \frac{1}{2+\Gamma} (正交的非相干 FSK) \tag{4.81}$$

对于大的 E_b/N_0 值(比如,大的 X 值),误码概率方程可以简化如下:

$$P_{e,\text{PSK}} = \frac{1}{4\Gamma} (相干二进制 PSK) \tag{4.82}$$

$$P_{e,\text{FSK}} = \frac{1}{2\Gamma} (相干 FSK) \tag{4.83}$$

$$P_{e,\text{DPSK}} = \frac{1}{2\Gamma} (差分 PSK) \tag{4.84}$$

$$P_{e,\text{NCFSK}} = \frac{1}{\Gamma} (正交的非相干 FSK) \tag{4.85}$$

对于 GMSK,AWGN 信道中的比特误码率的表达式在有关文献中已给出,将它们代入式(4.76)得到一个 Rayteigh 衰落的误码率:

$$P_{e,\text{GMSK}} = \frac{1}{2}\left(1 - \sqrt{\frac{\delta\Gamma}{\delta\Gamma+1}}\right) \cong \frac{1}{4\delta\Gamma} (相干 GMSK) \tag{4.86}$$

其中

$$\delta \cong \begin{cases} 0.68 & BT = 0.25 \\ 0.85 & BT = \infty \end{cases} \tag{4.87}$$

正如在式(4.78)到式(4.86)中看到的那样,对较低的误码率,所有五种调制技术表现出误码率和 AWGN 信道中的信噪比之间的相反的代数关系。根据这些结果,可以看出要获得 10^{-3} 到 10^{-6} 的比特误码率需要一个从 30 dB 到 60 dB 的平均信噪比。这明显地大于一个非衰落的高斯信道上所需要的值(20 dB 到 50 dB)。我们可以明显地看出,较差的误码性能是因为深衰落引起的。比特误码率的改善依赖于使用如分集或差错控制编码等的技术,以避免深衰落的影响。

4.7.2　频率选择性衰落信道中数字调制性能

多径在时间上的延迟引起频率选择性衰落,从而导致符号间干扰,使得移动通信系统的误比特率下降。即使一个移动信道不是频率选择性的,而仅仅因为运动引起的多普勒频谱扩展也会引起误比特率下降。这些因素使得在一个频率选择性信道上传输数据的比特误码率受到限制。分析频率选择性衰落效应的主要工具是仿真。有关研究人员通过仿真研究了频率选择性衰落信道中各种调制方案的性能。对 BPSK、QPSK、OQPSK 和 MSK 调制方案,在滤波及不滤波的情况下都进行了研究,它们的比特误码率曲线被归结为一个归一化的均方根延迟扩展函数($d = \sigma_\tau / T_s$)。

频率选择性信道中误码率下限不可减少的原因,主要是由符号间干扰引起的,它在接收机抽样的瞬间对其他的信号分量具有一定的干扰。这发生在如下几种情况:①主要的(未受延迟的)信号分量因多径干扰而被消除。②一个非零的 d 值引起(符号间干扰)ISI。③由于时延扩展使接收机的抽样时间发生改变。研究人员观察到频率选择性信道中的错误倾向于突发性。对于较大的时延扩展,定时差错和 ISI 是主要的误码原因。

4.7.3　衰落和干扰条件下 π/4 DQPSK 的调制性能的分析

以 π/4DQPSK 为例,研究人员对移动无线环境中 π/4DQPSK 的性能做了大量的研究。他们将信道建模为一个频率选择性、二进制、Rayleigh 衰落的信道,并带有加性高斯白噪声和同信道干扰。Thoma 研究了实际情况中多径信道数据的效果,发现这样的信道有时产生比双线 Rayleigh 衰落模型更差的比特误码率。基于分析和仿真,给出了对于双射线之间不同的多径时延、不同的运动速度(即不同的多普勒频移)和各种同信道干扰的比特误码率。比特误码率(BER)可看作是如下参数的函数:

- 归一化到符号速率的多普勒扩展:$B_D T_s$ 或 B_D / R_s
- 第二多径的时延 τ,归一化为符号持续时间:τ / T
- 平均载波能量和噪声功率谱密度的比值,以分贝为单位:E_b / N_o dB
- 载波和干扰的功率比值,以分贝为单位:C/I dB
- 平均主径和延迟路径的功率比:C/D dB

Fung、Thoma 和 Rappaport 等人开发了一个称为 BERSIM(比特误码率仿真器),证实了以上的分析。

在一个慢速、平坦衰落信道中,多径时间扩散和多普勒扩展是不可忽略的,误码主要是由衰落和同信道干扰引起的。分析显示,C/I 大于 20 dB 时,误码主要是由衰落引起的,符号间干扰还影响甚微。然而,当 C/I 降到 20 dB 以下时,符号间干扰就决定了链路性能。

在移动系统中,即使没有时间扩散,如果 C/N 是无限大的,误比特率也不能减少到误码下限以下。这个不可减少的误码下限是由于多普勒扩展引起的随机调频造成的,这由 Bello 和

Nelin等人所发现。

以上的分析,有助于我们进一步了解多种条件中的比特误码率。移动速率、信道延迟扩展、干扰程度和调制方式都独立地影响移动通信系统中的误比特率。实际中,设计和分析无线通信链路性能时,仿真是很有力的方式,特别是在高复杂度、时变信道条件下的无线系统中。

习 题

1. 移动通信中对调制解调技术的要求有什么?

2. 简述 MSK 调制和 FSK 调制的区别和联系。

3. 设输入数据速率为 16 kb/s,载频为 32 kHz,若输入序列为 00101000011101011,试画出 MSK 信号的波形,并计算其空号和传号对应的频率。

4. 设输入序列为 00101000011101011,试画出 GMSK 在 $B_b T_b = 0.2$ 时的相位轨迹,并与 MSK 的相比较。

5. 与 MSK 相比,GMSK 的功率谱有何改善? 为什么?

6. QPSK、OQPSK 和 π/4—DQPSK 的星座图和相位转移图有何异同?

7. 方型 QAM 星座和星型 QAM 星座有何异同?

8. 扩频调制有哪些特点? 扩频调制有哪几类? 分别是什么?

9. 比较一下直接序列扩频和跳频扩频两种方式的异同。

第 **5** 章
均衡和分集技术

5.1 简 介

移动通信系统利用信号处理技术来改进恶劣的无线传播环境中的链路性能。由于多径衰落和多普勒频移的影响,移动无线信道极其易变。移动无线信道在失真和衰落方面对信号造成的损害明显大得多。均衡、分集等技术在用来改善接收信号质量时,既可单独使用,也可组合使用。均衡可以补偿时分信道中由于多径效应而产生的码间干扰(ISI)。如前面第 3 章关于移动通信信道的描述可知,如果调制带宽超过了无线信道中的相干带宽,将会产生码间干扰,并且调制信号将会扩展。而接收机内的均衡器可以对信道中幅度和延迟进行补偿。由于无线信道具有未知性和多变性,因而要求均衡器是自适应的。

分集技术是用来补偿衰落信道衰耗的,它通常要通过两个或更多的接收天线来实现。同均衡器一样,它不用增加传输功率和带宽即可改善通信链路的传输质量。不过,均衡技术是用来削弱码间干扰的影响,而分集技术通常用来减少接收时窄带平坦衰落的深度和持续时间。基站和移动台的接收机都可以应用分集技术。最通用的分集技术是空间分集,即几个天线被分隔开来,并被连接到一个公共的接收系统中。当一个天线未检测到信号时,另一个天线却有可能检测到信号的峰值,而接收机可以随时选择接收到的最佳信号作为输入。其他的分集包括天线极化分集、频率分集和时间分集。码分多址(CDMA)系统通常使用 RAKE 接收机,它能够通过时间分集来改善链路性能。

5.2 均衡基本概念

由于多径衰落引起的时延扩展造成了高速数据传输时码元之间的干扰性,试图采用增加平均信号电平的方法来降低迟延扩展引起的误码率是完全徒劳的,前面的讨论已经指出,只有采用自适应均衡技术,才是根本的解决办法。

均衡有两个基本途径:一为频域均衡,它使包括均衡器在内的整个系统的总传输函数满足无失真传输的条件。它往往是分别校正幅频特性和群时延特性,通常线路均匀便采用这种频域均衡法。第二个均衡途径为时域均衡,就是直接从时间性响应考虑,使包括均衡器在内的整个系统的冲激响应满足无码间串扰的条件。目前广泛利用横向滤波器作这种均衡器,它可根据信道特性的变化而进行调整,故得到广泛采用。

我们面临的是时变时间序列的自适应处理和分析的问题。由于信号为时变信号,在设计时,我们就不可能根据先验的统计结果预先了解到信号的统计特性,这时就要对信号采用短时自适应分析。笼统地说,自适应处理意味着分析算法必须要能够与时变信号的短时统计特性相匹配,也就是说,为了能实现实时处理的要求,我们希望处理算法能以简单的运算来自动跟踪信号统计特性的变化,而并不需要随时计算出输入信号的短时统计特性。因此要求自适应均衡器需具有三个特点:快速初始收敛特性、好的跟踪信道时变特性和尽可能低的运算量。

比如在 GSM 数字移动通信系统中,就给出了若干个不同的训练序列,如表 5.1 所示。它们具有很好的自相关性,以使均衡器具有好的收敛性。

表 5.1　GSM 系统的训练序列

序数	十进制	八进制	十六进制	二进制
1	9898135	45604227	970897	00100101110000100010010111
2	12023991	55674267	B778B7	00101101110111100010110111
3	17754382	103564416	10EE90E	01000011101110100100001110
4	18796830	107550436	11ED11E	01000111101101000100011110
5	7049323	32710153	6B906B	00011010111001000001101011
6	20627770	116540472	13AC13A	01001110101100000100111010
7	43999903	247661237	29F629F	10100111101100010100011111
8	62671804	357045674	3BC4BBC	11101111000100101110111100

时域均衡系统的主体是横向滤波器,也称横截滤波器。它由多级抽头迟延线、加权系数相乘器(或可变增益电路)及相加器组成,如图 5.1 所示。输入信号 $x(t)$ 经过 $2N$ 级迟延线,每节的群时延 $T = 1/2f_H$(f_H 是传输系统的奈氏频率)。在每一级迟延线的输出端都引出相应的信号 $x(t-nT)$,分别经过增益系数 $C_K(K = -N,\cdots,N)$ 的乘法器加权后,在求和器内进行代数相加,形成总的输出信号 $y(t)$。滤波器抽头共有 $(2N+1)$ 个,加权系数 C_K 是可调的,能取正或负值。而且所有各个系数的值都对中心抽头系数 C_0 归一化。

我们关心的是信号的样值,因此均衡器按无码间串扰的条件——奈奎斯特准则来设计,并且一般取 T 等于码元宽度 T_S。如果整个传输系统是按奈氏第一准则建立的,收发滤波器的传递函数是以奈氏频率 f_H 为中心的对称滚降,这个理想传输系统传输后会产生失真,这个实际系统的脉冲响应是 $x(t)$。实际的后果是:$x(t)$ 在各个奈氏取样点($t = K/2f_H,K = \pm1,\pm2,\cdots$)的取样值不再为零,符号间干扰 $\sum\limits_{K=-\infty}^{\infty}{}' X_K$,式中的撇号表示求和不包括 $K=0$ 项。

现在如果在接收滤波器之后接入横向滤波器,那么输出响应就成为

$$y(t) = \int_0^t x(\tau)q(t-\tau)\mathrm{d}\tau$$

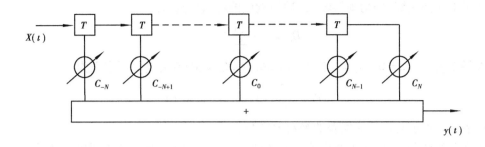

图 5.1 横向滤波器

其中 $q(t)$ 是横向滤波器的冲激响应。

$$y(t) = \int_0^t x(\tau) \sum_{K=-N}^{N} C_K \delta(\tau - KT) \mathrm{d}\tau = \sum_{K=-N}^{N} C_K x(t - KT)$$

横向滤波器的接入将使系统的输出波形 $y(t)$ 成为 $2N+1$ 个经过不同时延的均衡器输入波形 $x(t)$ 的加权和。对于一个实际响应波形 $x(t)$，只要适当地选择抽头增益系数 C_K，就可能使输出波形在各个奈氏取样点的取样值（$K=0$ 除外）趋于零。

$$y(nT) = \sum_{K=-N}^{N} C_K x[(n-K)T]$$

或简写成

$$yn = \sum_{K=-N}^{N} C_K x_{n-K}$$

上式表示以 n 为中心的前后第 K 个符号（这里 $K = \pm 1, \pm 2, \cdots, \pm N$）在取样时刻 $t = nT$ 对第 n 个符号造成的符号间干扰。据此，横向均衡器的作用就是要调节抽头增益系数 C_K（不含 $K=0$），使以 n 为中心的前后 $2N$ 符号在取样时刻 $t = nT$ 的样值趋于零，以消除它们对第 n 个符号的干扰。所以横向滤波器可以消除控制长度 $-N \sim N$ 内的符号间干扰，从而使总的符号间干扰大为减少。横向均衡器达到的这一状态称为"收敛"。

一般地说，横向均衡器的抽头越多，控制范围越大，均衡的效果就越好。但抽头越多，成本越高，调整也越困难，太多的抽头是不现实的。

在有限抽头情况下，均衡器的输出将有剩余失真，那么这些抽头增益应当按什么原则来调节才是最佳的呢？又怎样来实现这样的调节呢？前一个命题称为均衡器的调节准则；后一个命题称为均衡器的调节算法。调节算法是由调节准则决定的。虽然从不同角度和要求出发建立了多种均衡器的结构和调节算法，但它们所依据的调节准则（也就是要达到的目的）仍没有变化，这就是最小峰值失真准则和最小均方失真准则。

均衡器输出的滤形中，除 y_0 以外的所有 y_n 都属于波形失真引起的码间串扰。为了反映这些失真的大小，系统冲击响应的峰值失真定义为

$$D = \frac{1}{y_0} \sum_{n=-\infty}^{\infty}{}' \mid y_n \mid$$

式中符号 $\sum_n{}'$ 表示求和时不包括 $n=0$ 项，因而 D 表示的是所有码间串扰量的绝对值之和与 y_0 之比。

当均衡器抽头增益 $C_n = 0 (n \neq 0)$ 和 $C_0 = 1$ 时，所得到的峰值失真称为初始失真，记为 D_0，

它反映了未均衡系统(即均衡器输入)冲激响应的峰值失真,即

$$D_0 = \frac{1}{x_0} \sum_{n=-\infty}^{\infty} {}' \mid x_n \mid$$

如果以 $y_n = 0 (n \neq 0)$、$y_0 = 1$ 作为不失真的标准,则峰值失真也可定义为

$$D' = \sum_{n=-\infty}^{\infty} {}' \mid y_n \mid + \mid y_0 - 1 \mid$$

D' 表示各点值与理想值偏差的绝对值之和。

均衡器的任务是,在输入波形给定的条件下(即给定初始失真 D_0),求解最佳抽头增益系数 C_K,使均衡器的这种调节依据称为峰值失真极小化准则。

系统冲激响应的均方失真定义为

$$\mu = \frac{1}{y_0^2} \sum_{n=-\infty}^{\infty} {}' y_n^2$$

或

$$\mu' = \frac{1}{y_0^2} \sum_{n=-\infty}^{\infty} {}' y_n^2 + (y_0 - 1)^2$$

μ' 表示有码间串扰时各样点值与理想值偏差的平方和。

5.3　自适应均衡器

5.3.1　自适应均衡器介绍

自动均衡器是一种时变滤波器,其参数必须不断的动态调整。

自动均衡器可分为预置式均衡器和自适应均衡器。它们所追求的目标是一致的,即达到最佳抽头增益系数的安排。不过,由于技术的发展,现在新型调制解调器中大多是采用自适应的方法来调定均衡器。

预置式均衡器要在数据传输开始时先发送一个特殊的测试脉冲序列,用以调整各抽头增益,使均衡器收敛,而在数据传输过程中不再调整。

自适应均衡器直接从传输的实际数字信号中根据某种算法不断调整增益,因而能适应信道的随机变化,使均衡器总是保持最佳的工作状态,因而有更好的失真补偿性能。实际系统中,也往往可能把自适应式和预置式两种方法结合起来使用。这种系统正式工作前,先发一定长度的测试脉冲序列又称训练序列以调整均衡器的抽头系数,使均衡器基本上趋于收敛,然后再自动改为自适应工作方式,使均衡器维持最佳状态。这样既加快了均衡器的收敛速度,又克服一般预置式工作的缺点,从而大大提高了均衡器的性能。自适应均衡器一般按最小均方差误差准则来构成。自适应算法根据不同的最佳准则,可得到最小均方算法(LMS)、递归最小二乘算法(RLS)、维特比(Viterbi)算法(其实质就是最大似然比算法)等。

自适应均衡器是一个时变滤波器,其参数必须不断地被调整。自适应均衡器的基本结构如图 5.2 所示。其中下标 k 表明了离散的时间。

在图 5.2 中,任一时刻只有一个输入 y_k,其值依赖于无线信道和噪声的瞬时状态。就此而

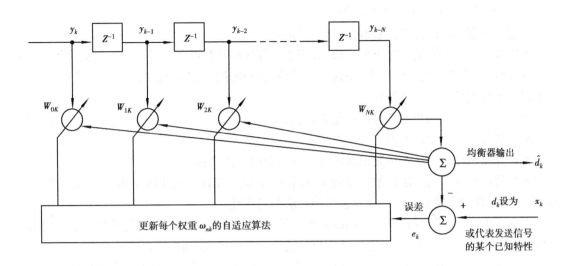

图 5.2　一种常用的自适应均衡器结构

言, y_k 是一个随机过程。图 5.2 的自适应均衡器被称为横向滤波器,它有 N 个延时单元,阶数为 $N+1$,有 $N+1$ 个抽头及可调的复乘数,称之为权重。滤波器的权重的表示方法与它在延迟线上的物理结构有关,其第二下标 k 表示着它将随时间变化。这些权重被适应算法不断更新,其更新方式既可以是每一次采样(即 k 增加 1 时)更新一次,也可以是每一组采样更新一次(即经过指定的采样次数才变化)。

自适应算法是由误差信号 e_k 控制的,而误差信号是通过对均衡器的输出 $\hat{d}_k$ 和信号 d_k 这两者进行比较而产生的, d_k 又是由原始信号 x_k 或某种表达传输信号已知特性的信号所组成的。均衡算法通过误差信号 e_k 使代价函数最小化,即以迭代方式更新均衡器的权重以使代价函数趋于最小。

在经典的滤波器理论中,最常用的代价函数是期望输出值和均衡器实际输出值之间的均方差(MSE),它被代表为 $E[e(k)e^*(k)]$ 。当均衡器需要正确解出被传送的信号时,系统必须周期性地传送已知的训练序列。通过检测训练序列,自适应算法对信道进行估测,调整均衡器的权重,以使代价函数最小,并直到下一个训练序列来临。

最近的一些自适应算法能够利用被发送信号的特性进行调整而不再需要训练序列。这些现代的自适应算法可以通过对被传送信号采用特性恢复技术来实现均衡。因为这些算法不需要在传送时附加训练序列,就可使均衡收敛,因此被称为盲算法。这些算法包括常模数算法(CMA)和频谱相干复原算法(SCORE)等。CMA 用于恒包络调制,它调整权重以使信号维持包络的恒定不变,而 SCORE 利用的则是被传送信号频谱中的冗余信息。本文不再对盲算法作专门的介绍,但是在无线通信中,此算法正变得越来越重要。

5.3.2　均衡器算法

由于自适应均衡器是对未知的时变信道作出补偿,因而它需要有特别的算法来更新均衡器的系数,以跟踪信道的变化。关于滤波器系数的算法有很多,不过对自适应算法的详细研究是一项很复杂的工作,这里不作讨论。在此仅描述自适应均衡器设计的一些实际问题,并简述它的三个基本算法。虽然本节所描述的算法是为了线性横向均衡器而引入的,但是它也可应用于其他均衡器结构,如非线性均衡器。

决定均衡器算法性能的因素有很多,它包括:

- 收敛速度——它是指对于恒定输入,当迭代算法的迭代结果已经充分接近最优解时,即已经收敛时,算法所需的迭代次数,快速收敛算法可以快速地适应稳定的环境,而且也可以及时地跟上非稳定环境特性的变化;

- 失调——这个参数对于算法很重要,它给出了对自适应滤波器取总平均的均方差的终值与最优的最小方差之间的差;

- 计算复杂度——这是指完成迭代算法所需要的操作次数;

- 数值特性——当算法以数字逻辑实现时,由于噪声和计算机中数字表示引入的舍入误差,会导致计算的不精确。这种误差会影响算法的稳定性。

在现实中,计算平台的费用、功耗以及无线传播特性支配均衡器的结构及其算法的选择。在便携式无线电话的应用中,当需要让用户的通话时长尽量加长时,用户单元的电池使用时间是最关键的。只有当均衡器所带来的链路性能改进能抵消费用和功耗所带来的负面影响时,均衡器才会得到应用。

无线信道的环境和用户单元的使用状态也是关键。用户单元的移动速度决定了信道的衰减速率和多普勒频移,它与信道的相干时间直接相关。而均衡器算法及其衰落速度的选择,将依赖于信道的数据传输速率和信道相干时间。

信道的最大期望时延可以指示设计均衡器时所使用的阶数。一个均衡器只能均衡小于或等于滤波器的最大时延的延时间隔。由于电路复杂性和处理时间随着均衡器的阶数和延时单元的增多而增加,因而在选择均衡器的结构及其算法时,得知延时单元的最大数目是很重要的。

下面讨论三个经典的均衡算法。它们是:迫零算法(ZF)、最小均方算法(LMS)和递归最小二乘法(RLS)。

(1)迫零算法

在设计的迫零均衡器中,应调整它的系数 C_n,使信道和均衡器组合冲激响应的抽样值在 NT 时刻的采样点除一个外全部为零。如果使滤波器系数的数目无限制地增加,就会得到一个输出端没有码间干扰的无限长均衡器。当每个延时等于符号周期 T 时,均衡的频率响应 $H_{eq}(f)$ 将是周期的,且周期为符号速率 $1/T$,加上均衡器以后的信道总响应应该满足奈圭斯特第一准则。

迫零算法的缺点是可能会在折叠信道频谱中深衰落的频率处,出现极大的噪音增益。由于迫零均衡器完全忽略了噪音的影响,它在无线链路中并不常用。

(2)最小均方算法

采用最小均方算法(LMS)的均衡比迫零均衡器要稳定一些,它所用的准则是使均衡器的期望输出值和实际输出值之间的均方误差(MSE,mean square Error)最小化。参见图 5.2,可知误差信号为:

$$e_k = d_k - \hat{d}_k = x_k - \hat{d}_k = x_k - w'_k y_k \tag{5.1}$$

误差信号的均方差为:

$$\xi = E[e_k^* e_k] \tag{5.2}$$

最小均方算法就是要寻求使得公式(5.2)的均方差最小化的方法。为了使均方最小化,对(5.2)式求导,并令其为零,则有:

$$R_{NN}\hat{W}_N = P_N \tag{5.3}$$

式中,$R = E[y_k y_k^*]$,称为输入协方差矩阵,$P = E[x_k y_k]$称为互相关矢量。此时,均衡器的最小均方差为:

$$J_{opt} = J(\hat{W}_N)E[x_k x_k^*] - P_N^T \hat{w}_N \tag{5.4}$$

公式(5.3)是一个经典的结果,被称作规范方程。为了获得最优的抽头增益向量$\hat{W}_N$,规范方程必须被重复求解,以便均衡器收敛到允许值之内。算法的实现方法有多种,其中许多最小均方算法是建立在求解公式(5.4)的基础上的。有一种方法是计算:

$$WN = R_{NN}^{-1}P_N \tag{5.5}$$

可是,求逆矩阵所需的运算量为$O(N^3)$数量级。其他算法如高斯消去法和 Cholesk 因式分解法所需计算量为$O(N^2)$数量级。这些直接求解方程(5.4)的算法的优点是只需要输入 N个符号就可求解规范方程,所以也就不需要一个长训练序列。

在实际应用中,均方差的最小值是按照随机梯度算法通过递归求出的。最小均方算法是最简单的均衡算法,每次迭代它只需要 $2N + 1$ 次计算。

在均衡器延迟长度的限制内,最小均方算法将尽量使其输出端的信扰比最大。如果输入信号在时间上的扩散超过了均衡器延时线的总延时,那么均衡器将不能减小失真。最小均方算法的收敛速率不高。

(3)递归最小二乘算法

梯度 LMS 算法的收敛速度是很慢的,特别是当输入协方差矩阵 R_{NN} 的特征值相差较大即 $\lambda_{max}/\lambda_{min} > 1$ 时。为了实现快速收敛,可以使用含有附加参数的复杂算法。与 LMS 算法使用统计逼近相比,使用最小平方逼近将会获得更快的逼近。也就是说,快速的收敛算法将依赖于实际受到信号的时间的误差表达式,而不是统计平均的误差表达式。这个算法被称作递归最小二(RLS)算法,这是一系列虽然复杂但是有力的自适应信号处理算法,它可大大改进自适应均衡器的收敛特性。基于时间平均的最小平方误差被定义如下:

$$J(n) = \sum_{i=1}^{n} \lambda^{n-i} e^*(i,n) e(i,n) \tag{5.6}$$

其中,λ 是接近 1,但是小于 1 的加权因子,$e^*(i,n)$是$e(i,n)$的复共,且误差$e(i,n)$为:

$$e(i,n) = x(i) - Y_N^T(i)W_N(i)$$
$$Y_N(i) = [y(i), y(i-1), \cdots, y(i-N-1)]^T$$

其中,$Y_N(i)$是 i 时刻的输入数据向量,$W_N(n)$是 n 时刻的新的抽头增益向量。

因而 $e(i,n)$是用 n 时刻的抽头增益向量测试 i 时刻的旧数据所得的误差,$J(n)$是在所有旧数据上用新抽头增益所测得的累积平方误差。

要完成 RLS 算法就要找到均衡的抽头增益向量 $w_N(n)$,使得累计平方误差 $J(n)$ 最小。为了测试新的抽头增益向量,会用到那些先前的数据。而因子 λ 会在计算中更依赖于新近的数据,也就是说,$J(n)$会丢掉非稳定环境中的较旧的数据。λ 是一个可以改变均衡器性能的抽头系数。如果信道是非时变的,那么 λ 可以设为 1。而通常 λ 取值为 $0.8 < \lambda < 1$。λ 值对收敛速率没有影响,但是它影响着 RLS 均衡器的跟踪能力。λ 值越小,均衡器的跟踪能力越强。

但是,如果 λ 值太小,均衡器将会不稳定。为了获得 $J(n)$ 的最小值,可使 $J(n)$ 的梯度为 0。

基于最小均方和递归最小二乘算法的均衡算法有很多种。表 5.2 列出了各种算法所需的计算量及其缺点。注意,具有同样收敛速度和跟踪性能的递归最小二乘算法要大大优于最小均方算法。但是,通常这些递归最小二乘算法所需的运算量较大,而且程序结构复杂。另外,一些递归最小二乘算法易于出现不稳定。快速横向滤波器(FTF,Fast Transversal Filter)算法在 RLS 算法中所需的运算量是最小的,而且它可以利用一个补偿变量来避免不稳定现象的产生。但是对于动态范围大的移动无线信道,补偿变量还是有些不稳定,因而 FTF 并未被广泛采用。

表 5.2 各种自适应均衡算法的比较

算法	运乘法算次数	优点	缺点
LSM 梯度 DFE	$2N+1$	运算复杂度低、编程简单	收敛慢、跟踪能力差
Kalman RLS	$2.5N^2+4.5N$	速度收敛、良好的跟踪能力	运算复杂度高
FTF	$7N+14$	快速收敛、良好的跟踪能力 运算复杂度低	编程复杂,不稳定(但可用补偿方法)
梯度格型算法	$13N-8$	稳定,运算复杂度低	性能没有其他 RLS 算法好,编程复杂
梯度格型 DFE	$13N_1+33N_2-36$	运算复杂度低	编程复杂
快速 KalmanDFE	$20N+5$	可被用于 DFE、快速收敛,良好的跟踪能力	编程复杂,运算量不低,不稳定
平方根 RLS DFE	$1.5N+6.5N$	数值特性更好	运算复杂度高

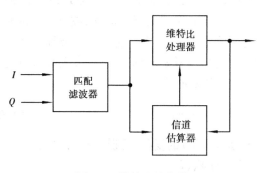

图 5.3 维特比均衡器

对于窄带 TDMA 数字移动通信系统,一般采用非线性均衡器,其中主要有判决反馈均衡器和维特比均衡器。

图 5.3 示出了维特比均衡器的结构框图。维特比均衡器需要知道等效离散时间信道的系数,当该系数未知或时变时,利用信道估计器作快速估计,在此基础上对信号进行维特比译码。信道估计器的结构和线性横向均衡器相同。

5.4 分集技术

分集技术是一项主要的抗衰落技术,它可以大大提高多径衰落信道下的传输可靠性。其中空间分集技术在早期就已经应用于模拟短波通信中。在移动通信中,特别是数字移动通信和第三代移动通信中,分集技术又有了更广泛的应用;在移动通信的上行链路中,基站广泛采用二重空间分集接收,在 IS—95 的 CDMA 小区软切换中也利用了 RAKE 接收进行二重空间接收,在第三代移动通信中无论是 WCDMA 还是 cdma2000 都计划采用发端分集技术。

移动通信的信道是一个存在衰落多径信道。其中对传输可靠性影响最大的是各类快衰落,它们具有空间选择性衰落、频率选择性衰落和时间选择性衰落特性。分集技术可充分利用传输中的多径信号能量,以改善传输的可靠性。分集接收可以在接收端对所接收到的各个衰落特性相互独立但携带同一信息的信号进行特定的处理,以降低信号电平起伏。

分集有两重含义:

①分散传输　是接收端能获得多个统计独立的、携带同一信息的衰落信号;

②集中处理　接收机把接收到的多个统计独立的衰落信号进行合并(包括选择与组合)以降低衰落的影响。

5.4.1　分集技术分类

为了在接收端得到几乎相互独立的不同路径,可以通过空域、时域和频域的不同角度、不同方法与措施来加以实现。其中最基本的有以下几种:

(1) 空间分集

空间分集是利用不同接收地点(空间)收到的信号衰落的独立性,实现抗衰落的功能。在任意两个或两个以上的不同位置接收同一个信号,只要两个位置间的距离大到一定程度,则两处所接收到的信号的衰落是不相关的。空间分集的实施如图 5.4 所示。

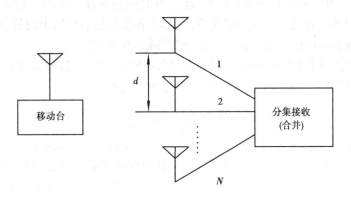

图 5.4　空间分集

所以空间分集接收机至少需要两副间距为 d 的天线,间距距离 d 与工作波长、地物以及天线高度有关,在移动通信中,通常取:

市区:$d = 0.5\lambda$

郊区:$d = 0.8\lambda$

在满足以上条件的情况下,两信号的衰落相关性已经很弱。d 越大,相关性越弱。

另外分集天线数 N 越大,分集效果越好,但同时系统也越复杂。工程上要求在性能与复杂程度间做个折中,所以一般取 $N = 2 \sim 4$。

空间分集有两类变化形式:

1)极化分集　利用在同一地点两个极化方向相互正交的天线发出的信号,可呈现出不相关的衰落特性进行分集接收,即在接收端天线上安装水平与垂直极化天线,就可以把得到的两路衰落特性不相关的信号进行极化分集。其优点是:结构紧凑、节省空间,缩短了天线间距离;

缺点是:由于射频功率要分配到两副不同天线上,因此发射功率要损耗 3 dB。

2)角度分集　由于地形、地貌和建筑物等接收环境的不同,使到达接收端的不同路径信号可能来自不同的方向,这样在接收端可采用方向性天线,分别指向不同的到达方向。而每个指向性天线接收到的多径信号是不相关的。

空间分集中由于接收端有 N 副天线,若 N 副天线尺寸、增益相同,则空间分集除了可获得抗衰落的分集增益以外,还可获得每副天线 3 dB 的设备增益。

(2)频率分集

由于频率间隔大于相关带宽的两个信号所遭受的衰落可以认为是不相关的,因而可以用两个以上不同的频率传输同一信息,以实现频率分集。根据相关带宽的定义,即:

$$B_C = \frac{1}{2\pi\Delta}$$

式中 Δ 为时延扩展。例如,市区中 $\Delta \approx 3$ μs, B_C 约 53 kHz。

要实现频率分集要将待发送的信息分别调制在不同的载波上后再发送,接收端必须被具备两部以上的独立接收机来接收载波信号。所以频率分集与空间分集相比,其优点是减少了接收天线与相应设备的数目;缺点是要占用更多的频率资源,并且在发送端有可能需要采用两部发射机。

(3)时间分集

快衰落除了具有空间和频率独立性外,还具有时间独立性。即同一信号在不同的时间区间多次重发,只要各次发送的时间间隔足够大,那么各次发送信号所出现的衰落将是彼此独立的,接收机将重复收到的同一信号进行合并,就能减小衰落的影响。

待发送的信号一般以大于相关时间间隔的时间重复发送,在接收端就可以得到 N 条独立的分集分支。即时域上时间间隔与相关时间满足如下关系:

$$\Delta T \geqslant \frac{1}{2f_m} = \frac{1}{2(v/\lambda)}$$

其中, f_m 为衰落频率, v 为车速, λ 为工作波长。例如移动体速度 $v = 30$ km/h、相应的工作频率 $f_m = 450$ MHz 时,可算得 $\Delta T \geqslant 40$ ms。另外,如果移动台处于静止状态, ΔT 无穷大,表明此时时间分集的得益将丧失。由此可见,时间分集对处于静止状态的移动台是无用的。

时间分集与空间分集相比,其优点是减少了接收天线数目,缺点是要占用更多的时隙资源,从而降低了传输效率。这对采用 TDMA 制式的系统是不利的。

5.4.2　分集合并方式

分集接收端可从不同的 N 个独立信号支路获得信号,可采用不同形式的合并技术来获得分集增益。一般分集的合并多在中频上进行合并。

假设 N 输入信号电压分别为 $r_1(t)$、$r_2(t)$、$r_3(t)$, $\cdots$, $r_N(t)$,则合并电压输出为:

$$r(t) = a_1 r_1(t) + a_2 r_2(t) + a_3 r_3(t) + \cdots + a_N r_N(t) = \sum_{i=1}^{N} a_i r_i(t)$$

式中 a_i 为第 i 个信号的加权系数。

选择不同的加权系数,就可以构成不同的合并方式。常用的有以下三种:

(1)最大比值合并方式

最大比值合并方式是一种最佳合并方式。其原理如图 5.5(b)所示。

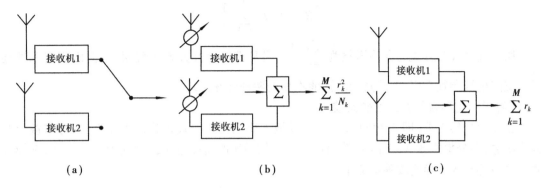

图 5.5　三种合并方式

（a）二重分集选择合并方式　（b）最大比值合并方式　（c）等增益合并方式

利用切比雪夫不等式可以证明，可变增益加权系数 $a_i = \dfrac{r_i(t)}{\sigma^2}$ 时，分集合并后的信噪比达到最大值。其中 $r_i(t)$ 表示第 i 个分集支路信号幅度；σ^2 为每路噪声功率。则合并后的输出为：

$$r(t) = a_1 r_1(t) + a_2 r_2(t) + a_3 r_3(t) + \cdots + a_N r_N(t) = \frac{1}{\sigma^2} \sum_{i=1}^{N} r_i^2(t)$$

可见信噪比越大，对合并后信号贡献越大。

最大比值合并后的平均输出信噪比为各支路平均信噪比的总和，所以最大比值合并方式的合并增益为合并支路数 N。

（2）等增益合并方式

等增益合并意为各支路的加权系数 $a_i(i = 1,2,3,\cdots,N)$ 都等于 1。其实现原理如图 5.5（c）所示。等增益合并方式实现比较简单，其性能接近于最大比值合并方式。

等增益合并方式输出的信号为：

$$r(t) = a_1 r_1(t) + a_2 r_2(t) + a_3 r_3(t) + \cdots + a_N r_N(t) = \sum_{i=1}^{N} r_i(t)$$

等增益合并后的输出信噪比为：

$$\overline{SNR_E} = \overline{SNR}\left[1 + (N + 1)\frac{\pi}{4}\right]$$

其中 $\overline{SNR}$ 为合并前每个支路的平均信噪比。则等增益合并的合并增益为 $\left[1 + (N+1)\dfrac{\pi}{4}\right]$，可见当分集数 N 越大时，等增益合并与最大比值合并相差不多，约 1 dB 左右。

（3）选择合并方式

选择合并方式是检测所有分集支路的信号，以选择其中信噪比最高的那个支路的信号作为合并的输出。在选择合并方式中，加权系数仅有一个为 1，而其余为 0。其实现原理图如图 5.5（a）所示。

假设具有最大信噪比的支路为第 k 条支路，其相应的最大信噪比为 $\overline{SNR_k}$，则选择合并方式的平均输出信噪比为：

$$\overline{SNR} = \overline{SNR_k} \sum_{i=1}^{N} \frac{1}{i}$$

所以选择合并方式的合并增益为 $\sum\limits_{i=1}^{N} \dfrac{1}{i}$，可见选择合并方式实现简单，但由于把未被选择的支路信号弃置不用，因此其衰落性能不如前两种合并方式。

(4)三种主要合并方式性能比较

在相同分集重数(即 N 相同)情况下，以最大比值合并方式改善信噪比最多，等增益合并方式次之；在分集重数 N 较小时，等增益合并的信噪比改善接近于最大比值合并方式，选择合并方式所得到的信噪比改善量最小。

5.5　RACK 接收机

在 CDMA 系统中，通信带宽远大于信道的平坦衰落带宽。采用传统的调制技术需要用均衡来消除符号间的干扰，而在采用 CDMA 技术的系统中，存在无线通信传输中出现的时延扩展，如果这些多径信号相互间超过一个码片 Z_1 的宽度，那么，它们就可被 CDMA 接收机看作是相关的噪声，而不再需要均衡了。

由于在多径信号中包含有可以利用的信息，所以，CDMA 接收机可以通过合并多径信号来改善信号的信噪比。RAKE 接收机就是通过多个相关检测器接收多径信号中各路信号，并把它们合并起来。CDMA 系统中的 RAKE 接收机如图 5.6 所示。

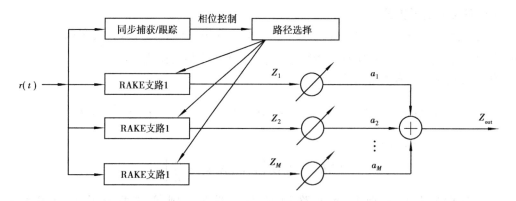

图 5.6　RAKE 接收原理实现框图

RAKE 接收机利用相关检测器检测出多径信号中最强的 M 个支路信号，然后对每个 RAKE 支路的输出进行加权合并，以提供优于单支路信号的接收信噪比，然后再在此基础上进行判决。

在室外环境中，多径信号间的延迟通常较大，如果扩频码速率选择合适，那么，CDMA 扩频码的良好相关特性，可以保证多径信号相互间有较好的非相关性。

假定 RAKE 接收机有 M 个支路，其输出分别为 $Z_1, Z_2, \cdots, Z_M$，对应的加权因子分别为 a_1, $a_2, \cdots, a_M$，加权因子可以根据各支路的输出功率或信噪比决定。各支路加权后信号的合并可以根据实际情况采用如下的方法进行合并。

再接收端将 M 个相互独立的支路信号进行合并后,可以得到分集增益。根据再接收端使用合并技术的位置不同,可以分为检测前合并技术和检测后合并技术,如图 5.7 所示。这两种技术都得到广泛应用。

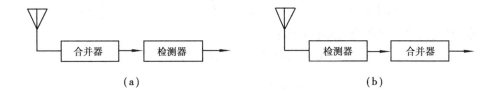

$$(a) \qquad\qquad\qquad\qquad\qquad (b)$$

图 5.7　空间分集的合并

(a)检测前合并技术　(b)检测后合并技术

对于具体的合并技术来说,通常有三类,即选择式合并、最大比值合并和等增益合并。

为了进一步理解 RAKE 接收,下面把 RAKE 接收用信号矢量的方式直观表示出来。

(1)无 RAKE 接收时,多径信号的矢量合成图如图 5.8 所示

图 5.8　多径信号的矢量合成图　　图 5.9　利用 RAKE 接收机(相关检测)后的矢量合成图

(2)采用 RAKE 接收后的合成矢量图如图 5.9 所示

由于用户的随机移动性,接收到的多径分量的数量、大小(幅度)、时延、相位均为随机量,因而合成矢量也是一个随机量。但是若能通过 RAKE 接收,将各路径分离开,相位校准,加以利用,则随机的矢量和将可以变成比较稳定的代数和而加以利用。当然这一分离、处理和利用的设想是在宏观分区域含义下完成的,而不可能是针对所有实际传播路径而言的。因此问题可归结为如何才能设计出分离宏观分区含义下的多径。它属于发送端信号的设计问题。

CDMA 通信系统中,正、反向链路可能采用相干接收,也可能采用非相干接收。第三代移动通信的 W—CDMA 系统中就采用了导频的相干接收。这个变化体现在 RAKE 接收上,就是合并加权因子。而第二代移动通信系统 IS—95 中,采用非相干接收。则 RAKE 接收中实数的 $\alpha_l , l = 1,2,\cdots,M$,该考虑到残留相位影响的复数 $|\alpha_l| e^{j\phi_l} , l = 1,2,\cdots,M$。假设 RAKE 接收中第 l 条可以解调路径解扩后判决信号为 $r_l + N_l$,那么合并后信号为:

$$Z = \sum_{l=1}^{M} \alpha_l \cdot (r_l + N_l) = \sum_{l=1}^{M} \alpha_l \cdot r_l + \sum_{l=1}^{M} \alpha_l \cdot N_l$$

其中,M 为参与合并的解调路径数。N_l 为第 l 径解调输出噪声。假设每个解调路径的解调输出噪声相等,并且 $E\{N_l^2\} = C , l = 1,2,\cdots,M$。这里,假设第一条解调路径解调出来的信号最强,令 $r_l/r_1 = \beta_l , l = 1,2,\cdots,M$,合并后的信号能量为:

$$\left(\sum_{l=1}^{M} \alpha_l \cdot r_l \right)^2 = r_1^2 \left(\sum_{l=1}^{M} \alpha_l \cdot \beta_l \right)^2$$

这样,相干 RAKE 合并后的信噪比为:

$$SIR = \frac{r_1^2 \left(\sum_{l=1}^{M} \alpha_l \cdot \beta_l \right)^2}{E\left\{ \left(\sum_{l=1}^{M} \alpha_l \cdot N_l \right)^2 \right\}} = \frac{r_1^2 \left(\sum_{l=1}^{M} \alpha_l \cdot \beta_l \right)^2}{\sum_{l=1}^{M} \alpha_l^2 \cdot E\{N_l^2\}} = \frac{r_1^2}{C} \frac{\left(\sum_{l=1}^{M} \alpha_l \cdot \beta_l \right)^2}{\sum_{l=1}^{M} \alpha_l^2}$$

对上式求最大值,可得到各路的加权系数:

$$\alpha_l = \alpha_l \cdot \beta_l, l = 1,2,\cdots,M$$

$$\sum_{l=1}^{M} \alpha_l = 1$$

在相干 RAKE 接收中,加权系数已经变成了上述的复数形式,因此,上述的合并方式已不能使相干 RAKE 接收中的输出信噪比达到最大,必须寻找新的合并方法,能使输出信噪比达到最大的加权系数 $|\alpha_l| e^{j\phi_l}, l = 1,2,\cdots,M$。

RAKE 接收机接收到的信号为:

$$r(t) = \sum_{l=1}^{M} \sqrt{2P} \alpha_l e^{j(\varphi_l + \gamma V\cos\theta_l \cdot t)} \cdot d(t - \tau_l) \cdot c_d(t - \tau_l) + n(t)$$

其中,$d(t)$ 是收端的数据,T_d 是数据符号宽度,$c_d(t)$ 是复扩频码,T_c 是 chip 宽度。τ_1 是第 l 径的传输时延,α_l 服从瑞利分布,$E\{\alpha_l^2\} = \dfrac{1}{M}$,$\varphi_l$ 服从 $(0,2\pi)$ 均匀分布。$\gamma = \dfrac{2\pi}{\lambda}$,$\lambda$ 为电磁波在空气中的波长。V 是移动终端相对于基站之间的相对移动速度。θ_l 是电磁波传播方向与 V 之间的夹角。$n(t)$ 是功率谱密度为 $N_0/2$ 的加性高斯白噪声。每一支路在相干合并前的表达式为:

$$\frac{1}{T_d} \int_{mT_d + \tau_K}^{(m+1)T_d + \tau_K} \left[\sum_{L=1}^{P} \sqrt{2S} \alpha_L e^{j(\varphi_l + \gamma V\cos\theta_l \cdot t)} \cdot d(t - \tau_L) \cdot c_d(t - \tau_L) + n(t) \right] \cdot c_d^*(t - \tau_K) dt$$

$$= \sqrt{2S} d(m) A_K(m) + N_K(m)$$

其中,$d(m) = d(mT_d)$,$A_K(m) = \dfrac{1}{T_d} \int_{mT_d + \tau_K}^{(m+1)T_d + \tau_K} \alpha_K e^{j(\varphi_K + \beta V\cos\theta_K \cdot (t + \tau_K))} dt$

$$N_K(m) = \frac{1}{T_d} \int_{mT_d + \tau_K}^{(m+1)T_d + \tau_K} \sum_{\substack{L=1 \\ L \neq K}}^{P} \sqrt{2S} \alpha_L e^{j(\varphi_L + \beta V\cos\theta_L \cdot t)} \cdot d(t - \tau_L) \cdot c_d(t - \tau_L) dt$$

$$+ \frac{1}{T_d} \int_{mT_d + \tau_K}^{(m+1)T_d + \tau_K} n(t) \cdot c_d^*(t - \tau_K) dt$$

假设上式中在 $\alpha_L e^{j(\varphi_L + \beta V\cos\theta_L \cdot t)}$,幅度衰落因子 α_L,随即相位 φ_L,基站收发信机(BTS)、移动终端(MT)相对移动速度 V,到达角度 θ_L,相对于 $f_d = \dfrac{1}{T_d}$ 都是慢时变的随机过程。$\dfrac{1}{T_d} \int_{mT_d + \tau_K}^{(m+1)T_d + \tau_K} d(t - \tau_L) \cdot c_d(t - \tau_L) \cdot c_d^*(t - \tau_L) dt$ 的值大小是个时变的量,为了分析它的统计特性,不妨认为它是一个幅度在 $\left[-\dfrac{\gamma}{N}, \dfrac{\gamma}{N} \right]$ 之间均匀分布,相位是均匀分布的平稳随机过程。由此可得 $N_K(m)$ 的统计特性是:

$$E\{N_K(m)\} = 0, E\{|N_K(m)|^2\} = \frac{2S(P-1)}{3P} \left(\frac{\gamma}{N} \right)^2 + \frac{N_0}{2T_d}$$

这样,RAKE 接收机每一支路信号表示为:$\sqrt{2S} d(m) A_K(m) + N_K(m)$,最大比值合并的结果,相干 RAKE 接收机的输出信噪比为:

$$SIR = SIR\_A \cdot \sum_{K=1}^{P} \mid A_k(m) \mid^2$$

其中：

$$SIR\_A = \cfrac{2S}{\left(\cfrac{2S(P-1)}{3P}\left(\cfrac{\gamma}{N} \right)^2 + \cfrac{N_0}{2T_d} \right)}$$

（3）RAKE 接收的工程实现

RAKE 接收的实现方法可以有多种方案，这里结合 IS—95 与 cdma2000 介绍一下 RAKE 接收的实现原理。

由于在 IS—95 中下行的（前向）链路是同步码分，而上行（反向）是异步码分，因此上、下行 RAKE 接收机结构也有所不同，下行 RAKE 接收为相干检测，上行为非相干检测。这里以上行基站非相干检测 RAKE 接收为重点加以介绍。

1）IS—95 中基站 RAKE 接收的总体实现方案

①IS—95 中基站 RAKE 接收总体结构图如图 5.10 所示。

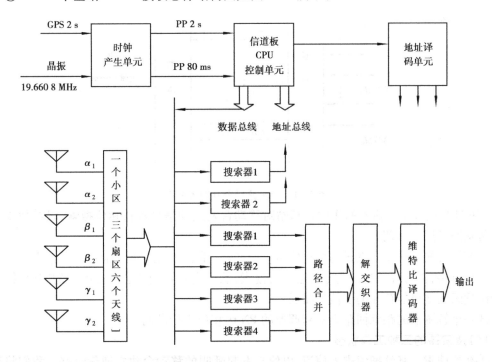

图 5.10　IS—95 中基站 RAKE 接收总体框图

②系统中每个蜂窝小区分为 3 个扇区，每个扇区有一个发射天线两个接收天线，即采用空间分集。因此每个小区共有 6 个接收天线：α_1，α_2，β_1，β_2，γ_1，γ_2。

③框图中的时钟产生单元：利用基站 GPS 收到标准偶秒（2 s）信号和本地 19.660 8 MHz 晶振产 RAKE 接收机所需的各类定时时钟信号：8 倍 PN 码时钟、PP80 ms、PP2 s 以及 20 ms 帧定时等。

④信道板 CPU 控制单元：控制并协调发送、接收各单元的操作，搜索器的搜索结果也将送入 CPU 进行选择、判断，并将搜索到的 4 个最强路径的相位信息分别送至 4 个数据解调单元。

⑤地址译码单元:产生各个模块所需的伪码地址信号。

⑥搜索单元:用于搜索接收信号的伪码(PN码)相位,其作用是在3个扇区的6个接收信号源中搜索其中4个最强路径进行数据解调,每个搜索器实际包含多个并行搜索单元。

⑦数据解调器:IS—95基站中共有4个数据解调器,即RAKE接收机的4个"Finger"。用于对搜索器搜索到的4个强径进行数据解调,并将解调结果输出到路径合并器进行合并,即实现分集合并过程。再进行解交织和维特比译码器进行译码。此外,每个解调器内还有一个子单元,即跟踪回路用于对路径的相位进行精调。

⑧RAKE接收核心部件为数据解调器与搜索跟踪器。

2)搜索器结构与搜索策略

系统同步是系统正常工作的基础,CDMA同步决定了能否实现正确解调。在IS—95CDMA中系统同步可分为搜索与跟踪两个部分。

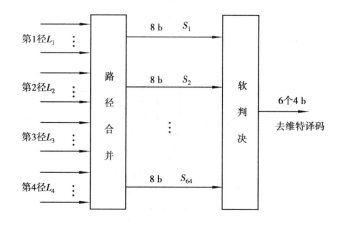

图 5.11　分集路径合并原理框图

①RAKE接收中搜索器的作用是基站对移动台发送的信号进行相位搜索,以寻找4个最强的传输路径用于解调。

②基站首先对移动台发送的信道信号进行搜索、捕获,成功之后获得接入信息并与移动台建立通信链路,再对移动台的业务信道进行搜索,然后进入解调状态。在解调的同时,搜索器仍继续搜索其他可能存在的强信号路径。

③每个解调器的跟踪回路则对解调器的PN码相位进行微调。

(4)搜索器的三种工作状态

①初始搜索　基站搜索进入信道,以便与发起呼叫的移动台建立通信链路。我们将移动台发送一个接入信息(或基站接收)的过程称为一次接入尝试,而每次尝试又由若干个接入试探组成。每个试探构成一个接入信道时隙,每个时隙又由两部分组成,即初始帧和信息帧,初始帧为全0帧,含有96个零(4.8 kb/s),移动台发送初始帧是为了便于基站进行同步。它可省去FHT单元,直接对解扩后的数据累加(原因是对全0,FHT0相关输出最大,其相关过程相当于64 Walsh Chips时间间隔的数值累加)。

同样,移动站发送业务信道时,开始几帧也是初始帧,它可简化结构。同时,初始搜索中,由于尚未开始解调,可在CPU控制下将解调器变用于搜索以加快搜索速度。

②解调中的搜索　开始解调后,搜索器搜索,寻求其他可能存在的强径,但是移动台发的

信息不再是全 0。此时基站在搜索时要作完整的基带非相干解调处理。此时采用的是正常方式下的搜索结构。

③更换切换搜索　当移动台发起切换请求时,2 个搜索器必须搜索源扇区的信号和切换目标扇区的信号,直至切换完成。

(5)IS—95 中移动台 RAKE 接收

①上面介绍的基站 RAKE 是属于上行(反向)信道,上行信道是"多点对一点"的通信链路,基站用它接收多个用户信号,由于上行是异步码分,因此采用非相干检测,但是对于多径信号搜索与跟踪仍然是必须解决的先决条件。

②移动台 RAKE 接收则是属于下行(前向)信道,下行信道是"一点对多点"的通信链路,多个用户利用它接收来自同一基站的信号。下行信道中基站专门设置了导频信道,且给予较大的功率分配,它可供移动台搜索、跟踪、相干解调提供参考信号。因而移动台 RAKE 接收与基站 RAKE 接收基本原理完全一样,只是移动台可利用导频信道进行同步码分、相干检测。这说明每一个用户信号都可锁定在导频序列上进行相干检测,而路径时延只需通过导频序列来搜索即可。

习　题

1. 均衡技术为什么大都使用时域均衡方式?
2. GM 系统在使用均衡技术来改善无线链路性能时,为什么引入一定的训练序列?
3. 分集技术有哪些种类? 在移动通信系统中适宜采用哪种分集技术?
4. 阐述分集技术的三种合并方式的优缺点?
5. RAKE 接收机使用了哪种分集方式? 它是如何实施的?
6. 分集接收如何分类? 在移动通信系统中适宜采用哪几种分集方式?
7. 试分析比较三种合并方式的优缺点。

第 **6** 章
信道编码与交织技术

移动通信系统使用信道编码技术可以降低信道突发的和随机的差错。信道编码是通过在发送信息时加入冗余的数据位来改善信道链路的性能的。在发射机的基带部分,信道编码器按照某种确定的约束规则,把一段数字信息映射成另一段包含更多数字比特的码序列。然后把已被编码的码序列进行调制以便在无线信道中传送。

接收机可以用信道编码的约束规则来检测或纠正由于在无线信道中传输而引入的一部分或全部的误码。由于解码是在接收机进行解调之后执行的,所以信道编码是一种后检测技术。由于编码而增加了数据比特,这使得信道中传输的总的数据速率提高,也就会占用更大的信道带宽。信道编码通常有两类:分组编码和卷积编码。信道编码和调制模式通常是各自独立设计并实现的;随着网格编码调制方案的使用,这种情况已经有所改变,因为网格编码调制把信道编码和调制相结合。不需增加带宽就可获得巨大的编码增益。

6.1　信道编码原理

信道编码的检错和纠错是利用传输数据的冗余量来实现的。用于检测错误的信道编码称作检错编码;可纠错的信道编码被称作纠错编码。

对于加性高斯白噪声信道,额定带宽为 $B(\mathrm{Hz})$、接收信号功率为 $P(\mathrm{W})$ 及噪声谱密度为 $N_0(\mathrm{W/Hz})$,其信道容量可由下面的香农公式给出:

$$C = B\log_2\left(1 + \frac{P}{N_0 B}\right) = B\log_2\left(1 + \frac{S}{N}\right) \tag{6.1}$$

以 $R(\mathrm{b/s})$ 表示在容量为 C 的信道上传输的实际数据率,则当 $R < C$ 时,理论上存在某种编码、调制、解调与解码方法,可使通信的差错概率为任意小。当 $R > C$ 时,则不可能得到无差错的传输。当无限制增加带宽时,可得 $E_b/N_0 = (P/R)/N_0 = \ln 2 = 0.693 = 1.59$ dB 的香农界限,就是说,当系统 E_b/N_0 低于 -1.6 dB 时,尽管 B 取任意大或 R 为任意小,或者采用其他措施,也不可能得到无差错的传输。实际的系统都是运行在 -1.6 dB 以上的。

信道编码是通过增加相关的冗余数据来提高系统性能,也就是以增加传输带宽为代价来取得编码增益的。检错码和纠错码有两种基本类型:分组码和卷积码。

图 6.1 中分别列出几种编码方案的性能。

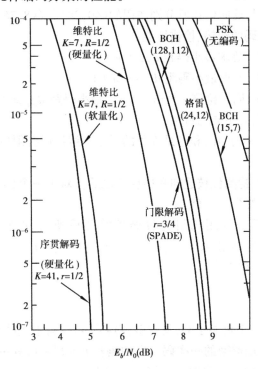

图 6.1　几种编码方案的性能

6.2　分　组　码

要使信道编码具有一定的检错或纠错能力,必须加入一定的多余码元。信息码元先按组进行划分,然后对各信息组按一定规则加入多余码元,这些附加监督码元仅与本组的信息码元有关,而与其他码组的信息无关,这种编码方法称为分组编码。移动通信中,BCH 与里德—索洛蒙(RS)码是常用的分组码。编码的基本概念包括编码效率、冗余度、码重与码距等,分别讨论于下。

6.2.1　编码效率、冗余度、码重与码距

在分组码中,数据每 k 个信息比特分为一组,k 个信息位与增加的 $(n-k)$ 个比特组成一个 n 比特的码组(或码字),这种码叫做 (n,k) 分组码。分组中 $(n-k)/k$ 比值称为码的冗余度,k/n 比值称为编码效率。编码效率可表示分组中信息比特所占的比例。AMPS 和 ETACS 的蜂窝系统,其正向与反向信道分别使用 $(40,28)$ 与 $(48,36)$ BCH 码,因此,码率分别为 28/40 与 36/48,冗余度分别为 43% 与 33%。

除编码效率 k/n 外,码字的另一个重要参数是码重,即码字中非零的码元数目。以 (n,k) 分组码中的两个码字 C_j 与 C_i 为例。两个码字之间的距离定义为:对应码位上具有不同二进制码元的位数,是它们之间差别的一种量度,并称做汉明距离 $d(j,i)$,简称码距。显然,对 $j\neq i$,

$d(j,i)$满足 $0 < d(j,i) < n$ 的条件。全部码字中 $d(j,i)$ 的最小距离称为码的最小距离,并写为 $d_{\min}(j,i)$。AMPS 的正向与反向信道所分别使用的 $(40,28)$ 与 $(48,36)$ 码的汉明最小距离均为 5。码的最小码距决定了码的纠错、检错性能:

1)为了检测 e 个错误,要求最小码距 $d_{\min} \geq e+1$

2)为了纠正 t 个错误,要求最小码距 $d_{\min} \geq 2t+1$

3)为了纠正 t 个错误,同时检测 e 个错误,要求最小码距 $d_{\min} \geq t+e+1 (e>t)$

不同类型的分组码具有不同的特性:

线性分组码:任意两个码组的和还是许用的码组。线性码必须包含全零码字。所以,恒重码是非线性码。

系统码:在系统码中,检测位被迭加在信息位之后。对于一个 (n,k) 码,前 k 位是信息位,而后 $n-k$ 位则是前 k 位的线性组合。

循环码:循环码中任一许用码组经过循环移位后所得的码组仍为一许用码组。若 $(a_{n-1} a_{n-2} \cdots a_1 a_0)$ 为一循环码组,则 $(a_{n-2} a_{n-3} \cdots a_0 a_{n-1})(a_{n-3} a_{n-4} \cdots a_{n-1} a_{n-2}) \cdots$ 也是许用码组。循环码是线性码的一种子集。

6.2.2　BCH 码

BCH 码是循环码的一个重要子类,具有多种码率,可获得很大的编码增益,BCH 码有严密的代数理论,是目前研究最透彻的一类码。它的码长 $n = 2^m - 1$,其中 $m \geq 3$,若循环码的生成多项式具有如下形式:$g(D) = \text{LCM}[m_1(D), m_3(D), \cdots, m_{2t-1}(D)]$,这里 t 为纠错个数,$m_i(D)$ 为最小多项式,LCM 表示取最小公倍式,则由此生成的循环码称之为 BCH 码。其最小码距 $d_{\min} \geq 2t+1$,能纠 t 个错误。下面介绍几种常见的 BCH 码。

(1)戈雷码(Golay)

$(23,12)$ 码是一个特殊的非本原 BCH 码,称为戈雷码,它的最小码距 7,能纠正 3 个错误,其生成多项式为 $g(D) = D^{11} + D^9 + D^7 + D^6 + D^5 + D + 1$。它也是目前为止发现的惟一能纠正多个错误的完备码。

(2)扩展 BCH 码

实际应用中,为了得到偶数码长,并增加检错能力,可以在 BCH 码的生成多项式中乘 $D+1$,从而得到 $(n+1,k+1)$ 扩展 BCH 码。扩展 BCH 码相当于将原有 BCH 码再加上一位的偶校验,它不再有循环性。

(3)截短 BCH 码

几乎所有的循环码都存在一种缩短形式 $(n-s,k-s)$。实际应用中,可能需要的码长不是 $2^m - 1$ 或它的因子,我们可以从 $(2^m - 1, k)$ 码中挑出前 s 位为 0 的码组构成新的码,这种码的监督位数不变,因此纠错能力保持不变,但是没有了循环性。AMPS 和 ETACS 其正向与反向信道分别使用 $(40,28)$ 与 $(48,36)$ BCH 码就是截短 BCH 码,分别是 BCH$(63,51)$ 截短 23 位和 15 位之后而成的,它们仍然保持原 BCH$(63,51)$ 码的纠错能力。

6.2.3　RS 码

RS 码是 Reed—Solomon(里德—索洛蒙)码的简称,它是一种多进制 BCH 码。由于在多进制调制中是用 M 重元来调制的,所以采用多进制信道编码还是比较合适的。它能够纠突发错误,通常在连续编码系统中采用。在(n,k)RS 码中,输入信号每组为 k 个符号,每个符号由 m 比特组成,一个纠 t 个符号错误的 RS 码的码长 $n = 2^m - 1$ 个符号,信息码为 k 个符号,监督码为 $n - k = 2t$ 个符号,最小码距为 $d = 2t + 1$ 个符号。RS 码特别适合于纠正突发差错。其纠错能力为:

可纠 t 个符号的随机错误;

可纠总长度为 $b_1 = (t-1)m + 1$ 比特的单个突发错误;

可纠总长度为 $b_2 = (t-3)m + 3$ 比特的两个突发错误;

……

可纠总长度为 $b_i = (t-2i+1)m + 2i - 1$ 比特的 i 个突发错误。

RS 码每个符号都是由 m 比特组成。如 $m = 3$,则 RS 码的每个符号都是以下 8 个符号中的一个,即:000,001,010,011,100,101,110,111。对于一个长度为 $2^m - 1$ 符号的 RS 码,每个符号由 m 比特组成,每个符号都可以看成是有限域 $GF(2^m)$ 中的一个元素。能纠 t 个符号错误的 RS 码的生成多项式具有如下形式:

$$g(x) = (x + a)(x + a^2)\cdots(x + a^{2t}) = \sum_{i=0}^{2t} g_i x^i \tag{6.2}$$

这里,a^i 是 $GF(a^m)$ 中的一个元素,g_i 也是 $GF(a^m)$ 中的一个元素。

例如:基于 AMPS(DAMPS)的 CDPD 蜂窝分组数据系统,采用编码为 $m = 6$ 的 $(63,47)$ RS 码,其监督段长 $n - k = 16$,可纠 $t = 8$ 个错误符号,则它的生成多项式为:

$$g(x) = (x + a)(x + a^2)\cdots(x + a^{16}) = \sum_{i=0}^{16} g_i x^i$$

RS 码的编码过程与 BCH 码一样,也是信息多项式除以生成多项式 $g(x)$,得到监督多项式。同样可以用带反馈的移位寄存器来实现。不同的是所有数据通道都是 m 比特宽,即移位寄存器为 m 级并联工作。各符号不是直接出现,而是反馈端每个符号要乘以某个基本元素后再相加。编码器示意图如图 6.2 所示。其中,每个 $\oplus$ 代表两个 m 比特数的模 2 加(异或),每个 $\otimes$ 代表 $GF(2^m)$ 域中两个 m 比特数间的乘法。图 6.2 所示的编码器是一个完整的编码器。编码符号 C_{n-1} 至 C_{n-k} 被顺序移入编码器电路,并同时被送到输出端。当 k 个符号送入电路后,开关打到检验端,并且控制反馈环路的控制门被断开,只是移出编码器内部剩下的 $n - k$ 个校验符号,就可完成 Reed—Solomon 编码。

RS 码的译码过程与纠 t 个错误的 BCH 译码相似。不同的是,在 BCH 码中要检查是否有错是用码字除一个多项式,而在 RS 码中,欲检出一系列误码则需要用码字除一定数量的一次多项式。如果要纠正 t 个错误,那么码字必须除以 $2t$ 个不同的一次多项式,这样才能在找到错误位置后,求出错误值。BCH 译码时只有一个错误值"1",RS 码则有 $2^m - 1$ 种可能值。译码步骤加下:

1)计算 $2t$ 个伴随式;

2)计算差错定位多项式;

3)寻找错误位置;

4)寻找错误值;

5)纠正错误。

其中第四步是 BCH 译码中不需要的。

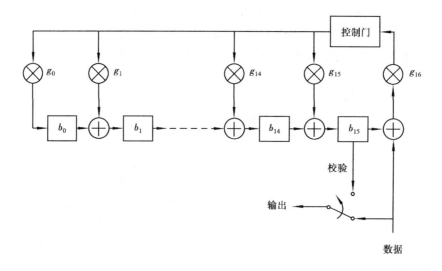

图 6.2　Reed—Solomon 编码器

Reed—Solomon 译码器可以由硬件、软件或软硬件混合实现。硬件实现的速度很快,但是码长的变化范围小,软件实现的更有吸引力,因为其开发周期短,开发费用低,灵活性更大。

6.3　卷　积　码

卷积码不是把信息序列分组后再进行单独地编码,而是由连续输入的信息序列得到连续输出的已编码序列。它的编码器也是每输入 k 个信息比特后,编码得到 n 个比特输出,但 k 和 n 通常很小,所以时延较小,特别适合以串行形式进行传输。与分组码不同,卷积码编码后的 n 个码元不仅与当前段的 k 个信息有关,还与前面的 $N-1$ 段信息有关。卷积码的纠错性能随 N 的增加而增大,而差错率随 N 的增加而指数下降。在同样的复杂度下,卷积码相对于分组码可以获得更大的编码增益。但卷积码没有分组码那样严密的数学分析手段,目前大多是通过计算机进行好码的搜索。与无编码情况相比,卷积码可以将误码率降低两个数量级,达到 $10^{-3} \sim 10^{-4}$。

卷积码是使信息序列通过有限状态移位寄存器产生的。通常,移位寄存器包含 N 级(每级 k 比特),输入的数据每次以 k 位(比特)移入移位寄存器,并与以前输入的 $(N-1)k$ 位比特一起通过 n 个模 2 和单元,这 n 个模 2 和单元是基于生成多项式的 m 个线性代数方程,在此同时有 n 位(比特)数据作为已编码序列输出,图6.3是一个描述多种卷积码生成的通用结构图。

6.3.1　卷积码的基本特性

卷积码常记作 (n,k,N),它的编码效率为 $Rc = k/n$。参数 N 被称作约束长度,它指明了当前的输出数据多少与输入数据有关。它决定了编码复杂度。卷积码的纠错能力也与码距相关,卷积码有两种码距:最小距 d_{min} 和自由距 d_{free}。编码后长度为 nN 码元中各个序列之间的汉明距称为最小距 d_{min};编码后任意长度的码元中各个序列之间的汉明距称为最小距 d_{free}。

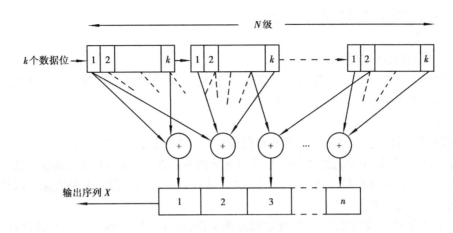

图 6.3　卷积编码器的一般结构图

描述卷积码的方法有图解法和解析法,解析法可以采用生成矩阵和生成多项式这两种方法,图解法可以采用树状图、网格图、状态图和逻辑表等方法。

生成矩阵:因为其输入序列的长度是半无限的,卷积码的输入信息序列和输出序列都可以用半无限矩阵表示。它是用来描述卷积码的一种解析表示。

生成多项式:它也是用来描述卷积码的一种解析表示。n 个模 2 加法器中每一个都对应有一个向量,每个向量表示编码器与模 2 加法器之间的连接关系:向量的第 i 个元素为 1,表示连接到了对应的移存器,而为 0 表示未连接。这 n 个向量就是卷积码的生成多项式。

树图:树图是以树形的分支结构标示出编码器所有可能经历的状态。树的分支表示编码器的各种状态和输出值。

网格图:树图结构的级数一旦超过了约束长度,图的结构将会出现重复。从观察中会发现,具有相同状态的两个节点所发出的所有分支在其输出序列方面是相同的。这意味着具有相同标号的节点可以被合并。网格图就是通过对整个树图中作节点合并,所得的比树图更紧凑的表示图。

状态图:由于编码器的输出是由输入信号和编码器的当前状态所决定的,因此可以用状态图来表示编码过程。状态图中标有编码器的所有可能状态,以及状态间可能存在的转换路径。

逻辑表:逻辑表显示的是当前输入序列、相对应的编码输出和编码器的状态。

6.3.2　卷积码的解码

卷积码的解码思想是:信息序列和码序列之间有一一对应的关系;而且,任何信息序列和码序列将与网格图中的惟一的一条路径相联系。因而卷积译码器的工作就是找到网格图中的这一条路径。

解卷积码的技术有许多种,而常用的是 Viterbi 算法、序贯译码,它们是关于解卷积的最大似然译码法,也就是若在收端收到的码为 r,且 r 不属于码集合 [C] 中任一码字,因此可以判定为错。然后再将 r 与 [C] 中所有的码字进行汉明距离比较,选择 [C] 中的码字与 r 最相似,即与 r 的汉明距离最小的码字当作为发送码字。这种通过选择最小汉明距离码来译码的方法,称为最大似然译码。卷积码在译码时的判决既可采用软判决,也可采用硬判决,软判决较硬判决的特性要好 2 ~3 dB。Viterbi 算法具有最佳性能,但硬件实现比较复杂;序贯译码方法有 Fano 算法、堆栈算法等,硬件实现相对简单,但性能降低了一点。

Viterbi 算法

Viterbi 算法的译码过程为:

把在时刻 i,状态 S_j 所对应的网格图节点记作 $S_{j,i}$。每个网格节点被分配一个值 $V(S_{j,i})$。节点值按如下步骤计算:

1)设 $V(S_{0,0}) = 0$,$i = 1$;

2)在时刻 i,对于进入每个节点的所有路径计算其不完全路径的长度;

3)令 $V(S_{j,i})$ 为在 i 时刻,到达与状态 S_j 相对应的节点 $S_{j,i}$ 的最小不完全路径长度。通过在前一节点随机选择一条路径就可产生新的结果。非存留支路将从网格图中删除。以这种方式可以从 $S_{0,0}$ 处生成一组最小路径;

4)当 L 表示输入编码段的数目,其中每段为 k 比特,m 为编码器中的最大移存器的长度,如果 $i < L + m$,那么令 $i = i + 1$,返回第二步;

一旦计算出所有节点值,则从 $i = L + m$ 时刻,状态 S_0 开始,沿网格图中的存留支路反向追寻即可。这样被定义的支路与解码输出将是一一对应的。关于不完全路径长度,硬判决解码将采用最小距 $d_{\min}$,而软判决解码将采用自由距 d_{free}。

Fano 序列译码

Fano 算法是通过一次检验一条路径来寻找网格图中的最接近路径的。对于每一条支路,量值的增量与所接收信号的出现概率成比例,就如 Viterbi 译码一样,与 Viterbi 译码不一样的是每条支路的量值加上一个负常数。这个常数值是经过选择的,它要确保沿正确路径的平均量值会增大,而沿不正确路径的平均量值就会减小。通过把一个待选路径的量值和一个增长的阈值相比较,这个算法可以检测并消除不正确路径。Fano 算法和 Viterbi 算法的误译性能是相当的,但是与之相比,Fano 序列的译码延时要大得多。不过 Fano 算法需要的存储单元较小,所以可用来对约束长应更大的卷积码进行译码。

堆栈算法

Viterbi 算法要跟踪处理和计算 $2^{(n-1)k}$ 条路径,而堆栈算法处理的路径要少一些。在堆栈算法中,较可能的路径会按照它们的量值来排序,栈顶的路径具有最大的量值。在算法的每一步,只有栈顶的路程被支路所延续。这会生成 $2k$ 个后续路径,它们将与其他路径一起按照量值重新排序,排序靠后的将被忽略。然后,利用最大量值来延续路径的过程将被重复进行下去。与 Viterbi 算法相比,堆栈算法对量值的计算量较小,但是这些节省都被堆栈中路径的重排序的计算量所抵消了。而与 Fano 算法相比,因为不用再追踪同一路径,堆栈算法在计算上要简单一些,不过堆栈算法需要更多的存储单元。

反馈译码

反馈译码器在第 j 级对信息比特作出硬判决,它是以从第 j 级到第 $j + m$ 级计算的量值为基础的,m 是一个预定的正整数。信息比特是一个"1"或一个"0",依赖于从第 j 级发出,终止于第 $J + m$ 级的最小汉明距离路径,从第 j 级发出时的那条支路包含的是"1"还是"0"。当作出判决时,树图中所选定的支路被保留,其他的则被放弃。这就是解码器的反馈特征。下一步就是将树图中保留的部分延长至第 $j + m + 1$ 级,并考察从第 $j + 1$ 级到第 $j + m + 1$ 级的路径以确定第 $j + 1$ 级的信息比特。这一步骤在每一个级重复。参数 m 是树图解码器作硬判决前预先考察的级数。反馈解码器不是通过计算量值,而是通过计算接放序列的伴随或并查表纠正误码的方式来实现解码。对于一些卷积的反馈解码器可以简化为一个多数逻辑解码器或阈值解码器。

6.3.3　卷积码最大似然解码

在一个卷积码编译码系统中,输入信息序列 M 被编码为序列 X,此 X 序列可以用树状图或网格图中某一特定的路径来表示,假设 X 序列经过有噪声的无记忆信道传送给译码器,如图 6.4 所示。

图 6.4　编译码系统模型

离散无记忆信道是一种具有数字输入和数字输出(或称为量化输出)的噪声信道的理想化模型,其输入 X 是一个二进制符号序列,而输出 Y 则是具有 J 种符号的序列。X 序列每发一个符号 $x_i(i=1,2)$,则信道输出端收到一个相应符号 $y_j(j=1,2,3,\cdots,J)$。由于是无记忆,故 y_i 只与 x_i 有关。如果 $J=2$,则离散无记忆信道是二进制序列。若各种概率满足关系:$P(x_1/x_1)=P(0/0)=P(x_2/x_2)=P(1/1),P(x_2/x_1)=P(1/0)=P(x_1/x_2)=P(0/1)$,则该信道称为二进制对称信道或硬量化(硬判决)信道。如果 $J>2$,即信道输出(或解调器输出)符号数大于 2,则称为软量化(软判决)信道。已经证明,对加性高斯白噪声来说,3 比特软量化(即 $J=8$)与硬量化相比可获得 2 dB 的性能改善。

译码器对信道输出序列进行考察,以判定长度为 L 的 2^L 个可能发送的序列中究竟是哪一个进入了编码器。当某一特定的信息 M 进入编码器时,发送序列为 $X(M)$,接收到的序列为 Y,若译码器输出为 $M'\neq M$,说明译码出现了差错。

假设所有信息序列是等概率出现的,译码器在收到 Y 序列情况下,若

$$P[Y/X(M')] \geqslant P[Y/X(M)]$$

对于 $M'\neq M$ 则判定输出为 M',可以证明:这将使序列差错率最小。这种译码器是最佳的,称为最大似然序列译码器,条件概率 $P[Y/X(M)]$ 称为似然函数。所以,最大似然译码器判定的输出信息是使似然函数为最大时的消息。

通常用对数似然函数比较方便,一则因对数是非降函数,取对数前后所得结果的大小趋势不变;二则对数似然函数对所收到的符号来说具有相加性。因此,卷积码的最大似然译码便可看成是对给定的接收序列求其对数似然函数的累加值为最大的路径。

对二进制对称信道来说,若 $P(1/0)=P(0/1)$,假设发送序列 X 的长度为 L 个符号,并在传输过程中发生了 e 个符号错误,即 X 与 Y 有 e 个位置上符号不同,它们的汉明距为 e。对数似然函数为:

$$\lg P[Y/X] = \log[P^e(1-P)^{L-e}]$$
$$= L\lg(1-P) - e\log\left(\frac{(1-P)}{P}\right) = -A - Be$$

对于 $p<0.5,A$ 和 B 均为正常数。因此,汉明距 e 最小就相当于对数似然函数最大。这说明求最大对数似然函数就相当于求 X 和 Y 两个序列的最小汉明距。由此可知,最大似然译码的任

务是在树状图或网格图中选择一条路径,使相应的译码序列与接收到的序列之间的汉明距最小。卷积码译码中,通常把可能的译码序列与接收序列之间的汉明距称为量度。

对于长度为 L 的二进制序列的最佳译码,需要对可能发送的 2^L 个不同的序列的 2^L 条路径似然函数累加(即路径量度)进行比较,选取其中最大(即最小量度)的一条。显然,译码过程的计算量随 L 增加而指数增长,这在实际中难以实现,因此只能采用次最佳的译码方法。这种基于树状图的译码方法,正是序列译码的基础。

用网格图描述时,由于路径的汇聚消除了树状图中的多余度,译码过程中只需考虑整个路径集合中那些能使似然函数最大的路径。如果在某一节点上发现某条路径已不可能获得最大对数似然函数,那么就放弃这条路径。然后在剩下的"幸存"路径中重新选择译码路径,这样一直进行到最后第 L 级。由于这种方法较早地丢弃了那些不可能的路径,从而减轻了译码的工作量,维特比译码正是基于这种想法。

6.4　编　码　增　益

编码增益的定义如下:在得到相同的解码误码率的前提下,未编码信号所要的 E_b/N_0 与已编码信号所要的 E_b/N_0 之差。

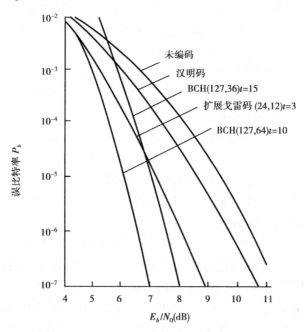

图 6.5　几种纠错编码的 P_b-E_b/N_0 曲线

$$CG = (E_b/N_0)_{unc} - (E_b/N_0)_{cod} \tag{6.3}$$

式中 E_b 是每比特的平均能量,N_0 是噪声功率密度,unc 表示编码之前,而 cod 表示编码之后。E_b/N_0 与载噪比(CNR)有以下关系:

$$CNR = P_T/N = E_b R/N_0 B \tag{6.4}$$

比较未编码信号之前与编码之后的 E_b/N_0 可以得到编码增益值。

对于加性高斯白噪声信道,在数字调制系统中信道误比特率 P_b 与 E_b/N_0 有关,而且与调制解调方式有关。译码后的误比特率 $P_{b(dec)}$ 还与编码译码方法有关。译码后的误比特率 $P_{b(dec)}$ 可以近似为:

$$P_{b(dec)} \cong \frac{1}{n} \sum_{i=t+1}^{n} i C_n^i P_b^i (1 - P_b)^{n-i} \tag{6.5}$$

其中 t 为 (n,k) 编码序列中能纠正的误码数。由此式可得:译码前 P_b 很大时(E_b/N_0 很低的时候),这时得到的译码后的误比特率 $P_{b(dec)}$ 可能大于信道误比特率 P_b,编码所增添的比特只起额外负担,而无法通过纠错补偿或提高信道的性能。如图 6.5 所示,图中给出若干纠错编码情况下采用相干解调 BPSK 的 P_b-E_b/N_0 曲线,(127,36)BCH 码的性能比(127,64)BCH 的差,而且在误比特率 P_b 很大的情况下,(127,36)BCH 码的性能劣于未编码的。其原因为附加比特过多,使 E_b/N_0 下降太大,信道误比特率升高超过纠错带来的好处,使得译码后的误比特率 $P_{b(dec)}$ 大于信道误比特率 P_b。

6.5　其他信道编码方法

除了前面介绍的一些基本编码,还有网格编码调制(TCM ~ Trellis Coded Modulation)和 Turbo 码等都是较先进的信道编码方法。

网格编码调制技术是通过把有限状态编码器和有冗余度的多进制调制器结合起来,可在不扩展占用带宽的前提下获得可观的编码增益。它一般都是利用卷积编码中所产生的冗余度和维特比解码的记忆效应,使编码器和调制器级联后产生的编码信号序列具有最大的欧氏自由距离(最小 Euclidean 距离),而它的理想解码方式应采用维特比算法实现。在高速数字信号传输中,应用这种解码算法难度较大。

Turbo 码是在综合过去几十年来级联码、卷积码、最大后验概率译码法与迭代译码等理论基础上的一种创新。Turbo 码的基本原理是通过编码器的巧妙构造,即多个子码通过交织器进行并行或串行级联(PCC/SCC),然后以类似内燃机引擎废气反复利用的机理进行迭代译码,从而获得卓越的纠错性能,Turbo 码也因此得名。它不仅在信噪比较低的高噪声环境下性能优越,而且具有很强的抗衰落、抗干扰能力。其纠错性能接近香农极限。这使得 Turbo 码在信道条件较差的移动通信系统中有很大的应用潜力。Turbo 的迭代解码算法包括 SOVA(软输出 Viterbi 算法)、MAP(最大后验概率算法)等。由于 MAP 算法的每一次迭代性能的提高都优于 Viterbi 算法,因此 MAP 算法的迭代译码器可以获得更大的编码增益。

6.5.1　Turbo 码

香农信息论告诉我们,在有噪声的信道上使用分组纠错码或卷积码时,只有当分组长或卷积码的约束长度 n 趋于无穷时,编码的性能才能接近香农的理论极限,如利用随机码,其平均性能可以达到理论值。最常用的解码方法是最大似然(ML)译码,但该解码方法的复杂性随 n 的增加而增加,直到最终不可实现。因此人们很久以来一直在寻找码率接近香农理论极限,误码率小,实现复杂度低的好码,并提出很多构造好码的方法,如:用等长的分组码相连来构造长码,以把 ML 译码分成若干简单步骤来进行;使用重复码、乘积码和级联码以及它们的各种推广;另一方面为降低译码实现的复杂程度而提出了各种次最优译码方案,如卷积码的序贯译码等。还有为改善译码性能而采用的各种软输出 Viterbi 译码(SOVA,Soft—output Viterbi Algorithm)、输入/输出(SISO,Soft Input Soft Output)译码方法等。Turbo 码就是在这些基础上诞生出来的。

6.5.2　Turbo 码的原理

(1)编译码原理

在 1993 年 ICC 国际会议上,两位任教于法国不列颠通信大学的教授与他们的缅甸籍博士生 C. Berrou,A. Glavieux 和 P. Thitimajshiwa,首先提出了一种称之为 Turbo 码的编、译码方案,它实际上是前人工作的巧妙综合和发展。Berrou 通过计算机仿真研究,仿真结果表明,当归一化信噪比 $E_b/N_0 \geq 0.7$ dB 时,BER$\leq 10^{-5}$,这一超乎寻常的接近 Shannon 限的优异性能立即引起信息与编码理论界的轰动。其编、译码基本结构如图 6.6 和图 6.7 所示。

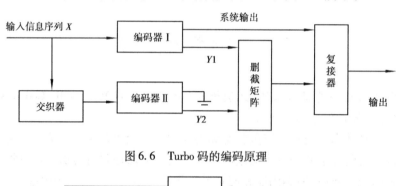

图 6.6　Turbo 码的编码原理

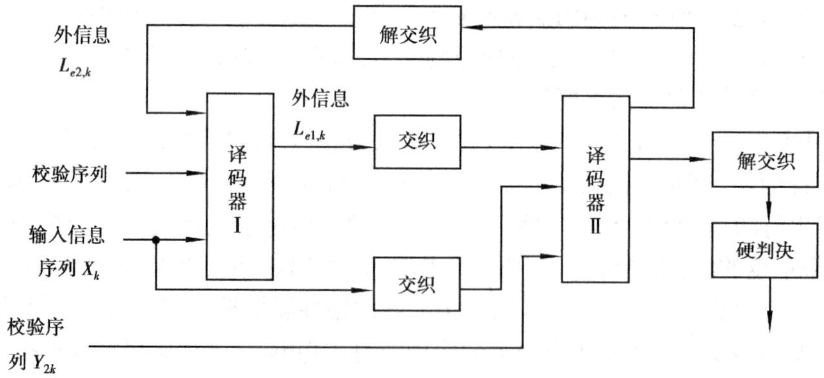

图 6.7　Turbo 码译码原理图

从上述编码器可以看出,编码是由三部分组成:直接输入复接器、经编码器 I 再经删截矩阵送入复接器,以及经交织器和垂直编码器 II 再经删截矩阵送入复接器,其中经水平编码器 I 的水平码与经垂直编码器 II 的垂直码又可分别称为 Turbo 码的分量码,又称为二维分量码。显然,从二维很自然地可以推广到多维。作为分量码既可以是卷积码,也可以是分组码;其码型既可以相同,也可以不同;既可以是单一的码,也可以是由级连产生的码。原则上讲,分量码既可采用系统码形式,也可采用非系统码形式;但考虑到码的整体速率,研究更多的是用系统码作为分量码。

Turbo 码采用了一种新的译码方法,即迭代译码法。其译码部分主要由软输入软输出

（SISO）算法和交织器与解交织器构成，而复杂性主要在前者。迭代译码原理图如图6.6所示，它由两个相同的SISO译码器、交织器和相应的解交织器组成。在每一时刻 k，译码器 I 有三个不同的软输入，未编码信息 X_k，基于第一个RSC编码器的校验信息 Y_{1k} 和反映信息比特 d_k 的先验分布信息 $L_{e2,k}$。译码器 I 的软输出包括信息数据 X_k 的加权，先验分布信息 $L_{e2,k}$ 的加权和所产生的外信息 $L_{e1,k}$。外信息 $L_{e1,k}$ 经交织后，作为译码器 II 的先验信息输入，信息数据 X_k 经交织后和校验信息 Y_{2k} 一起输入译码器 II，经过同样的译码过程，译码器 II 输出外信息 $L_{e2,k}$，经解交织反馈回译码器 I。正是利用两个译码器之间的外信息的往复递归调用，来加强对数似然比，提高判决可靠性，取得优越的译码性能。如此迭代译码几次之后（一般在循环次数超过10次后，所带来的编码增益就基本可以忽略[5]），从译码比特的对数似然（LLR）： $\Lambda(m_i) = \ln\dfrac{P(m_i=1\mid X_k)}{P(m_i=0\mid X_k)}$ 可以判定 $\hat{m}_i$，当 $\Lambda(m_i) \geqslant 0$ 时，$\hat{m}_i = 1$，当 $\Lambda(m_i) \leqslant 0$ 时，$\hat{m}_i = 0$，这相当于硬判决结果。

目前，Turbo码的软输入软输出译码算法主要有：

1）最大后验概率（MAP）算法。它是一种修正的Bahl软输出算法。从性能分析，这种算法是最优的，但是其时间复杂度较大。

2）Log—MAP。实际上是把MAP算法中的似然函数用对数似然值表示，这样将乘法和指数运算变成了加法运算。运算量相对减少，但付出的代价是性能下降。

3）Max—Log—MAP。它是Log—MAP算法的进一步简化，将对数分量忽略掉，使似然加法完全变成求最大值运算。这样，除了可省去大部分加法运算外，更大的好处是省去了对信噪比的估计，使算法更稳健。

4）软输出维特比算法（SOVA）。对传统维特比算法进行了修正，在删除低似然路径时保留必要的信息，以给每个比特提供一个可信度，其基本思路是利用留存路径与被删除路径的度量差。这一算法的复杂度约为传统维特比算法的两倍。

总的来说，MAP算法的性能最优，Log—MAP算法次之，Max—Log—MAP算法比Log—MAP算法有很小的增益损失，SOVA算法较差（性能损失接近1 dB），但它们的算法复杂度正好相反。

（2）交织器

交织器在Turbo码中起着极其重要的作用，在发送端，伪随机性是通过编码中交织器以及并行级联方式来实现的；在接收端，是利用具有软输入/软输出特性的带有交织器的反馈递推迭代译码来实现的。交织器使2个RSC编码器的编码过程趋于独立，起着对码重量谱整形的作用。好的交织器应能把低重量的输入序列中连续"1"的比特分散，当信息序列经成员编码器 I 编码后得到的校验码重较低时，交织器应能使信息序列在交织后进入第二个编码器编码后，输出的校验码有较高码重，从而保证总的编码输出码重。下面介绍几种常见的交织器。

1）均匀交织器

均匀交织器的典型代表是分组交织器，它的原理很简单：信息比特流逐行写入交织器，输出时逐列读出，优点是结构简单，交织均匀，能有效地消除突发差错的影响。但由于其固有的周期性，使得应变能力不强。

2）非均匀交织器

非均匀交织器有对角交织器、比特翻转交织器等。非均匀交织器具有一定的伪随机性，如对角交织器,这种交织器将原来数据块中沿对角线方向的数据映射成一行,不同的映射算法得到的交织结果不同。

3)伪随机交织器

使用均匀交织器和非均匀交织器时,每一帧数据都采用同一种交织方案,将会影响交织器的应变能力。采用伪随机交织器时,各帧的交织方案不同,这种交织器的性能更好。由于交织方案必须随数据一起传输,致使传输效率减小,而且译码器也依赖交织方案的准确传输,所以伪随机交织器在理论上性能优异,但却不实用。

(3)删截矩阵

删截矩阵起着调整码率的作用。例如删除所有的 Y_1 奇比特和 Y_2 偶比特,子编码器的码率为 $R_1 = R_2 = 1/2$,整个编码器的码率为 $R = 1/3$。整个编码器码率 R 与子编码器码率 R_1 和 R_2 的关系为:

$$\frac{1}{R} = \frac{1}{R_1} + \frac{1}{R_2} - 1$$

6.5.3 Turbo 码在实际通信系统(3GPP)中的应用

在 Turbo 码的应用研究中,Turbo 码已被美国空间数据系统顾问委员会作为深空通信的标准,同时它也被确定为第三代移动通信系统的信道编码方案之一。其中,具有代表性的 3GPP 的 WCDMA、CDMA2000 和我国的 TD—SCDMA 三个标准中的信道编码方案都使用了 Turbo 码,用于高速率、高质量的通信业务。第三代移动通信标准的实施为 Turbo 码的研究提供了重要的应用背景;与 Turbo 码相结合的 TCM 技术也在实际中有了很大的应用。同时,迭代译码的思想已作为"Turbo 原理"而广泛用于编码、调制、信号检测等领域。

第三代移动通信系统是使用 2 000 MHz 左右频段、提供业务速率高达 2 000 kb/s、计划在 2000 年前后试运行的全球移动通信系统,与第二代系统相比应有下面特点:

1)系统的国际性,提供全球无缝覆盖和漫游,世界范围设计的高度一致性。

2)业务的多样性,提供话音、数据和多媒体业务,车载通信速率为 144 kb/s,步行通信速率为 384 kb/s,室内通信速率为 2 Mb/s。

3)高质量的业务,满足通信质量能达到与固定网相比拟的高质量业务要求。

4)高度的灵活性,按需分配带宽,支持大范围、可变速率的信息传送。

5)频谱利用率高、通信容量大。

6)袖珍、多频、多模、通用移动终端。

7)满足通信个人化的要求。

8)系统初始配置能充分利用第二代系统设备和设施,随后实现平滑升级。

9)低的费用,包括设备和服务两方面的费用较低。

在第三代移动通信标准(3GPP)中,传输信道主要采用了三种信道编码方式:无信道编码,卷积码和 Turbo 码。其具体应用范围及参数见表 6.1。

在 3GPP 系统中,对于 BER 要求在 10^{-3} 至 10^{-6} 的接收系统,采用 Turbo 码。其具体分量码为 8 状态反馈卷积码。传输函数为:

$$G(D) = \left[1, \frac{n(D)}{d(D)} \right]$$

表 6.1　3*GPP* 中信道编码参数

信道类型	编码方式	码率
广播信道(*BCH*)	卷积码	1/2
无线寻呼信道(*PCH*)		
前向接入信道(*FACH*)		
随机接入信道(*RACH*)		
专用信道(*DCH*)		1/3,1/2 或无编码
专用信道(*DCH*)	*Turbo* 码	1/3 或无编码

式中

$$d(D) = 1 + D^2 + D^3$$
$$n(D) = 1 + D + D^3$$

其编码器结构如图 6.8 所示。其中移位寄存器的初始值为 0。对于码率为 1/3 的 Turbo 码,不存在删除部分,其输出序列为 $X(0),Y(0),Y'(0),X(1),Y(1),Y'(1),\cdots$。

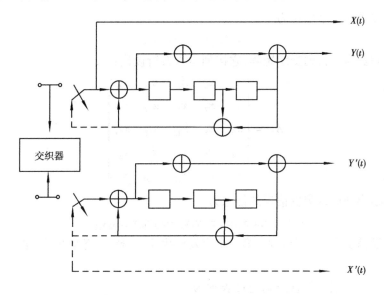

图 6.8　8 状态 Turbo 码编码器结构

6.6　交 织 编 码

前面所介绍的编码除了 RS 码和 Turbo 码以外,都是用于无记忆信道,即是针对随机独立差错设计的。但是对无线衰落信道,差错是突发性的,一个突发差错将引起一连串的错误。在陆地移动通信这种变参信道上,人们希望设计这样的码,它既能纠随机错误又能纠单个或多个突发错误。所谓突发错误是指一个错误序列,其首尾均为 1,错误序列的长度(即包括首尾 1 在内的错误所波及的段落长度)称为突发长度。

这里介绍的交织码,其基本思路与纠错码思路不一样,所有纠错码设计的基本思想是适应信道,即什么类型信道就采用什么类型的纠错码。然而交织编码设计思路不是为了适应信道,而是为了改造信道;它是通过交织与去交织将一个有记忆的突发信道,改造为基本上是无记忆的随机独立差错的信道,然后再用随机独立差错的纠错码来纠错。

6.6.1 交织码的基本原理

(1)交织码的实现框图

交织码的实现框图如图6.9所示。

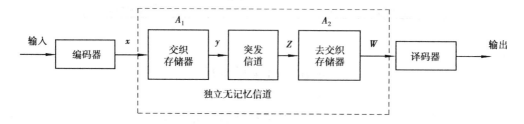

图6.9 分组交织器实现框图

1)若设待发送的一组信息为

$$x = (x_1 x_2 x_3 \cdots x_{24} x_{25}) \tag{6.6}$$

2)交织存储器为一行列交织矩阵,它按列写入按行读出:

$$A_1 = \begin{bmatrix} x_1 & x_6 & x_{11} & x_{16} & x_{21} \\ x_2 & x_7 & x_{12} & x_{17} & x_{22} \\ x_3 & x_8 & x_{13} & x_{18} & x_{23} \\ x_4 & x_9 & x_{14} & x_{19} & x_{24} \\ x_5 & x_{10} & x_{15} & x_{20} & x_{25} \end{bmatrix} \tag{6.7}$$

3)交织器输出并送入突发信道的信息为

$$y = (x_1 x_6 x_{11} x_{16} x_{21} x_2 x_7 \cdots x_5 x_{10} x_{15} x_{20} x_{25}) \tag{6.8}$$

4)假设突发信道产生两个突发:第一个突发产生于 x_1 至 x_{21} 连错5位;第二个突发产生于 x_{13} 至 x_4 连错4位。

5)突发信道输出端的信息为 z,它可表示为

$$z = (x_1 x_6 x_{11} x_{16} x_{21} x_2 x_7 \cdots x_8 x_{13} x_{18} x_{23} x_4 x_9 \cdots x_{25}) \tag{6.9}$$

6)进入去交织器后,送入另一存储器,它也是一个行列交织矩阵,它按行写入,按列读出:

$$A_1 = \begin{bmatrix} x_1 & x_6 & x_{11} & x_{16} & x_{21} \\ x_2 & x_7 & x_{12} & x_{17} & x_{22} \\ x_3 & x_8 & x_{13} & x_{18} & x_{23} \\ x_4 & x_9 & x_{14} & x_{19} & x_{24} \\ x_5 & x_{10} & x_{15} & x_{20} & x_{25} \end{bmatrix} \tag{6.10}$$

7)去交织存储器的输出为 w

$$w = (x_1 x_2 x_3 x_4 x_5 x_6 x_7 x_8 x_9 x_{10} x_{11} x_{12} x_{13} x_{14} x_{15} x_{16} x_{17} x_{18} x_{19} x_{20} x_{21} x_{22} x_{23} x_{24} x_{25})$$

8)由上述分析可见,经过交织矩阵与去交织矩阵的变换后,原来信道中的突发错误,即突发5位连错和4位连错,却变成了 w 中的随机性的独立差错。

（2）分组交织器的基本性质

将上述例子推广至一般情况：设分组长度 $L = M \times N$，即由 M 到 N 行的矩阵构成，其中交织矩阵存储器是按列写入按行读出，然后送入突发信道，进入去交织矩阵存储器，它则是按行写入按列读出。利用这种行、列倒换，可将突发信道变换为等效的随机独立信道。这类分组周期性交织器具有如下性质：

1）任何长度 $l \leqslant M$ 的突发差错，经交织后成为至少被 $N-1$ 位隔开后的一些单个独立差错。

2）任何长度 $l > M$ 的突发差错，经去交织后，可将长突发差错变换成长度 $l_1 = \left[\dfrac{l}{M} \right]$ 为的短突发差错。

3）完成交织与去交织变换在不计信道时延条件下，将产生 $2MN$ 个符号的时延，其中发、收端各占一半。

4）在很特殊的情况下，周期为 M 的 k 个单个随机独立差错序列，经交织去交织后会产生长度为 l 的突发差错。

由以上分组交织器的性质可见，它是克服深衰落的有效方法，并已在移动通信中得到广泛的应用。但是它的主要缺点是带来附加的 $2MN$ 个符号的时延，这对实时业务比如话音通信将带来不利的影响，同时增大了实现的设备的复杂性。

6.6.2　交织器性质的改进

上面已讨论交织器是克服深衰落的有效方法，但是也存在着两个主要缺点，即带来较大的附加时延和在特殊情况下产生相反的效果；变随机独立差错为突发差错。下面简介克服这两大缺点的方法。

（1）卷积交织器

卷积交织器是拉姆西（Ramsey）和福尼（Forney）首先提出的，采用它可减少一半附加时延，所花费的相应代价是设备复杂得多了。

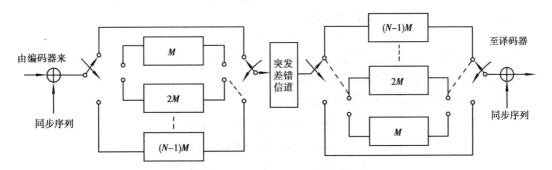

图 6.10　卷积交织器原理框图

1）卷积交织器原理框图如图 6.10 所示。虽然称它为 (M, N) 卷积交织器，但它的性质与前面分组交织器相似。

将来自编码器的信息符序列经同步序列模二加后送并行寄存器组；

收端的并行寄存器组与发端互补。

下面仍以 $L = MN = 5 \times 5 = 25$ 个信息序列为例加以说明。

2）设待传送信息序列为

$$x = (x_1 x_2 x_3 \cdots x_{24} x_{25})$$

3）发端交织器是码元分组交织器,25 个信息码元分为 5 行 5 列。按行读入:

当 x_1 输入交织器直通输出,至第一行第一列位置;

当 x_2 输入交织器经 $M = 5$ 位延迟后输出,至第二行第二列位置;

当 x_3 输入交织器经 $2M = 2 \times 5 = 10$ 位延迟后,输出至第三行第三列位置;

当 x_4 输入交织器经 $3M = 3 \times 5 = 15$ 位延迟后,输出至第四行第四列位置;

当 x_5 输入交织器经 $4M = 4 \times 5 = 20$ 位延迟后,输出至第五行第五列位置。

4）若用矩阵表示交织器的输入,它是按行写入,每行 5 个码元。即

$$A_1 = \begin{bmatrix} x_1 & x_2 & x_3 & x_4 & x_5 \\ x_6 & x_7 & x_8 & x_9 & x_{10} \\ x_{11} & x_{12} & x_{13} & x_{14} & x_{15} \\ x_{16} & x_{17} & x_{18} & x_{19} & x_{20} \\ x_{21} & x_{22} & x_{23} & x_{24} & x_{25} \end{bmatrix}$$

经过并行的 N 个 $(0,1,\cdots,N-1)$ 存储器后,有

$$A_1 = \begin{bmatrix} x_1 & x_{22} & x_{18} & x_{14} & x_{10} \\ x_6 & x_2 & x_{23} & x_{19} & x_{15} \\ x_{11} & x_7 & x_3 & x_{24} & x_{20} \\ x_{16} & x_{12} & x_8 & x_4 & x_{25} \\ x_{21} & x_{17} & x_{13} & x_9 & x_5 \end{bmatrix}$$

5）按行读出送入信道的码元序列为:

$$y = (x_1 x_{22} x_{18} x_{14} x_{10} x_6 \cdots x_7 x_3 x_{24} x_{20} x_{16} x_{12} \cdots x_{13} x_9 x_5)$$

6）在信道中仍受到两个突发的干扰,第一个突发长度为 5 位,从 x_1 至 x_{10};第二个突发 4 位,从 x_3 至 x_{16}。这对接收端收到的码元序列为:

$$z = (x_1 x_{22} x_{18} x_{14} x_{10} x_6 \cdots x_7 x_3 x_{24} x_{20} x_{16} x_{12} \cdots x_{13} x_9 x_5)$$

7）在接收端将 z 送入去交织器,去交织器结构与发端交织器结构互补,且同步运行,即并行寄存器数自上而下为 $4M, 3M, 2M, M, 0$(直通)。

8）接收端去交织器,用 5×5 矩阵表示如下:

$$A_3 = \begin{bmatrix} x_1 & x_{22} & x_{18} & x_{14} & x_{10} \\ x_6 & x_2 & x_{23} & x_{19} & x_{15} \\ x_{11} & x_7 & x_3 & x_{24} & x_{20} \\ x_{16} & x_{12} & x_8 & x_4 & x_{25} \\ x_1 & x_2 & x_3 & x_4 & x_5 \end{bmatrix}$$

$$A_4 = \begin{bmatrix} x_{21} & x_{17} & x_{13} & x_9 & x_5 \\ x_6 & x_7 & x_8 & x_9 & x_{10} \\ x_{11} & x_{12} & x_{13} & x_{14} & x_{15} \\ x_{16} & x_{17} & x_{18} & x_{19} & x_{20} \\ x_{21} & x_{22} & x_{23} & x_{24} & x_{25} \end{bmatrix}$$

9）按行读出并送入信道译码器的码序列为

$$w = (x_1 x_2 x_3 x_4 x_5 x_6 x_7 x_8 x_9 x_{10} x_{11} x_{12} x_{13} x_{14} x_{15} x_{16} x_{17} x_{18} x_{19} x_{20} x_{21} x_{22} x_{23} x_{24} x_{25})$$

可见信道中突发差错，去交织器变换成为随机独立差错。

10）卷积交织器具有与分组交织器同样的性质这里就不再仔细探讨。然而其设备时延是分组交织器的一半。这一点从交织器与去交织的输出矩阵可看出。对分组交织器发、收端交织与去交织器时延各占 MN，合计为 $2MN$，然而对于卷积交织器，交织器与交织器时延各占 $1/2MN$，合计为 MN。

（2）随机交织器

无论是块分组式交织还是卷积式交织，它们都属于固定周期式排列的交织器。它们都避免不了在特殊情况下，将随机独立差错交织成突发差错的可能性。为了基本上消除这类意外的突发差错，人们建议采用伪随机式的交织器。

若在正式进行交织前，首先通过一次伪随机的再排序处理。其实现的一种方式是先将 L 个符号陆续的写入一个随机存取的存储器 RAM，然后再以伪随机方式将其读出。我们可以将所需的伪随机排列方式存入只读存储器中，并按它的顺序从交织器的存储器中读出。

习　题

1. 为什么会产生误码？信道编码是如何进行检错、纠错的？

2. 什么是汉明距离？什么是最小码距？码距与码的纠错、检错性能有什么关系？什么是最大似然译码？

3. 简述卷积编码、维特比译码和 TCM 编码的原理。

第 **7** 章
语音编码技术

7.1 简 介

本章主要介绍了移动通信中的语音编码技术。重点探讨了语音压缩技术在当前移动通信系统中的应用问题。语音通信是当前移动通信系统的主要承载业务。传统的适用于电话有线通信的 PCM 语音编码技术已经不适合于移动通信信道频率资源有限、通信环境复杂的情况。

如何有效的利用语音特点，进行大压缩率语音编码，变化成相应的数字语音，并且适宜在移动通信环境下传输，这是本章将要重点分析的问题。同时也介绍了当前 GSM 系统和 IS—95标准化的 CDMA 系统中采用的语音编码技术。最后还展望了未来移动通信系统中语音编码技术的发展动态。

7.2 语音信号特性

声音是一种波，振荡频率在 20 ~ 20 000 Hz 之间。而语音是声音的一种，是由人的发音器官发出的、具有一定语法和意义的声音。语音的振荡频率最高可达 1 500 Hz。人的发音器官包括肺、气管、喉(包括声带)、咽、鼻和口等。这些器官共同形成一条形状复杂的管道；其中喉以上的部分称为声道，随着发出声音的不同其形状是变化的，而喉的部分称为声门。在发声器官中，肺和气管是整个系统的能源，喉是主要的声音形成机构，而声道则对生成的声音进行调制。产生语音的能量，来源于正常呼吸时肺部呼出的稳定气流，喉部的声带既是阀门，又是振动部件。在说话时候，声门处气流冲击声带产生振动，然后通过声道响应变成不同语音。由于发不同的音时，声道的形状不同，所以可听到不同的声音。

喉部的声带是对发音影响很大的器官。声带的声学功能是为语音提供主要的激励源。声带的开启闭合使气流形成一系列脉冲。每开启和闭合一次的时间即振动周期称为音调周期或基音周期，其倒数称为基音频率，也简称基频。基音的范围约为 70 ~ 350 Hz，它随着发音人的性别、年龄以及具体情况而定，老年男性偏低，小孩和年轻女性偏高。

120

语音由声带振动或不经声带振动来产生,其中由声带振动产生的音统称为浊音,而不由声带振动产生的音统称为清音。浊音中包括所有的元音和一些辅音,而清音中包括另一部分辅音。除开清音和浊音外,还有所谓的爆破音,它是声道的某个部分完全闭合在一起,当空气流到此时便建立空气压力,一旦闭合点突然开启便会形成所谓的爆破音。

由此可见,语音都是由空气流激励声到最后从嘴唇或鼻孔或同时从嘴唇和鼻孔辐射出来而产生的。对于浊音、清音和爆破音来说,激励源是不同的,浊音语音是位于声门处的准周期脉冲列,清音的激励源是位于声道的某个收缩区的空气湍流(类似与噪声),而爆破音的激励源是位于声道某个闭合点处建立起来的气压以及其突然释放。

声道是个谐振腔,会形成谐振频率。声门脉冲序列具有丰富的谐波成分,这些频率成分与声道的共振频率之间相互作用的结果对语音的音质有很大影响。由此决定了语音中每一种音具有一定的音色、音调、音强和音长。音色也叫音质,是一种声音区别于其他声音的基本特征。音调是指声音的高低,音调取决于声波的频率。声音的强度也叫声强,它是由声波振动幅度决定的。声音的长短叫音长,它取决于发音持续时间的长短。声道对于一个激励信号的响应,可以用一个含有多对极点的线性系统来近似描述。

长期研究证明,发出不同性质的音时,激励的情况是不同的,大致可以分为以下两类:

①发浊音时。气流在通过绷紧的声带,冲激声带产生振荡,使声门处形成准周期的脉冲串,并用它来激励声道。声道绷紧的程度不同,振荡频率就不同。

②发清音时。声带松弛而不振动,气流通过声门直接进入声道。根据这一机理,我们构建如图 7.1 所示的语音信号产生模型。

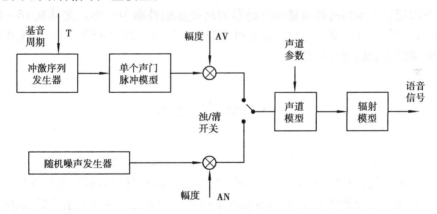

图 7.1　语音信号的产生模型

在上图中,激励源可由冲激序列发生器或随机噪声发生器来产生,分别对应产生浊音和清音的激励。增益系数 AV 和 AN 分别对应浊音和清音时声门激励信号的强度,用以调节信号的幅度和能量。声道模型用来模拟声道谐振腔结构,以此形成谐振频率,模仿声道对于激励信号的响应,可以用一个含有多对极点的线性系统来近似描述。声道的终端为口和唇,它是语音的辐射部件,在上图中具体使用辐射模型来描述。应该指出,上述这样简单的把激励分为浊音和清音这两种情况是不严格的,改进的一种方式是采用多脉冲和随机噪声序列自适应激励的方法等。

话音信号的频谱包络存在峰值点,即谐振点,而这些峰值点就是共振峰频率。在频谱图上还有许多小尖峰点,便是基音的谐波。"尖峰"形状频谱说明浊音信号的能量集中在各基音的谐波频率附近。清音信号的时间波形没有准确周期性,其频谱特性也没有明显的小尖峰群和共振峰的存在。

人类的听觉具有掩蔽效应,强共振峰有助于掩蔽其频率处的噪声。人们的听觉系统对不同频段的感觉灵敏度也不一样,且具有有限的动态范围。话音编码技术正是利用了人们发声过程中存在的冗余度和听觉特性来降低数码率的。

话音编码技术通常分为三类:波形编码、声源编码和混合编码。波形编码和声源编码是两种传统的话音编码,而混合编码则是近几年才出现的。

波形编码的目的在于尽可能精确地再现原来的话音波形。以话音波取样构成的离散序列为基础,经过适当的处理,在一定程度上消除其冗余信息之后,进行编码并送至接收端。接收端经译码并作相应的逆处理,从而恢复出波形较近似的输出话音。利用波形编码技术,24 kb/s ~ 32 kb/s 可以达到优良的话音质量。在 12 ~ 16 kb/s 范围内,话音质量或多或少地有些恶化。比特率再低,话音质量便大大地下降了。波形编码器在硬件上更容易实现,而且不受不希望的时延的影响。自适应差分脉码调制、自适应子带编码等都是波形编码。

声源编码是将话音信息用特定的声源模型表示。发送端根据输入话音提取参数并进行编码,用传输模型参数代替传送以波形为基础的话音编码,并重新混合出具有一定可懂度的话音。这种声源编码技术的一个例子就是线性预测编码(LPC)声码器。这种技术可以把话音信号压缩到 2 kb/s,甚至可以压缩到 400 b/s 或更低。但话音质量听起来不够自然,虽然词语可懂,却常常不能识别通话人。提高数码率并不能有效地提高其话音质量。高于 4.8 kb/s 时,一般不用这种技术。

混合编码把波形编码的高质量和声码器的高效压缩性融为一体。尤其在 16 ~ 8 kb/s 范围内达到了良好的话音质量。比特率最终可望降为 4 kb/s。多脉冲激励线性预测编码和码激励线性预测编码等皆属混合编码。

7.3 量 化 技 术

信号是一个在幅度和时间上连续变化的模拟信号,对它进行波形编码,就必须将连续的时间信号进行时间量化,即对波形在均匀的等时间隔上取值,这一过程叫信号取样。虽然时间量化也可以采用非均匀量化形式,但多数情况下都是均匀量化。经时间量化后,虽然在时间轴上变为离散值,但在幅度上每一取样仍为连续变量,为使每一取样能用数字代码表示,就必须把幅度用有限个电平来表示,实现这一过程叫作幅度量化。将模拟信号转换为数字信号必须进行时间量化和幅度量化,然后再实现码化。这两个过程从原则上讲无先后次序的要求,但在实际电路上都是取样在前,幅度量化在后。这两个过程对信号质量的影响也极不相同,时间量化的影响不大,而幅度量化的影响则是决定性的并与编码速率密切相关。

PCM 的组成示于图 7.2。模拟信号 $x(t)$ 经取样处理变为脉冲调幅信号 PAM,即图中的 $x(n)$。为了压缩编码比特率,$x(n)$ 要经过压缩。压缩器是一非线性放大电路,对小信号电平放大,对大信号电平压缩。经过压缩的信号 $y(n)$ 送入一线性编码器,其量化特性是均匀分层,但对应于输入信号 $x(n)$ 则为非均匀分层。这一非线性处理并不是按某一特定信号统计特性最佳化原理进行的,而是按大动态范围内使信号获取均匀一致的质量标准来确定的,即用所谓对

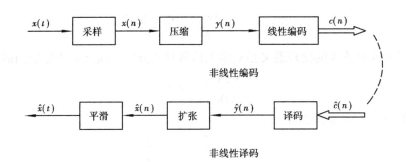

图 7.2　脉冲编码调制的组成

数压缩特性。这样,每一脉冲用一组二进制代码 $c(n)$ 来表示,反映 $x(n)$ 是在哪一个量化电平上。$c(n)$ 这一数字码要按传输介质条件再进行适于传输要求的代码变换来进行传输,到收端经线路译码电路复原成 $\hat{c}(n)$。再经 PCM 译码、扩张(扩张器具有反对数特性)和平滑滤波重建信号 $\hat{x}(t)$。$\hat{x}(t)$ 和 $x(t)$ 之差就是量化误差信号。

国际上对于带宽为 300 ~ 3 400 Hz 的话音信号,取样频率均取为 8 kHz。对每一取样脉冲用 8 位二进制代码表示,因此每一路标准话路的比特率为 8 000 × 8 = 64 kb/s。我国是按 32 路组成基群数字流,基群的标准比特率为 64 b/s × 32 = 2 048 kb/s。

8 位编码,意味着量化电平总数为 256 个,对于对称信号则正负向各有 128 个。为了满足动态范围的要求,在 PCM 中采用较简单的瞬时压扩技术,而不采用复杂的数字处理技术。

瞬时压扩方法有多种,现考虑最为有效的对数函数方法。我们的目的是希望信号能在大的动态范围内具

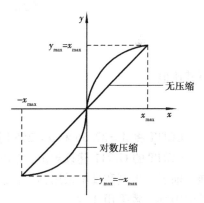

图 7.3　均匀量化与对数压扩量化

有均一的信噪比,也就是说要求取样脉冲经量化后其相对误差对大小信号都相近。对数压缩特性如图 7.3 所示。

A 律和 μ 律特性都满足通过原点并近似对数函数的要求。

A 律压缩特性其函数表达式为

$$y = \begin{cases} x_{max} \dfrac{A \cdot |x| / x_{max}}{1 + \ln A} & 0 \leqslant |x| \leqslant \dfrac{x_{max}}{A} \\[3mm] x_{max} \dfrac{1 + \ln A \cdot \dfrac{|x|}{x_{max}}}{1 + \ln A} & \dfrac{x_{max}}{A} < |x| \leqslant x_{max} \end{cases} \qquad (7.1)$$

对压扩特性的 y 轴作均匀分层,共 N 层,那么 x 轴分层电平间隔随 x 值增大而增大,其最大值为

$$(\Delta x)_{max} = \frac{2 x_{max}}{N} \cdot (1 + \ln A)$$

分层间隔最小值为

$$(\Delta x)_{min} = \frac{2x_{max}}{N} \cdot \frac{(1 + \ln A)}{A}$$

A 律压扩特性参数 A 的物理意义是对输入信号最大分层间隔与最小分层间隔之比值,即

$$\frac{(\Delta x)_{max}}{(\Delta)_{min}} = A \tag{7.2}$$

μ 律压缩特性的函数表达式为

$$y = x_{max} \frac{\ln\left[1 + \mu \frac{|x|}{x_{max}}\right]}{\ln(1 + \mu)} \tag{7.3}$$

若 μ 取值较大,则上式可近似为

$$y \approx \frac{x_{max}}{\ln(1 + \mu)} \cdot \ln(\mu |x| / x_{max}) \tag{7.4}$$

μ 律的最大量阶与最小量阶分别为 0

$$(\Delta\mu)_{max} = \left[\ln(1 + \mu)\right]^{-1} \cdot \frac{2x_{max}}{N}$$

$$(\Delta\mu)_{min} = \left[\frac{\mu}{\ln(1 + \mu)}\right]^{-1} \cdot \frac{2x_{max}}{N}$$

而其比值

$$\frac{(\Delta\mu)_{max}}{(\Delta\mu)_{min}} = \mu \tag{7.5}$$

CCITT 将 $A = 87.56$ 和 $\mu = 255$ 时的函数列为 PCM 正式建议。

CCITT 的 G.711 建议规定,以 15 段折线近似的 μ 律和 13 段折线近似的 A 律作为国际标准。前者被美国和日本采用,后者被中国、欧洲、非洲和南美等国家国内通信网采用,而在国际通信中都一致采用 A 律。

7.4 APCM

差分脉码调制(DPCM)技术根据这样一种概念,即从某一方向开始的波形有可能以已知的方向继续一个短时间。波形的这种可预测性使得没有必要对整个波形进行量化,而是编码器和译码器根据波形的统计特性采用预测算法,并且只量化预测误差信号。

如果预测效果好,那么预测误差信号的动态范围以及平均能量必定要比原话音信号小。对误差序列作量化和编码在同样量化信噪比条件下,所需的量化比特数就能减少,从而达到压缩编码的目的。

利用这一原理,就能在 32 kb/s 的话音编码中,以 8 000 Hz 的取样频率把每一样值的量化降低到 4 比特。相比之下,在 64 kb/s 的编码中,以相同的取样频率,每样值为 8 比特。在 32 kb/s 的方案中,所传送话音的主观评价质量与更高速的话音质量是可比拟的,而没有增加处理时延。因为量化器的输入是话音样值与该样值的预测值之差,故称作差分(或差值)脉码调制。预测是线性的,它是根据过去已量化样值的加权线性组合对当前样值的估计。

这种方案对译码器来说,要求它进行相应的逆处理,它将量化的差值信号与它自己当前的

预测样值信号相加,以重建原来的信号。

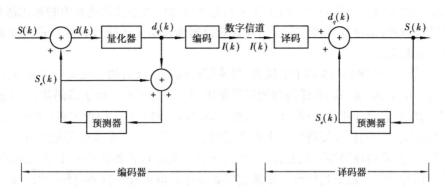

图 7.4　差分脉码调制原理方框图

图 7.4 为差分脉码调制的原理方框图。其中 $S(K)$ 为输入样值信号;$S_r(K)$ 为接收端输出重建信号;$d(K)$ 为输入信号,它是 $S(K)$ 与预测信号 $S_e(K)$ 的差值;$d_q(K)$ 是量化后的差值;$I(K)$ 是 $d_q(K)$ 信号经编码后输出的数字信号。

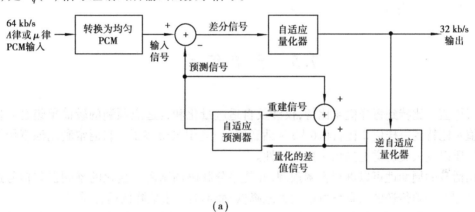

(a)

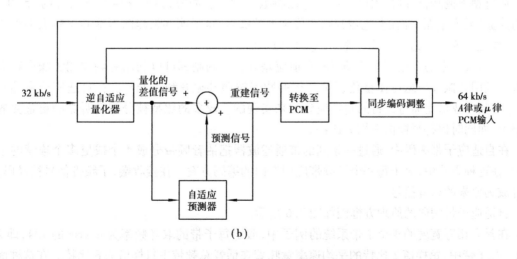

(b)

图 7.5　ADPCM 编译码器简易框图

(a)ADPCM 编码器　(b)ADPCM 译码器

自适应差分脉码调制(ADPCM)是从差分脉码调制的基础上逐步发展起来的。自适应差分脉码调制与差分脉 μ 码调制之间的主要区别在于自适应差分脉码调制中的量化器和预测器都采用自适应方式,即量化器和预测器的参数能根据输入信号的统计特性自适应于最佳或接近于最佳参数状态。

ADPCM 算法于 1984 年经 CCITT 通过,形成国际标准。以后的会议又对其进行了修改,使其更加完善。ADPCM 编码器和译码器的简易框图如图 7.5 所示。对于编码器,为了便于电路进行数字运算,首先将 A 律或 μ 律 8 位非线性 PCM 代码转换为 12 位均匀码(也称线性码),然后由这个信号减去预测信号便得到一个差值信号。自适应 15 电平量化器把 4 个二进数字赋值于差分信号,传输给译码器。同时,这 4 个二进数字经逆量化器产生一个量化的差值信号,它再同预测信号相加形成重建信号。重建信号和量化差值信号经自适应预测器运算产生输入信号估值,从而完成反馈环。

译码器包括一个与编码器反馈部分相同的结构以及均匀 PCM 至 A 律或 μ 律转换和同步编码调整。同步编码调整避免某些情况下在同步级联编码中(ADCM-PCM-ADPCM 等数字连接)所发生的累积失真。通过调整 PCM 输出码获得同步编码调整,以试图消除在下一级 AD-PCM 编码中的量化失真。

7.5 子 带 编 码

从每样值 8 比特到每样值 4 比特,仅涉及自适应量化和自适应预测的较简单组合。但是从每样值 4 比特到每样值 2 比特(16 kb/s 话音编码)则困难得多了。它通常利用浊音周期性重复的性质以及人类听觉上的噪声掩蔽特性。

利用话音的周期性可以进行音调预测,并使差分脉码调制需要量化的预测误差信号进一步减少,因此,必须传送的信息量可以大大地降低,而不会严重地降低话音质量。

通过噪声掩蔽,可以得到进一步降低比特数。就听者而言,只要噪声低于信号约 15 dB,强的共振(元音谐振)往往会掩盖其频率位置上的噪声,这说明共振峰附近能容忍较大的编码误差(相当于噪声),进而编码速率可以相应地降低。

例如,较复杂的自适应子带编码和自适应差分脉码调制都可以利用音调预测和噪声频谱成形。利用共振峰信息可使量化误差噪声的频率按照共振峰频率升降。在自适应子带编码中,噪声频谱成形是通过比特的自适应分配来实现的。较多的比特被分配到听觉的更重要的频率上,而同时保持每样值平均 2 比特。

在自适应子带编码中,通过一系列的带通滤波器把话音频带分成 4 个或更多个连续的子频带,在这种方式中,对于每一个子频带应用专门的编码方案。在接收端,子频带信号被译码,并合成为原来的话音信号。

自适应子带编码的原理方框图如图 7.6 所示。

在具有相等宽度的 4 个子带系统的例子中,假定每子带的取样频率为 8 kHz 的 1/4,即 2 kHz。在子带中,每样值 2 比特的平均速率意味着在话音总频带中每样值为 8 比特。在这种情况下,对于低频频谱丰富的话音部分,其适用的比特分配对顺序按频率递增的 4 个子带可能是 5,2,1,0。对于高频占优势的话音部分,其适用的各子带样值比特分配可能是 1,1,3,3。

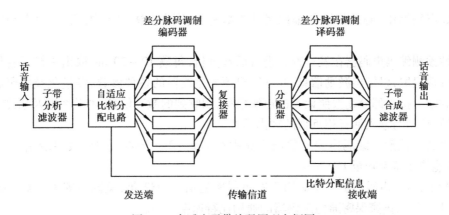

图 7.6 自适应子带编码原理方框图

如果对不同的子带比特分配是变化的,那么量化层数可以在每一子带分别控制,而且总的量化噪声频谱的形成可以作为频率的函数来控制。在音调和共振峰信息必须保持的低度频段,平均来说必须用更多的量化层次。但是如果输入话音部分高频能量占优势,那么自适应算法将自动为高频分配更多的量化层次。此外,在子带编码系统中,一个子带的量化噪声保持在该子带中,一个子带的低电平话音输入不可能被另一个子带的量化噪声所掩蔽。

7.6 声 码 器

声码器是以人类话音的产生模型为基础,分析表征话音激励源和声道等的特征参数,再运用这些特征参数重新合成话音信号的设备。声码器也称为"参量编码器"。声码器的数码率可以压缩到 2.4 kb/s 以下,但其话音质量,特别是自然度大大下降。

自从 1939 年世界上第一个声码器问世以来,现在已研制出各种不同的声码器,例如,通道声码器、相位声码器、共振峰声码器、图样匹配声码器、同态声码器和线性预测声码器等等。不过,近年来研究最多的还是线性预测声码器。迄今为止,线性预测编码(LPC)声码器是最成功也是应用最为广泛的声码器。图 7.7 给出了典型的 LPC 声码器的方框图。

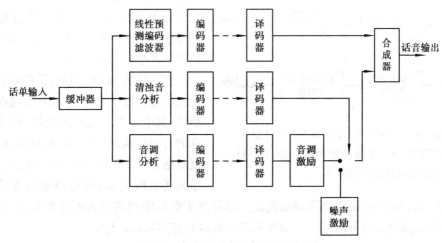

图 7.7 线性预测编码声码原理框图

LPC 声码器中,必须传输的编码量化参数有预测器系数、音调周期、清浊音判决和增益系数。

线性预测编码声码器在发送部分进行话音分析,每隔 10 ~ 20 ms 取出一帧话音作清浊音区分和音调提取,以给出激励信息,并计算出预测滤波器的各种参数,经量化及编码后将它们送往接收端。接收部分则按照话音的声源模型,用收到的激励信息、增益系数及预测系数控制模型参数,获得与输入话音相近似的输出话音。

大多数线性预测编码声码器的研究集中在 1.2 ~ 2.4 kb/s 范围。如果运用矢量量化技术,有可能使比特率降至 150 b/s。

国际上,LPC 声码器被广泛应用于军事保密通信。1982 年,美国国家安全局(NSA)制定了 2.4 kb/s 作为国家保密通信声码器的通用比特速率。

7.7　线性预测编码器

理论和实验都表明,用声码器进行话音通信,其话音质量难以提高的主要症结在于模型的激励信号。多年来,人们一直使用准周期脉冲(对于浊音)和白噪声(对于清音)作为激励源。这种激励方法是进一步提高音质的障碍。混合编码是新一代话音通信编码器的发展方向,它把经过仔细优化的激励信号馈入线性预测滤波器,既采纳现有声码器高效率的众多技术精华,又足够灵活地仿效话音波形的细微特性。这种方法不用声码技术中刻板的双态激励,而用高质量的波形编码准则来优化激励信号。借助最先进的混合编码技术,话音信号每样值可能只需要 1 ~ 0.5 比特,其结果使比特率降到 8 ~ 4 kb/s。

把激励信号和滤波器参数最佳化是对研究者的严重挑战。这两类参数都必须随时间而变化,以达到良好的话音质量和自然度。

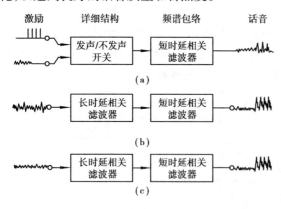

图 7.8　三种不同激励的语言合成模型
(a)声码器　(b)多脉冲激励线性预测编码器
(c)码激励线性预测编码器

目前较为成功的混合型编码方案有两种:多脉冲激励线性预测编码(MPLPC)和码激励性预测编码(CELPC),前者使用一个数目有限且幅值和位置要调整的脉冲序列作为激励源,后者使用一个波形矢量作为激励源。图 7.8 示出了三种不同激励序列及其产生话音的方法。

在上述方案中,均采用了灵活的话音合成模型。图 7.8 中的相关滤波即为合成滤波,其中一个是长时预测器,用来产生浊音的音调结构;另一个是短时预测器,用来恢复话音的短时频谱包络。无论是多脉冲序列还是码矢量,都是根据合成话音与输入话音之听觉加权误差最小准则加以确定。尽管由于激励序列的引入要增加传输数码率,但却可以显著提高合成话音质量。下面分别对这种编码方案加以讨论。

(1)多脉冲激励线性预测编码(MPLPC)

MPLPC 的原理和算法首先是由 B. S. Atal 和 J. R. Remde 在 1982 年提出的。在这个方案中,无论是合成清音还是浊音,激励源一律使用多脉冲序列的形式。图 7.9 示出了这一算法的基本原理。

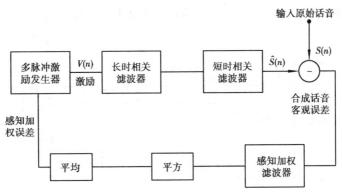

图 7.9 MPLPC 算法框图

MPLPC 方案是在给定的一帧 N 个激励样本中,保留 M 个,并确定其幅度与位置,使合成话音和原始输入话音之间的感知加权误差最小。感知加权就是通过线性滤波使客观误差在不重要的频段上有所衰减,而在一些重要的频段上得以加强。加上感知加权滤波器后,主观听觉上的话音质量有明显的提高。

MPLPC 必须进行量化编码,它传输的内容包括多脉冲激励的脉冲位置和幅度、长时和短时预测器系数、音调周期。

MPLPC 产生的话音质量和比特率取决于提供一帧话音激励信号的脉冲数目。一般 5 ms 一帧中有 4~8 个脉冲就足以产生高质量的话音。MPLPC 被认为在 9.6 kb/s 数码率上很有希望取得高质量的话音,近年来受到较大的关注。

多脉冲激励方式要优化众多脉冲的位置与幅度参数,计算量大。针对这一情况,P. Kroon 等人于 1986 年提出了一种新颖的,称为规则脉冲激励(RPE)的编码方式。其脉冲的相对位置(脉冲间隔)固定,仅幅度变化,以减少计算量。也就是说,RPE 在激励源部分对 MPLPC 作了改进,它是由若干组脉冲位置已事先确定的序列组成,而且每组脉冲之间的间隔都一样,只是级与组之间的起始位置不同,如图 7.10 所示,因此称作为规则脉冲。

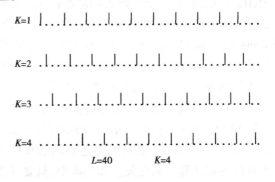

图 7.10 RPE 编码方式激励可能模式

对于每一帧话音信号我们分别用不同的 K 值激励序列去激励话音合成模型,得到合成话音,然后求得不同 K 值下激励脉冲的幅值,以使各个 K 值下的感知加权误差最小。最后,我们选取对应于感知加权误差最小的 K 值所对应的脉冲序列(幅度和位置已确定)来作为这一帧话音的激励信号。据悉,RPE 编码器在 9.6 kb/s 比特率上,K 取 4 时,取得了较高质量的话音。

泛欧数字蜂窝移动通令系统(GSM)采用了 RPE 的话音编码方式,比特速率为 13 kb/s。

(2)码激励线性预测编码(CELPC)

M. R. Schroeder 和 B. S. Atal 在 1984 年又一次推出一种新的混合型编码器算法,并引起了世人的关注,这就是 CELPC。CELPC 和 MPLPC 相比,只是在激励源部分不同,其他部分均采用与 MPLPC 一样的结构。图 7.11 示出了 CELPC 的基本工作原理图。

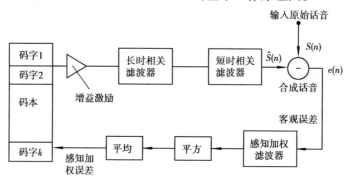

图 7.11　CELPC 的基本工作原理图

CELPC 应用了矢量量化技术。以 N 个样值为一组,构成一个含 N 维矢量的码字。若干个码字(设为 L,即码本尺寸)组成了码本,也称码书。样值序列可以用一定的训练序列产生,也可以用随机序列产生,收发端设置同样的码本。发端选择失真最小的码字,选择时也用合成分析法。各码字代表的样值序列依次激励声道滤波器产生合成话音,并与原始话音比较,确定失真最小的码字。将此码字在码本中的序号送至收端,收端根据序号选出同样的码字,并产生失真最小的话音输出。由于它只传送码字序号而并不传 N 维样值序列本身,从而可以高效地压缩数码率。但建立码本及搜索码字的运算量很大。

近年来,由于算法的改进及大规模集成电路的发展,码激励在实用化方面取得很大进展。在公用长途电信网中,低时延的码激励性预测编码(LD—CELP)已被 CCITT 作为 16 kb/s 标准算法的提案。它采用了低维码本(5 维)及后向预测(从输出码流中提取预测参数)方法,时延仅 2 ms,质量与 32 kb/s 的 ADPCM 相当。又为了增强抗信道误码能力,将 LPC 参数的预测阶数提高到了 50。在保密通信方面,美国国家安全局已采用编码速率为 4.8 kb/s 的 CELPC 作为国家保密通信的话音编码标准。在数字移动通信中,码激励的一种变型即矢量和激励(VSELP)已成为美国和日本数字蜂窝移动通信系统中的话音编码标准。

VSELP 采用了矢量和码本,该码本仅含少量的 M 个基本矢量。将这些基矢量加减组合,得到 2^M 个码字的码本。在前面所述的码激励中,搜索最佳码字时,比每个码字的响应需要进行大量的卷积运算。而在矢量和码本中,只要计算基矢量的卷积,其他码字的响应可以通过基矢量的响应来计算,这样的码本结构可大幅度降低运算量。

上面介绍了当今话音编码技术的发展状况及研究动向。预计今后相当长的一段时间内,三大编码技术必将同时存在于通信系统中。波形编码以其高质量的音质广泛应用于长途传输中的话音编码和宽带话音编码;声码器从其高效压缩性广泛应用于保密通信系统中;而混合编码则以其独有的特性应用于各种通信系统中,但其比特率要降到 3 kb/s 以下还有一定困难。

7.8　移动通信中语音编码器的选择要求

移动通信的无线信道其带宽很有限,为了获得有效的频谱利用,容纳更多的用户,低比特率的话音编码无疑是至关紧要的。

在低比特率话音编码中,有 4 个参数是很重要的,这就是比特率、质量、复杂度和处理时延。话音编码的研究者正在努力使这 4 个参数之间的关系得到最佳化。一般讲,随着比特率的降低,话音质量相应地降低,除非采用复杂度更高的编码方式。但复杂度的提高也就增加了成本,而且也增加了处理时延。在比特和质量的关系上,从话音的听觉和信息论的观点看,比特率是可以降得相当低的。有些研究者相信,低达 2 kb/s 的高质量话音编码最终是可以实现的,但是目前离这个目标还相当远。

(1)话音质量评估

测试话音质量是一个困难且长期存在的问题。当前世界上流行的话音质量评估方法是采用 CCITT 提议的从 1 分到 5 分的主观评定的方法。这就是所谓"平均评价得分"(Meam Opinion Score),简称 MOS。MOS 为 5 分,表示质量完美;4 分或 4 分多,表示高质量,说明测试对象认为话音与原话一样可懂,没有失真,常称作"网路级质量";3~4 分,说明有失真,但不明显,可懂度仍很高,称作"通信级质量";3.5~4 分代表了很实用的通信质量;"合成级质量"表示话音大部分是可懂的,但自然度差,不易识别讲话者,MOS 为 3 分以下。

主观平均评价得分是对客观测量(如信噪比等)的补充,而且事实上往往更说明问题。例如,根据信噪比的测量,16 kb/s 的编码器不论多么复杂,都远不及 64 kb/s PCM 编码器。但是主观测量中,最好的 16 kb/s 编码器在质量上接近比特率较高的 PCM 编码器,得分很接近 4,而 64 kb/s 的 PCM 编码器 MOS 为 4.3。

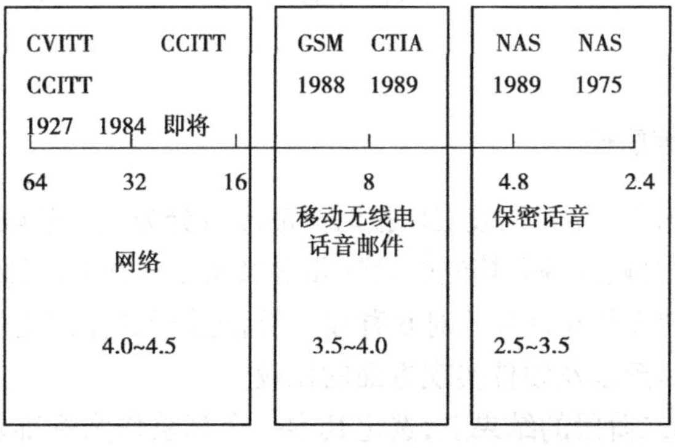

CVITT　CCITT	GSM　CTIA	NAS　NAS
CCITT	1988　1989	1989　1975
1927　1984　即将		
64　　32　　16	8	4.8　　　2.4
	移动无线电	保密话音
	话音邮件	
网络		
4.0~4.5	3.5~4.0	2.5~3.5

图 7.12　话音编码的现状

图 7.12 说明了话音编码的现状。图中自上而下分别表示制定标准的机构和时间、比特率(kb/s)、典型应用和译码后的话音质量(MOS)。

当前的话音编码目标是在 8 kb/s 速率达到接近透明或透明的质量;在 4.8 kb/s 或更低的速率上达到通信质量。

(2)话音编码器的复杂度和处理时延

话音数字编码的算法通常用数字信号处理器 DSP 来实现。这些处理器的复杂度是为话音编码所需要的乘、加运算次数来衡量的,通常以百万条指令每秒(MIPS)表示。按照大致的估算,在 64~8 kb/s 范围内,对于近似相等的话音质量来说,编码速率每降低一半,MIPS 值增加一个数量级。一般来说,编码器比译码器复杂。

编码硬件的成本通常随着复杂度的提高而增加。但是,信号处理技术的进展往往会降低复杂硬件的成本,而且更重要的是降低了高复杂度和低复杂度硬件成本之间的差别。

然而,当编码和译码的算法变得更复杂时,通常需要更长的运算时间。复杂的算法在讲话人发话的时间和该话音的编码信号进入传输系统的时间之间引入时延。这些编码时延在双向电话通信中,是令人厌烦的,尤其同传输网的时延相加,并同未消除的回声相结合时,更是如此。如果话音只以数字形式存储,那么编码时延不构成问题。如果时延和回声同时存在,那么在话音编码器上再装上回声抵消器就可以消除或减轻时延的影响。

几种低比特率话音编码器的性能比较,如表 7.1 所示。

表 7.1　低比特率话音编码方案的比较

编码器类型	比特率/ (kb/s)	复杂度 MIPS	时延 /ms	质量
脉冲调制	64	0.01	0	高级
自适应差分脉码调制	32	0.1	0	高级
自适应子频段编码	16	1	25	高级
多脉冲线性预测编码	8	10	35	通信级
随机激励线性预测编码	4	100	35	通信级
线性预测编码的声码	2	1	35	合成级

7.9　GSM 语音编解码器和 IS—95 编解码器

7.9.1　GSM 语音编解码器

GSM 系统话音编码的研究和比较工作按时间顺序可分为三个阶段。

第一阶段就是建立对候选编码算法的设计要求以及测试方法,以便进行统一标准的比较。

第二阶段就是于 1986 年 6 月开始对 6 种候选算法进行具体的比较。这包括话音质量和抗传输误码能力、传输时延以及硬件实现方面的比较。

第三阶段则是在第二阶段的结果上,选定其中一个算法作为标准算法,对其再进行优化。最终选定带有长期的规则脉冲激励线性预测编码(RPE—LTP)。

(1)GSM 系统话音编码器性能要求

1)话音质量

对话音编码最基本的要求就是用户角度测试,在可工作的范围内,平均话音质量应至少不低于 900 MHz 模拟移动系统。

话音编码算法应具有很强的适应频谱以及电平变化的能力。由于受话者的不同、话筒或传输介质的不同会导致很宽的语谱。另外,众所周知在公众网中话音电平的变化范围为

30 dB。

话音编码器能够不受环境噪声以及很多话音信号混杂的干扰。因为移动用户可能工作在不同的环境中,故应将汽车发动时的噪声考虑进来。众多话音信号可能被视为背景噪声或来自广播电话。

在移动台转接移动台时,就会出现两套编/译码器复接的情况。这种情况下,所带来的话音质量的某些下降是可以接受的,但必须保证整个电话的可懂度。

2)码速率

仍然使用 8 kHz 取样率,以便和 PSTN 的接口连接。基于对频率利用率和话音质量相矛盾的协调,将 16 kb/s 作为可接受的工作比特速率。

3)码变换

GSM 系统所确定的基本话音编码的变码器可将 13 位线性 PCM 码流变换成 16 kb/s 的无线传输比特率。

在 GSM 话音编码器网络一端将完成 A 律或 μ 律的 PCM 变换。

4)非话信号的传输

话音编译码器没有对话音频段的数据做出要求,然而,必须要求话音编译器能够传输由网络提供给用户的各种音频信号音,如拨号音、振铃音、忙音等等。

考虑到中、低比特速率的编译码器将尽量利用话音中的一些特征,将话音以及话音频段内的数据一起协调的编码算法必将降低话音的质量,因此,在设计话音编码器时,应首先考虑话音的质量,而对于话音频段内的数据信号,则通过特殊的终端适配器来实现。

5)传输时延

造成传输时延的主要原因有两方面:

①话音编码的时延。为了能在 16 kb/s 速率下得到满意的话音,通常采用块自适应编码方式,这就将导致传输时延;它取决于块的大小、编码算法的复杂度以及数字信号处理器(DSP)的处理速率。

②无线分系统中的时延。为了抗突发性误码,在无线分系统中通常使用码字交织技术。将传输码字放到一个缓冲区中,然后再按新的顺序发射出去。这种延迟可能会是几个话音帧。

为此对这两种时延的限定各自可不超过 65 ms。

考虑到二/四线转换阻抗不匹配会导致反射现象发生,上述的时延将给用户带来令人厌烦的回声,因此需要采用回波抑制器来消除时延的影响。

6)硬件实现

对话音编码器的要求主要来自手持机。为了保障手持机的轻小和长期工作,需要硬件能够在一块 VLSI 芯片上实现,并要求功率消耗尽可能的低。

(2)GSM 系统话音处理功能结构

RPE—LTP 编译码器特性

● 取样速率为 8 kHz。

● 帧长为 20 ms,每帧编码成为 260 比特。每帧分为 4 个子帧,每个子帧长 5 ms。

● 纯比特率为 13 kb/s。

● 话音比特分为两类。第一类含 182 比特,它们对误码是敏感的,即这些比特中发生差错会对话音质量产生严重影响。这些比特受到循环冗余校验(CRC)码和一个具有恒定长度为 5

的 1/2 率卷积码的保护。第二类含 78 个比特,它们抗差错的能力强,不受保护。同时,为了抗突发差错,编码语音块的交积跨越了 8 个 TDMA 帧。

- 分配给编译码器的最大时延为 30 ms。端对端的最大时延在 75 ms 左右,其中 40 ms 以上分配给时隙交织和信道编译码。
- 为了进行不连续的传输,可应用话音激活检测器。

GSM 系统对每个用户,其总比特率为 33.85 kb/s,具体分配如下:

话音编译码	13.0 kb/s
话音的误差保护	9.8 kb/s
慢速随路控制信道 SACCH(总数)	0.95 kb/s
保护时间、同步等	10.1 kb/s(约占总速率的 30%)

- 在较好条件下,RPE—LTP 编译码器的话音质量(MOS)为 4。
- 载干比(C/I)为 10 dB 时,可觉察到话音质量的下降,MOS 约下降 0.2 ~ 0.8 分。

C/I 为 4 dB 时,话音质量下降很明显,MOS 降为 2 分。

- 时延理论值为 20 ms,实测值为 22.65 ~ 28 ms。

图 7.13 给出了 GSM 系统的话音处理功能的参考结构,同时标上了与各功能部分相关的 GSM 建议(规范)号。该图包含了 A/D 和 D/A 转换的音频部分,对图中小圆内的数字编号,分别有如下注解:

①8 位 A 律 PCM(CCITT G.711 建议),每秒取样 8 000。

②13 位均匀 PCM,每秒取样 8 000。

③话音激活标志(Voice Activity Flag)。

④编码的话音帧,取样 50/秒,260 b/帧。

⑤SID(Silence Descriptor)帧,即传输噪声参数的帧,260 b/帧。

⑥话音标志,表明信息比特是话音或 SID 信息。

⑦送向无线子系统的信息比特。

⑧收自无线子系统的信息比特。

⑨BFI(Bad Frame Indication)标志,即坏帧标志。

⑩SID 标志。

⑪TAF(Time Alignment Flag)标志,即时间调节标志,表明 SACCCH 复帧内 SID 帧的位置。

由图 7.13 可见,话音编码器输入端要求一个 13 位均匀(Uniform)PCM 信号,它可来自移动台的音频部分,或在网路端来自 PSTN,但需经 8 位 A 律至 13 位均匀 PCM 间的转换。CCITT Rec. G721,Section 4.2.1,Section 4.2.8 规定了 8 位 A 律压扩格式与 13 位均匀格式之间的相互转换,其中参数 LAW = 1。话音编码器输出的编码话音经信道编码(GSM Rec. 05.03)产生一个含 456 比特的码组,总速率为 22.8 kb/s。

在接收方向,具有上述的逆过程。

(3)GSM 系统话音编码器 RPE—LTP

话音被分割为 20 ms 的块,即在每 20 ms 中传输 260 比特的话音块,传输速率为 13 kb/s。同步依靠外置方式,而不在话音块所传输的信息中。

在接收端,输入信号(激励信号)经过图 7.14 所示的一系列滤波器(即线性变换),再恢复为原来的话音信号。

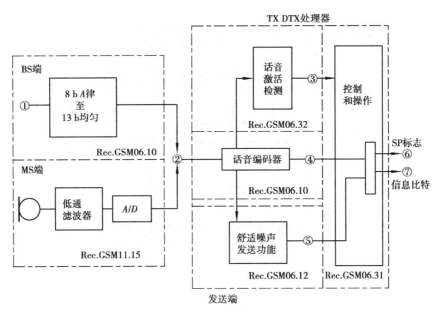

图7.13 话音处理功能的结构

图7.14 13 kb/s 话音信号再生模型

长期预测(LTP)滤波器是一个很简单的滤波器,其要点是把信号加上被系数 br 相乘的它的时延信号,时延是在于取样 Nr。Nr 和 br 两个值在话音帧中传输,每 5 ms 一次。

线性预测编码(LPC)滤波器是一个逆向的 8 阶线性滤波器。n 阶线性滤波器把信号和它自己在 8 kHz 上取样 $1,2,\cdots,n$ 后的时延信号进行线性组合。这个滤波器的系数在话音帧中传输,并且从一个码块到另一个码块。

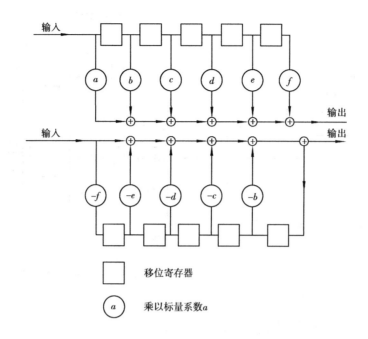

移位寄存器

乘以标量系数a

图7.15　线性滤波器和相应的逆向滤波器

　　线性滤波器的逆向滤波器的结构示于图7.15。线性滤波器把输入信号和它本身的时延信号相组合,并通常用一个多项式$A(z)$来表达。示例相当于

$$A(z) = a + bz + cz^2 + dz^3 + ez^4 + fz^5$$

而示于图中线性滤波器下方的逆向滤波器相当于$1/A(z)$。

　　去加重滤波器是预定的,因此不必传送其参数。

　　激励信号S本身是被编码的,以便其参数和上述滤波器的参数一起归入260比特中。S是在8/3 kHz速率上规则地取样("RPE,规则脉冲激励"),每5 ms传送一次。滤波输入端的激励信号能被再生,需嵌进空白(零值)取样,以便获得一个8 kHz取样信号。

　　取样信号的编码采用自适应脉码调制(APCM)。称这种编码为"自适应",是因为最大振幅和各次取样对这最大值的比值是分别编码的。这与通常的64 kb/s编码有所不同,那种编码的每个取样信号是用固定标量直接编码的。

　　表7.2概括了每260比特话音帧(20 ms)中所传输的所有参数。其中188比特相当于激励信号,其他比特是LPC和LTP滤波器所用的参数。

表7.2　话音帧所传输的参数

		每5 ms 比特数	每20 ms 比特数	比特率(kb/s)
LPC 滤波器	8个参数		36	1.8
LTP 滤波器	Nr(时延参数)	7	28	1.4
	br(增益参数)	2	8	0.4
激励信号	栅挡位置	2	8	0.4
	最大增幅	6	24	1.2
	13个取样	39	156	7.8
总计			260	13.0

136

1）PRE—LTP 编码器

图 7.16 示出了 GSM 系统 RPE—LTP 编码器的简化框图。

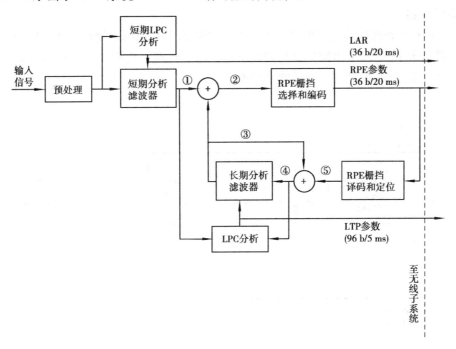

①短期残差信号
②长期残差信号（40 个抽样）
③短期残差估计信号（40 个抽样）
④重建的短期残差信号（40 个抽样）
⑤量化的长期残差信号（40 个抽样）

图 7.16　RPE—LTP 编码器简易框图

含有 160 个取样（均匀 13 位 PCM 取样）的输入话音帧首先被预处理以产生一个无偏置信号，然后送至一阶预加重滤波器，所得的 160 个取样再经分析而确定短期分析滤波器的系数（LPC 分析）。这些参数为滤波同样 160 个取样的滤波所用。同时，这个称为反射系数的短期滤波器参数在传输入前转换为 LAR（Log. Area Ratio）系数送往无线子系统。

对于下面的过程，话音帧被分为四个子帧，每个子帧带有短期残差信号的 40 个取样。在处理各子块 40 个短期残差取样样本之前，LTP 分析框根据现有子块和存储的前 120 个重建的短期残差取样样本的序列来估计和更改长期分析滤波器参数，即 LTP 时延（Lag）和 LTP 增益（gain）。

短期残差信号本身减去短期残差信号 40 个估计数而得到 40 个长期残差取样样本的数据块，然后馈至规则脉冲激励分析部分，由它实现规则算法的基本压缩功能。由于 RPE 分析的结果，40 个输入的长期残差取样样本的数据块可以用各含有 13 个脉冲的四个支序列之一来代表。所选的支序列可用 RPE 栅挡位置（grid position）M 来区别。13 个 RPE 脉冲（Pulse）采用带有子块振幅估计的自适应脉码调制（APCM）编码，这子块振幅将送向无线子系统。

RPE 参数还馈至本地 RPE 译码和重建模块，以产生长期残差信号量化的 40 个取样样本的数据块。这 40 个量化取样样本与先前短期残差信号估计的数据块相加可得到现时短期残差信号的重建模型。重建的短期残差信号数据块送至长期分析滤波器,以产生新的40个短期残差信号估计的数据块,为下一个子块作反馈之用。

2)音译码器

RPE—LTP 译码器的简化框图示于图7.17。译码器含有像编码器返回环一样的结构。在无误差传输情况下,这级输出便是重建的短期残差取样样本。这样本送至短期合成滤波器及随后的去加重滤波器,便再生了话音取样样本。

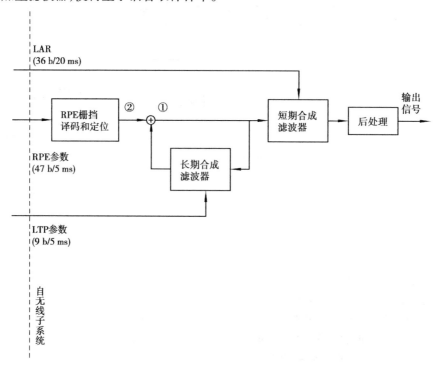

图 7.17　RPE—LTP 译码器简易框图

(4)GSM 系统话音的间断传输

话音传输有两种方式,一种是不管用户是否在讲话,话音流连续地编码在 13 kb/s 上(每20 ms 一个话音帧)。另一种是不连续地传输(Discontinuous Transmission)即间断传输(缩写为DTX),这种方式,在话音激活期进行 13 kb/s 的话音编码;在话音非激活期,传输变为每480 ms 一个帧,约 500 b/s 的低速编码,仅传输舒适噪声的特性参数。在上、下行方向上可采用不同的方式。

采用 DTX 方式有两个目的,一是降低空中总的干扰电平(约降低网路干扰功率 40%),提高系统效率;二是节省无线发信机电源的耗电,尤其是移动台。

下面首先介绍间断传输技术的基本概念,然后阐述其实施过程。

1)基本概念

①激活检测

为实现间断传输方式,首先必须表明什么时候需要或不需要传输。对于讲话情况,就必须检测是否有话音激活,这就是通常所称的话音激活检测(Voice Activity Detection),缩写为VAD。其功能是指明话音编码器产生的每 20 ms 帧是否含有或不含有话音。输出的是二进制标志。注意,这 VAD 标志是用于间断传输的控制和操作,而不是直接键控发信机。

VAD 需对存在话音时的噪声和不存在话音时的噪声加以区别。在移动环境下,检测话音的最大困难在于话音/噪声之比经常很低。为提高 VAD 的精度,在进行判决之前采用了滤波器以提高话音/噪声比值。

最差的话音/噪声比值发生在车台移动的情况,同时还发现移动环境下的噪声,在相当长时间是相对不变的,因此有可能采用一个自适应滤波器(带有噪声期所得的参数),以去掉大量汽车噪声。

判决的主要依据是滤波的信号能量与阈值之间的比较。

移动环境中所遇到的噪声可能在一个等级上不断变化。噪声的频谱也在变化,并且随汽车的不同其差别也很大。由于这些变化,VAD 阈值和自适应滤波器的系数也必须根据非激活期估计的背景噪声特性而不断地进行调整。为了达到可检测性,阈值必须足以高出噪声电平,以避免把噪声识别为话音;同时又必须保障话音的低电平部分不要被误认为噪声,仅在话音不存在的时候,可更改阈值和滤波器参数。还应指出,为了确保低电平噪声不被检测为话音,还使用一个附加的固定阈值。

②舒适噪声

经验表明,在话音突然起始或中止时,随着发信机的开启或关闭会产生噪声调制,使听者受到严重的干扰。这干扰随间断传输而有规则地发生,十分令人讨厌。另外,在发信机关闭期间,收方采用完全静噪措施,噪声突然消失,这会给听者造成一个联系中断的错觉。因此,在GSM 系统中的 DTX 方式并不意味着在话音间隙期简单地关闭发信机,它要求在发信机关闭之前,必须把发端背景噪声的参数传给收端,并且在话音间隙期间,也要每隔一定时间开启发信机,将发端新的参数传给收端。收端利用这些参数,人为地再生与发端类似的噪声,这就是通常所称的"舒适噪声"(Comfort Noise)。

背景噪声的特性由特殊的帧(SID)传送。在每个非激活期的开始送出个 SID 帧,而更多的 SID 帧将随之规则地送出,至少每秒二次,一直持续到非激活期结束。

为了收信机能从 SID 帧中辨别话音帧,SID 帧使用了在无误差话音帧中找不到的特定组合值。

2)间断传输

基站和移动台的 DTX 功能在原理上是一致的,下面的介绍将以基站为例。基站收发信DTX 功能的处理是由位于基站控制器(BSC)的"话音码变换和数据速率适配单元(TRAU)"进行的,其中的话音码变换器(TC)便是用来实现公用电话网 64 kb/s A律 PCM 与移动网13 kb/s RPE—LTP 之间的转换,同时实现 DTX 功能的处理。

下行线方向采用哪种传输方式,是否是 DTX,这些都需要由 BTS 告知 TC 的。

DTX 的传输方式,码变换器 TC 应连续地向 BTS 提供正确格式的编码话音帧或舒适噪声帧,然而,BTS 必须判断哪些帧是需要送向移动台的。显然,所有编码的话音帧都必须被传送。此外,若干编码的舒适噪声帧也必须被传送。其规则是:不传输的序列之前,所传输的最后一帧必须是舒适噪声帧,参阅图 7.18。其他所有的舒适噪声帧由 BTS 根据一定的同步规则而决定传送或不传送。BTS 必须注意在进入每 480 ms 一帧的模式之前,至少要传输一个舒适噪声帧。

上行线方向的传输是不是用 DTX 方式并不需要由 BTS 告知 TC。不传输的帧可看作为坏

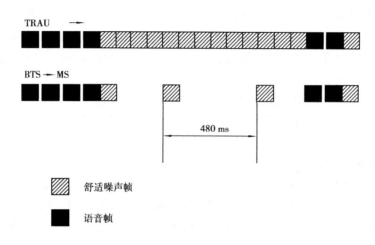

舒适噪声帧

语音帧

图 7.18　话音帧的传输

帧,而话音帧和舒适噪声帧的辨别完全可依据帧本身的内容。这样,基站接收来自移动台的 TDMA 信号,完成信道译码恢复出 13 kb/s 的话音数据,同时得到与 DTX 传输有关的控制信息,并传送给码变换器 TC。这些控制信息是 BFI、SID 和 TAF,其中前两种用于业务帧类型的识别,如表 7.3 所示。另外,TC 也输出一个标志 SP 给 BTS,用于 DTX 的控制。SP = 1 为话音帧;SP = 0 为 SID 帧。

表 7.3　业务帧类型/ss

BFI	SID		
	2	1	0
0	有效 SID 帧		好的话音帧
1	无效 SID 帧		不可用帧

还需要说明的是 13 kb/s 的话音数据在 BSC 与 BTS 间传输时,需要增加控制信息,速率因此提高到 16 kb/s,也就是说,每帧由原来的 20 ms、260 bit 提高到 320 bit,在所增加的 60 bit 控制信息中,含有用于 DTX 控制的四个重要标志 BFI、SID、TAF 和 SP。

7.9.2　IS—95 编解码器

QCELP 是 Qualcomm 公司 CDMA 系统中的语音编码标准 IS—95。

QCELP 主要是使用码表矢量量化差值信号,然后基于语音的激活程度产生一个可变的输出数据速率。对于典型的双方通话,平均输出数据速率比最高数据速率差不多可以下降 2 倍甚至更多。QCELP 方案即码激励线性预测的可辨速率混合编码方案,其特点是:

1)基于线性预测编码。

2)使用矢量码表替代简单线性预测中产生的浊音准周期脉冲的脉冲位置和幅度,即使用码表矢量量化差值信号。

3)可变速率:采用语音激活检测(VAD)技术,在话音间隙期,根据不同信噪比分别选择 9.6 kb/s、4.8 kb/s、2.4 kb/s、1.2 kb/s 四个挡次(1,1/2,1/4,1/8)的传输速率,它可以是均匀速率比高率下降两倍以上。

4)参量编码的主要参量分为三类,且每帧不断更新。

语音编码是提取语音参数,并将参数量化的过程。该过程应当使最后合成的语音与原始语音的差别尽量少。下面将介绍编码过程及相关参数的选择。

首先,对输入的语音按 8 kHz 抽样,紧接着将其分成许多个 20 ms 长的帧,每一帧含 160 个抽样(该抽样并没有被量化)。根据这 160 个抽样的语音帧,生成包含三种参数子帧(线性预测编码滤波器参数、音调参数、码表参数)的参数帧,三种参数不断更新,更新后的参数被按照一定的帧结构传送到接收端。线性预测编码滤波器参数在任何数据速率下每 20 ms 即一帧更新一次。对该参数编码的比特数随所选择数据速率的变化而变化。在每一帧里,音调参数更新的次数是不等的,该次数也随所选择数据速率的变化而变化。同样,码表参数更新的次数也是不等的,它也随所选择数据速率的变化而变化。表 7.4 列出了对应于不同速率的参数变化。

在各种率下,参数帧结构如图 7.19、图 7.20、图 7.21、图 7.22 所示。在这些图里,每一个参数帧都对应一个 160 抽样的语音帧。

表 7.4　对应每种速率所使用的参数

参　数	速率 1	速率 1/2	速率 1/4	速率 1/8
每帧更新的 LPC 子帧次数	1	1	1	1
每次 LPC 子帧更新所需抽样	160 (20 ms)	160 (20 ms)	160 (20 ms)	160 (20 ms)
每个 LPC 子帧所占比特	40	20	10	10
每帧更新的音调合成子帧次数	4	2	1	0
每次音调合成子帧更新所需抽样	40 (5 ms)	80 (10 ms)	160 (20 ms)	—
每个音调合成子帧所占比特	10	10	10	—
每帧更新的码表子帧次数	8	4	2	1
每次码表子帧更新所需抽样	20 (2.5 ms)	40 (5 ms)	80 (10 ms)	160 (20 ms)
每个码表子帧所占比特	10	10	10	6*

*注:对于速率 1/8,这 6 个比特不是从码表中取出的,而是采用伪随机激励。

在每一个图里,LPC 子帧里的数字表示在那个速率下对 LPC 系数编码所用的比特数。音调合成子帧中的每一块都代表在这一帧里的一次音调参数更新,而里面的数字则表示对更新的音调声源编码所用的比特数。举例来说,对速率 1(对应最高速率),音调参数在每一帧里被更新 4 次,每次使用 10 个比特对新的音调声源编码。请注意在速率 1/8(对应最高速率的 1/8)时没有进行音调参数更新,这是因为在这种情况下通常没有语音,所以也就不需要音调参数。同样,码表子帧中的每一块都代表在这一帧里的一次码表参数更新,而里面的数字则表示对更新的码表声源编码所用的比特数。举例来说,对速率 1,码表参数在每一帧里被更新 8 次,每次使用 10 个比特对新的码表声源编码。从这些图中可以看出,更新次数是随着数据速率的下降而降低。

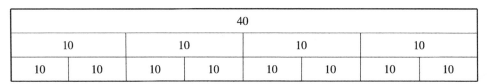

<table>
<tr><td colspan="8">40</td></tr>
<tr><td colspan="2">10</td><td colspan="2">10</td><td colspan="2">10</td><td colspan="2">10</td></tr>
<tr><td>10</td><td>10</td><td>10</td><td>10</td><td>10</td><td>10</td><td>10</td><td>10</td></tr>
</table>

LPC 子帧音调合成子帧码表子帧

总共为 160 b

图 7.19　对于速率 1 的参数帧结构

<table>
<tr><td colspan="4">20</td></tr>
<tr><td>1</td><td>0</td><td>1</td><td>0</td></tr>
<tr><td>10</td><td>10</td><td>10</td><td>10</td></tr>
</table>

LPC 子帧音调合成子帧码表子帧

总共为 80 b

图 7.20　对于速率 1/2 的参数帧结构

<table>
<tr><td colspan="4">10</td></tr>
<tr><td colspan="4">10</td></tr>
<tr><td>1</td><td>0</td><td>1</td><td>0</td></tr>
</table>

LPC 子帧音调合成子帧码表子帧

总共为 40 b

图 7.21　对于速率 1/4 的参数帧结构

<table>
<tr><td>10</td></tr>
<tr><td>0</td></tr>
<tr><td>6</td></tr>
</table>

LPC 子帧音调合成子帧码表子帧

总共为 16 b

图 7.22　对于速率 1/8 的参数帧结构

语音解码过程是从数据流中解包，得到接收的参数，并且根据这些参数重组语音信号的过程。

QCELP 的语音合成模型如图 7.23 所示，首先对不同的速率，矢量采用两种不同的方法选出；当速率为最高速率的 1/8 时，任意选用一个伪随机矢量。而对于其他的速率，通过索引 I' 从码表里指定相应的矢量。该矢量增加增益常数 G' 后又被音调合成滤波器滤波，该滤波器的特性是由音调参数 L' 和 b' 控制的。这一输出又被线性预测编码滤波器滤波，该滤波器的特性是由滤波系数 $a'_1 \cdots a'_{10}$ 决定的。这样就输出了一个语音信号，该语音信号又被最后一级又自适应滤波器滤波。

7.9.3　数据速率的选择

数据速率的选择是基于每一帧的能量，三个门限的选择则是基于对背景噪声电平的估计，下面会详细分析。每一帧的能量是由自相关函数 $R(0)$ 决定的，$R(0)$ 与以下三个门限比较：$T_1(B_i)$、$T_2(B_i)$ 和 $T_3(B_i)$，其中 B_i 表示背景噪声电平。如果 $R(0)$ 大于所有三个门限，就选择

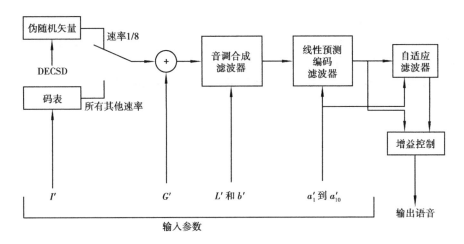

图 7.23　QCELP 的语音合成模型

速率 1。如果 $R(0)$ 仅大于两个门限,就选择速率 1/2。如果 $R(0)$ 只大于一个门限,就选择速率 1/4。如果 $R(0)$ 小于所有三个门限,选择速率 1/8。除此之外,速率的选择还应符合以下规则:

1)据速率每帧只允许下降一个级别。比如,如果前一帧的速率是 1,当前帧根据上面的选择是 1/4 或 1/8,那么应该选择速率 1/2。

2)CDMA 使用半速率技术时,即使当前帧根据门限选择是速率 1,而实际只能选择速率 1/2。

在每一帧的速率被决定前,三个门限也分别被更新一次。首先,背景噪声的电平是由前一帧的背景噪声电平和前一帧的自相关函数 $R(\leqslant 0)$ 决定的,公式如下:

$$B_i = \min \{ R(0)_{\text{prev}}, 5059644, \max \{ 1.00547 B_{i-1}, B_{i-1} + 1 \} \},$$

如果 $B_i \leqslant 160000$,那么三个门限的计算公式如下:

$$T_1(B_i) = -(5.544613 \times 10^{-6}) B_i^2 + 4.047152 B_i + 362$$

$$T_2(B_i) = -(1.529733 \times 10^{-5}) B_i^2 + 8.750045 B_i + 1136$$

$$T_3(B_i) = -(3.967050 \times 10^{-5}) B_i^2 + 18.89962 B_i + 3347$$

如果 $B_i > 160000$,那么三个门限的计算公式如下:

$$T_1(B_i) = -(9.043945 \times 10^{-8}) B_i^2 + 3.535748 B_i + 62071$$

$$T_2(B_i) = -(1.986007 \times 10^{-7}) B_i^2 + 8.750045 B_i + 223951$$

$$T_3(B_i) = -(4.838477 \times 10^{-7}) B_i^2 + 8.63002 B_i + 645864$$

习　题

1. 对于一个 8 b 均匀量化器范围为(-1 V,1 V),决定量化器量化台阶的大小。假如信号是一个正弦信号,它的幅值占了全部范围,计算量化信噪比。

2. 移动通信系统对语音编码器有何选择要求? 列出 4 个在移动通信中影响选择语音编码器的重要因素。

3.什么是"舒适噪声"?

4.简述 GSM 语音编码器的系统结构,并说明"舒适噪声"是如何实施的。

5.何为间断传输? 使用间断传输有什么好处?

6.试比较 GSM 系统和 IS—95CDMA 系统的语音编码技术的异同。

第**8**章

多址技术

8.1 简 介

多址技术主要解决众多用户如何高效共享给定频率资源的问题。由于移动用户不断的随机移动,建立它们之间的通信,首先必须引入区分个别用户地址的多址技术。移动通信中多址技术的实现与固定的有线通信有很大的不同,移动通信区分与识别不同用户是在空中接口即无线接口上完成的,众多的移动用户使用有限的频率资源,如何让他们共享同一频率资源的同时还能有效的加以区分不同用户,相互之间不构成干扰或者干扰很小以保证通信的可靠进行。所以与固定通信中的信号复用技术相同的地方就是他们本质上都属于信号正交化的问题。不同点是信号复用目的在于区分多路,即多址技术目的是区分多个动态地址;复用技术通常在中频或基带实现,而多址技术必须在射频实现,它通过构造正交的射频信号来实现多址。

正交信号的正交划分与设计,具体是通过信号的正交参量 $\lambda_i(i=1,2,\cdots,n)$ 的划分来实现的。在发送端,设计一组相互正交的信号参量如下:

$$X(t) = \sum_{i=1}^{n} \lambda_i X_i(t)$$

其中:$X_i(t)$ 为第 i 个用户地址信号,λ_i 为第 i 个用户信号 $X_i(t)$ 的正交参量。

正交参量应该满足:

$$\lambda_i \cdot \lambda_j = \begin{cases} 1 & \text{当 } i = j \text{ 时} \\ 0 & \text{当 } i \neq j \text{ 时} \end{cases}$$

在接收端,设计一个正交信号识别器如图 8.1 所示。

正交识别器的一个输入是接收端接收到的用户信号 $\sum_{i=1}^{n} \lambda_i X_i(t)$,这是一个多用户信号,其中包含了有用的用户信号和其他用户信号,相对于接收端而言,其他用户信号皆是对有用用户的干扰信号。要想从中"提取"出有用的即真正要接收的用户信号,就要通过正交识别器与接收端本地产生的某一用户信号 λ_i 进行正交判别,从而解调出有用的用户信号。

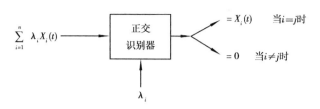

图 8.1　正交信号识别器

从上面的分析可知,多址通信的关键是多用户信号的正交设计。目前常规的多址方式有三种:频分多址(FDMA)、时分多址(TDMA)、码分多址(CDMA)和空分多址(SDMA)方式;分别在频域、时域、码域和空间域实现了信号的正交。下面分别加以介绍。

8.2　FDMA

频分多址是将给定的频谱资源化分为若干个等间隔的频道(或称信道)供不同的用户使用。在模拟移动通信系统中,信道带宽通常等于传送一路模拟语音所需的带宽,如 25 kHz 或者 35 kHz。在单纯的 FDMA 系统中,通常采用频分双工(FDD)的方式来实现双工通信,即接收频率和发送频率是不同的。为了使同一频带电台的收发之间不产生干扰,收发频率间隔不许大于一定的数值。例如在 800 MHz 频段,收发频率间隔通常为 45 MHz。一个典型的 FDMA 频道划分如图 8.2 所示。

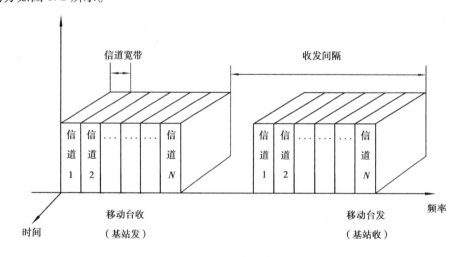

图 8.2　FDMA 频道划分图

在 FDMA 系统中,收发的频段是分开的,由于所有移动台均使用相同接收和发送频段,因而移动台到移动台之间不能直接通信,而必须经过基站中转。移动通信的频率资源十分紧缺,不可能为每一个移动台预留一个信道,只可能为每个基站配置好一组信道,供该基站所覆盖的区域(称为小区)内的所有移动台共用。

在多信道共用的情况下,一个基站若有 N 个信道同时在小区内的全部移动用户所共用,但其中 $k(k<N)$ 个信道被占用之后,其他要求通信的用户可以按呼叫的先后次序占用$(N\sim k)$各空闲信道中的任何一个来进行通信。但基站最多可以同时保障 N 个用户进行通信。

8.2.1　FDMA 系统特性

1）每载波单路，即每一频道只传送一路电话。

2）连续传输，一旦给移动台分配了频道，移动台和基站都同时连续传输。

3）带宽较窄。

4）传输码率低，码元持续时间较长。通常传输速率约为 1 b/Hz，对于 25 Kb/s 的传输速率，码元保持时间约为 40 ms，与平均时延扩展相比，是十分长的时间。时延扩展视具体的环境而定，一般来说至多不过几微秒。这是 FDMA 系统的优点，它意味着码间干扰很低，可以不需要自适应均衡。

5）共用设备成本高，这是 FDMA 系统的缺点。由于每载波单路的设计原则，造成了基站需要相当多的共用设备。例如基站有 100 个频道，就意味着需要 100 套收发信设备。这样，共用设备的每用户平均成本肯定是高的。

6）移动台不需要均衡和复杂的成帧与同步而显得比较简单。但因收发信机必须同时工作而需要双工器。因此成本并不低。

8.2.2　FDMA 空闲信道的选择

在移动通信网中，基站控制的小区内都会有 n 个无线信道提供给 $n*m$ 个移动台共同使用，当某一个用户需要通信而发出呼叫时，就要考虑怎样从这 n 个信道中选取一个空闲信道的问题。

空闲信道的选择可分为两类：一类是专用呼叫信道方式（或称"共用信令信道"方式）；另一类是标明空闲信道方式。

1）专用呼叫信道方式

这种方式是在网中设置专门的呼叫信道，专用于处理用户的呼叫。移动用户只要不在通话时就在这呼叫信道上守候。当移动用户要发起呼叫时，就在上行专用呼叫信道发出请求信号；基站收到请求后，在下行专用呼叫信道上给主叫的移动用户指定当前的空闲信道，移动台根据指令转入空闲信道通话。通话结束后再次回到专用呼叫信道守候。当移动台被叫时，基站在专用呼叫信道上发出选呼信号，被呼移动台应答后即进入基站指定的某个空闲信道进行通信。这种方式的优点是处理呼叫的速度快；但是，若用户数和公用信道数不多时，专用信道处理呼叫并不繁忙，它又不能用于通信，利用率不高。因此，这种方式使用于大容量的移动通信网，是公用移动电话网所用的主要方式。我国规定的 900 MHz 蜂窝移动电话网就采用这种方式。

2）标明空闲信道方式

标明空闲信道方式可分为"循环定位"、"循环不定位"、"标明多个空闲信道的循环分散定位"和"标明多个空闲信道的循环不定位"等多种方法。

①循环定位。这种方式不设置专门的呼叫信道，所有的信道都可供通话，选择呼叫与通话可在同一信道上进行。基站在某一个空闲信道上发出空闲信号，所有未在通话的移动台都可自动地对所有信道进行循环扫描，一旦在某移信道上收到空闲信号，就定位在这个信道上守候。所有呼叫都在这个标定的空闲信道上进行。当这个信道被某一移动台占用后，基站就转往另一个空闲信道发出空闲信号。如果基站的全部信道被占用，基站就停止发出空闲信号，所

有未通话的移动台就不停地循环扫描,直到出现空闲信道,收到空闲信号才定位在该信道上。

当移动台被呼叫,基站在标有空闲标志的空闲信道上发出寻呼信号,所有定位在空闲信道上的移动台都可收到这个选呼信号,在于本机的号码核对之后,若判定与本机号码相同则发送应答信号。基站在收到应答信号后,立即将这个信道分配给被呼叫的移动台占用,另选一个空闲信道发空闲标志。其他移动台发现原定位的空闲信道被占用,立即进行循环扫描,搜索新的标有空闲标志的空闲信道。

在这种方式中,所有信道都可用于通话,信道利用率高。此外,由于所有空闲的移动台都定位在同一个空闲信道上,不论移动台主呼或被呼都能立即进行,处理呼叫快。但是,正因为所有空闲移动台都定位在同一空闲信道上,他们之中有两个以上用户同时发起呼叫的概率(即同抢概率)也较大,即容易发生冲突,因此,这种方式只适用于小容量的通信网。

②循环不定位方式。为减小同抢概率,以动态循环扫描而不定位应该是有利的。该方式是基站在所有的空闲信道上都发出空闲标志信号,不通话的移动台始终处于循环扫描状态。当移动台主呼时,首选遇到任何一个空闲信道就立即占用。由于预先设置各移动台对信道扫描的顺序不同,两个移动台同时发出呼叫,又同时占用同一空闲信道的概率很小。这就有效的减小了同抢概率。只不过要主呼时不能立即进行,要先搜索空闲信道,当搜索到并定位之后才能发出呼叫,时间上稍微慢一点。当移动台被呼时,当由于各移动台都在循环扫描,无法接受基站的选呼信号。因此,基站必须先在某一个空闲信道上发一个保持信号,指令所有循环扫描的移动台都自动的对这个标有保持信号的空闲锁定。保持信号需持续一段时间,在等到所有空闲移动台都对他锁定之后,再发送选呼信号。被呼移动台对选呼信号应答,即占用此信号通信。其他移动台识别不是呼叫自己,立即对此信道释放,重新进入循环扫描。

这种方式减小了同抢概率,但因移动台主呼时要先搜索空闲信道,被呼时先要保持信号锁定,这都占用了时间,所以建立呼叫就慢了。

我国体制规定,小容量移动电话网可以采用标明空闲信道方式,也可采用共同信令信道方式。

8.3 TDMA

时分多址是将时间分割成周期性的帧,每一帧再分割成若干个时隙(无论帧或时隙都是互不重叠的)。在频分双工(FDD)方式中,上行链路和下行链路的帧分别在不同的频率上。在时分双工(TDD)方式中,上下行帧都在相同的频率上。TDMA 的方式如图 8.3 所示。各个移动台在上行帧内只能按指定的时隙向基站发送信号。

为了保证在不同传播时延情况下,各移动台到达基站处的信号不会重叠,通常上行时隙内必须有保护间隔,在该时隙内传送信号。基站按顺序安排在预定的时隙中向各个移动台发送信息。

不同通信系统的帧长度和帧结构是不一样的。典型的帧长在几毫秒到几十毫秒之间。例如:GSM 系统的帧长为 2.6 ms(每帧 8 个时隙),DECT 系统的帧长为 10 ms(每帧 24 个时隙),PACS 系统的帧长为 2.5 ms(每帧 8 个时隙)。TDMA 系统既可以采用频分双工(FDD)方式也可采用时分双工(TDD)方式。在 FDD 方式中,上行链路和下行链路的帧结构既可以相同,也

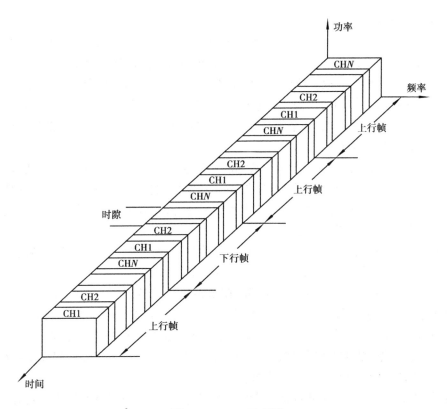

图 8.3 TDMA 示意图

可以不同。在 TDD 方式中,通常将某频率上一帧中一半的时隙用于移动台发,另一半的时隙用于移动台接收;收发工作在相同频率上。

在 TDMA 系统中。每帧时隙结构(或称为突发结构)的设计通常考虑三个主要问题,即控制信令的传输,信道多径的影响和系统的同步。

为了解决上面问题,可采取以下四方面措施。一是在每个时隙中,专门划出部分比特用于控制和信令信息的传递;二是为了便于接收端利用均衡器来克服多径引起的码间干扰,在时隙重要位置插入自适应均衡器所需的训练序列;训练序列对接收端来说是确知的,接收端根据训练序列的解调结果,就可以估计出信道的冲击响应,根据该响应就可以预置均衡器的抽头系数,从而可消除码间干扰对整个时隙的影响。三是在上行链路的每个时隙都要留出一定的保护间隔(即不传送任何信号),即每个时隙中传输信号的时间要小于时隙长度。这样可以克服因移动台至基站距离的随机变化,从而保证不同移动台发出的信号,在基站处能落在规定的时隙内,而不会出现相互重叠的现象。四是为了便于接收端的同步,在每个时隙还要传输同步序列。同步序列和训练序列可以分开传输,也可以合而为一。

这两种典型的时隙结构如图 8.4 所示。

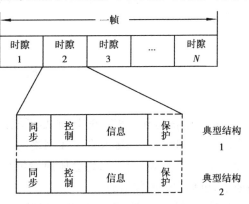

图 8.4 典型的时隙结构

149

时分多址具有以下特点:

1) 突发传输的速率高,远远大于语音编码速率,每路边码速率为 R b/s,共 N 个时隙(即 N 个时分信道),则在每个载波上传输的速率将远大于 NR b/s。这是因为还有一些位同步、帧同步等开销比特也得传输的缘故。所以 TDMA 系统在传输比特上增加了额外的开销。

2) 在每一个载波上传输的总码元速率较大,如果达到 100 kb/s 以上,码间串扰就将增大,必须使用自适应均衡器。当然,如果每载波所划分的时隙不多,则总速率可低于 100 kb/s,这时也可以不用自适应均衡器。

3) TDMA 系统的移动台将比 FDMA 系统的略复杂些。因为它的功能要复杂些。但主要是在数字信号处理方面。由于近年来数字处理技术发展很快。大规模集成技术提高,集成块的成本下降,它的复杂程度也越来越小,成本也越来越低,随着生产规模的扩大,初期移动台的复杂性和成本高都将不再成为问题。

4) 移动台无需双工器,因收发可处于不同的时隙,发时不收,收时不发,只需要一个高速开关,已在不同的时间把天线连接到接收机或连接到发射机。

5) 基站复杂性减小,共用设备成本降低,在基站每一载波只要一部时分收发信机。例如每载波有 8 个时分信道,则在小容量系统中,每个基站一个载波就可以了。因而基站只有一部收发信机,无需天线共用设备,基站非常简单;如果为大容量系统,每个基站需要 128 个时分信道,则只要 16 个载波,即 16 部时分收发信机,所需的共用设备也远比在 FDMA 系统中需将 128 个收发信机共用要简单得多,成本也低。

6) 越区切换简单。由于移动台是不连续的突发方式传输,所以越区切换均可在无信息传输时进行,因而没有必要中断信息的传输。即使传输数据也不会因越区切换而丢失。

7) 无远近效应。FDMA 系统中,所有信道都是连续发射的,因此如不用功率控制就可能发生干扰,即移动台在不同距离上发射同样功率,基站接收时接收远方信号的接收机将可能被近处移动台所发射的强信号所干扰,虽载波间有频率差,但如频率相差不够大,仍然是有干扰的。

TDMA 在不同的时隙接收远近不同的用户信号,他们不会产生干扰,因此没有远近效应。如有两个以上的载波在工作,则有可能有两个用户在同一时间都发射信号,但这时它们必然属于不同载波,而且频率间隔较大,影响就大为减弱了。

由上所述,可见与 FDMA 相比,TDMA 的优点比较明显;有些问题,如移动台成本高,因有开销比特而使速率增高,也可能要增加适应均衡器等,这些都将会随着技术进步而逐渐解决,或降为次要问题。

8.4 CDMA

CDMA 通信是利用相互正交(或尽可能正交)的不同编码分配给不同用户调制信号,使多用户同时使用同一频率接入系统和网络的通信,即码分多址通信。由于利用相互正交(或尽可能正交)的编码调制信号,将会使原始信号的信号频谱带宽扩展,因此,使用这种调制方式的通信,也称为扩展频谱通信。

扩展频谱通信是将待传输的信息数据用伪随机编码(扩频序列)调制,实现频谱扩展后再传输,接收端则采用同样的编码进行解调及相关处理,恢复原始信息数据。显然,这种通信方式与一般常见的窄带通信方式相反,是在扩展频谱后,进行宽带通信,接收端再作相关处理恢复成窄带后解调数据;因此,具有伪随机编码调制和信号相关处理量大特点。由于具有这两大特点,使扩展频谱通信有许多优点,如抗干扰、抗噪声、抗多径衰落,能在低功率谱密度条件下工作、天生保密性、可多址复用和任意选址等。

扩频通信的基本原理如图 8.5 所示。信息数据 D 经通常的数据调制后变成带宽为 B_1 的信号(B_1 为基带信号带宽),用扩频序列发生器产生的伪随机编码(PN 编码)去对基带信号作扩频调制,形成带宽为 $B_2(B_2 > B_1)$、功率谱密度极低的扩频信号后再发射。众多的通信用户,使用各自不同的伪随机编码,可以同时使用带宽为 B_2 的同一频段。在接收端,首先是用与扩频信号发送者相同的伪随机编码作扩频解调处理,把宽带信号恢复成通常的基带信号,再使用通常的通信处理手段解调发送过来的信息数据 D。显然,接收端不知道发送的扩频信号所使用的伪随机编码时,要进行扩频解调是不可能的。这就实现了信息数据的保密通信。如果接收端用某一位随机编码在接收端解扩送来的信号时,同频段中的另一些伪随机编码调制的扩频信号不能在该接收端的扩频解调处理中形成明显的信号输出,即不会对接收端的扩频解调处理形成干扰。这样,接收端使用与不同扩频信号发送者所用的不同伪随机编码作扩频解调,就可得到不同发送者发送过来的信息数据,从而实现了多用户(多址)通信。

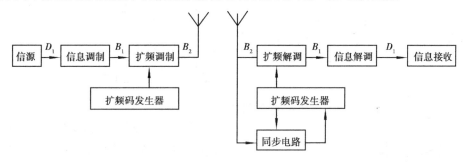

图 8.5 扩频通信基本原理图

采用扩频通信技术来实现多址工作,最基本工作方式有如下三种。

1)直接序列扩频工作方式;

2)跳变频率工作方式;

3)跳变时间工作方式。

下面重点介绍采用直接序列扩频方式和跳变频率扩频方式实现多址通信。

8.4.1 跳频多址

跳频多址(FHMA:Frequency Hopping Multiple Access)是一种数字多址系统。此系统是把一个宽频段分成若干个频率间隔,称为频道,单个用户的载波频率在宽带频道范围内按随机方式变化。用户数据就在不同的载波频率上发射出去。任一个发射机的瞬时带宽都比整个扩展带宽小得多。用户载频的随机变化,使得在任意时刻对一具体频道的占用也随机变化,这样可以实现在一个大频率范围的多址接入。在跳频接收机中,用本地伪随机码来使接收机的瞬时频率与发射机的瞬时载频同步,这样就能解调出原始信息信号。在任一时刻,一个跳频信号快速的更新载频。如果载波变化速率低于数据数率,那么,此系统称为慢速跳频系统。如果跳频速率大于数据速率,则称为快速跳频系统。也有人将每秒几十跳变的跳频系统称为慢速跳频,每秒几百跳变称为中速跳频,而每秒几千跳变称为快速跳频。

跳频的基本方式如图 8.6 所示。信息数据 D 经信息调制称为带宽为 B_d 的基带信号后,进入载波调制。载波频率受伪随机码发生器控制,在带宽为 $B_{ss}(B_{ss} \gg B_d)$ 的频带内随机跳变,实现基带信号带宽 B_d 扩展到发射信号使用的带宽 B_{ss} 的频谱扩展。可变频率合成器受伪随机序列(跳频序列)控制,载波频率随跳频序列的序列值改变而改变,因此载波调制又称为扩频调制。载波调制多半是用于相位相关的调频方式。跳频序列的码元宽为 T_c,则每间隔时间 T_c,可变频率合成器的输出频率即载波频率跳变一次。跳频信号经射频滤波器至天线发射后,被接收机接收。接收机首先从发送过来的跳频信号中提取跳频同步信号,使本机伪随机序列控制的频率跳变与接收到的跳频信号同步,得到被同步的本地载波,使用这一载波解调即扩频解调获得携带有信息的中频信号,从而得到发射机送来的信息。

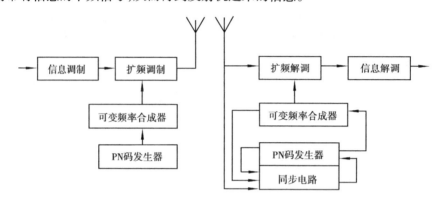

图 8.6　跳频方式的基本结构

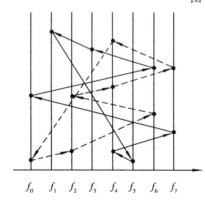

图 8.7　跳频的时频矩阵图

伪随机跳频序列控制可变频率发生器,使载波输出具有在很宽频带内跳变的频率,这种跳频图案通常用跳时频矩阵图表示。例如 (5,4,7,0,6,3,1) 是 RS 跳频编码中的一个跳频序列,其对应跳频(图案)时序为 $(f_5,f_4,f_7,f_0,f_6,f_3,f_1)$,图 8.7 中箭头所示给出了该跳频图案的时频矩阵图。

如果给每个移动用户分配不同的跳频序列,这些跳频序列之间是正交(或者准正交)关系,那么可保证即使在一个跳频序列周期内,各个用户使用的频率,在任一时刻都不相同(或者相同的概率很小)从而实现跳频多址。比如在图 8.7 中实线箭头和虚线箭头所示的两个用户,他们跳转频率受不同的跳频序列控制,在任一个时刻上,两个用户的载波频率不会相同,即没有载频碰撞,这样两个用户就可以不相互干扰,而在同一个频段内进行跳频多址通信了。

跳频系统具有如下特点:

1)跳频系统仅在常规通信系统中增加载频跳变能力,使整个工作频带大大加宽,设备简单;对于常规通信系统而言,大大提高了通信系统抗干扰、抗衰落能力;

2)能多址工作而尽量不相互干扰;

3)不存在直接序列扩频通信系统远近效应问题；

4)对调制信号和调制方式没有一定要求；

5)跳频系统的抗干扰性能严格来说是"躲避"式的，外部干扰的频率改变跟不上跳频系统的载频变化，这就不会对系统造成影响。跳频系统的抗干扰原理与直接序列扩频系统是不同的。直扩是靠频谱的扩展和解扩处理来提高抗干扰能力的，而跳频是靠躲避干扰来达到抗干扰能力的。跳频的频率数越多，则抗干扰的得益就越大。

跳频是载波频率在一定频率范围内不断跳变意义上的扩频，而不是对被传送信息进行扩谱，不会得到直接序列扩频的处理增益。跳频相当于瞬时的窄带通信系统，基本等同于常规通信系统。由于无抗多径的能力，同时发射效率低，同样发射功率的跳频系统在有效传输距离方面小于直扩系统。跳频的优点是抗干扰，定频干扰只会干扰部分频点。用于语音信息的传输，当定频干扰只占一小部分时就不会对语音通信造成很大的影响。

跳频速度的高低直接反映跳频系统的性能，跳变速率越高抗干扰性能越好，军用的调频系统可以达到每秒上万跳。GSM 系统中也使用了慢速跳频方式，每秒钟进行 217 次载波频率跳变。

8.4.2 码分多址

(1)CDMA 系统基本原理

码分多址是使用扩频通信中直接序列扩频方式的多址方式。在码分多址系统中，每个用户信息使用不同的扩频地址码进行直接序列扩频后在同一频带中传输，这些扩频地址码是伪随机序列，它们之间是正交的或接近正交的，因而各个用户之间的扩频信号相互影响极小(或为 0)，因而能在同一极宽频带内，允许一定数量的用户同时发送或接收信号，实现多址通信。在 CDMA 通信系统中，信息数据采用不同的 PN 码序列进行调制(扩频调制)，展宽频谱，并在同一个公共的频带上传输。

实际的 CDMA 通信系统并不严格划分信息调制与扩频编码调制，而是根据工作方式和应用需要灵活处理。由于直接序列扩频方式的 CDMA 通信系统使用极为广泛。因此把直接序列扩频系统作为 CDMA 通信系统的模型，如图 8.8 所示。信息数据 $d(t)$ 是信息经编码处理后的数字信号，是宽度为 T 的 +1 或 -1 值的矩形波信号。首先经过扩频编码(又称扩频序列)进行调制。扩频编码是码长为 N、码元宽度为 T_c、以 +1 或 -1 表示的矩形波信号 $PN(t)$，扩频编码周期等于信息数据的比特宽度(脉宽)T，这样，信息数据正好对扩频码作周期性调制。这种调制式信息数据为 +1，扩频编码极性不变；信息数据为 -1，扩频编码倒相。记为 $d(t)PN(t)$，如图 8.9 所示，信息数据 $d(t)$ 脉宽为 T，其功率谱密度 $S_d(f)$ 主要分布在 $(-f_d, f_d)$ 的频带，信息数据的频谱带宽为 B_1，$B_1 = 2f_d$。扩频编码的码元宽度为 T_c，则功率谱密度 $SPN(f)$ 主要分布在 $(-f_c, f_c)$ 的频带内，f_c 为：

$$f_c = \frac{1}{T_c}$$

扩频编码的频谱带宽为 B_2，$B_2 = 2f_c$。信息数据和扩频编码都是二值矩形序列，其信息数据速率为 $R_d(R_d = 1/T)$ 和扩频编码速率为 $R_c(R_c = 1/T_c)$。这样，数据带宽(基带)B_1 和扩频带宽(射频带宽)B_2 之间，有如下关系：

$$B_2/B_1 = f_c/f_d = T/T_c = R_c/R_d = N$$

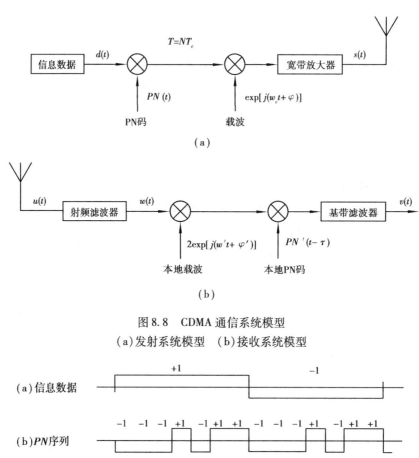

图 8.8　CDMA 通信系统模型

（a）发射系统模型　（b）接收系统模型

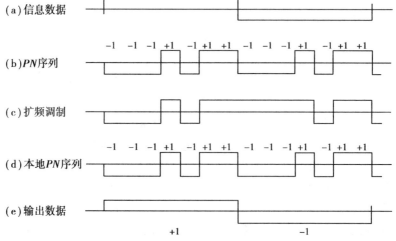

图 8.9　信息数据的扩频编码调制与解扩

根据扩频处理增益的定义，CDMA 通信系统的扩频处理增益为：

$$G = N$$

可见扩频编码的码长 N 越大，码元宽度 T_c 越小。即码速率 R_c 越大，CDMA 通信系统的扩频处理增益也越大。

经信息数据调制的扩频编码，再调制频率为 ω_0 的载波，形成射频信号发射。数据信息的频谱到射频信号的频谱变换过程如图 8.10 所示。

CDMA 通信系统的发射信号为：

$$s(t) = Ad(t)PN(t) \cdot \exp[j(\omega_0 t + \varphi)]$$

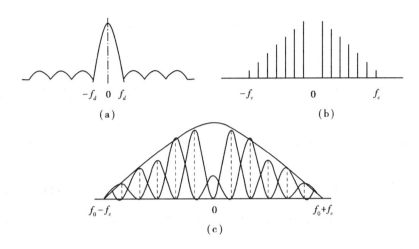

图 8.10 CDMA 通信系统频谱变换过程

式中,A 为发射信号的幅度值;ω_0、φ 分别为载波频率和相位。

它的实信号为:

$$s(t) = Ad(t)PN(t) \cdot \cos[j(\omega_0 t + \varphi)]$$

该信号经过传输信道到达接收机,接收机除接收到发射信号 $s(t)$(忽略传输延迟和损耗)外,还有传输信道中的各种干扰 $J(t)$ 和噪声 $n(t)$。假定,射频滤波是带宽为 B_2、且为衰减的理想滤波器,使射频信号无失真通过。因此,进入接收机的信号,即接收信号为:

$$\begin{aligned} u(t) &= s(t) + J(t) + n(t) \\ &= Ad(t)PN(t)\exp(j(\omega_0 t + \varphi)) + J(t) + n(t) \end{aligned}$$

该信号经过接收机的本地载波 $2\exp[-j(w't+\varphi')]$ 解调,再经过本地扩频编码 $PN'(t-\tau)$ 做解扩处理后,得到:

$$\begin{aligned} \omega(t) &= Ad(t)PN(t)PN'(t-\tau) \cdot \exp[j(\omega_0 t + \varphi)] \cdot 2\exp[-j(\omega' t + \varphi')] \\ &+ J(t)PN'(t-\tau) \cdot 2\exp[-j(\omega' t + \varphi')] \\ &+ n(t)PN'(t-\tau) \cdot 2\exp[-j(\omega' t + \varphi')] \end{aligned}$$

为简便,上式可分别用如下三项表示,即

$$\omega(t) = \omega_1(t) + \omega_2(t) + \omega_3(t)$$

其中

$$\omega_1(t) = Ad(t)PN(t)PN'(t-\tau) \cdot \exp[j(\omega_0 t + \varphi)] \cdot 2\exp[-j(\omega' t + \varphi')]$$

$$\omega_2(t) = J(t)PN'(t-\tau) \cdot 2\exp[-j(\omega' t + \varphi')]$$

$$\omega_3(t) = n(t)PN'(t-\tau) \cdot 2\exp[-j(\omega' t + \varphi')]$$

显然,$\omega_1(t)$ 是接收机对发送来的扩频信号的解扩结果;$\omega_2(t)$ 是本地编码对外部干扰信号作频谱扩展的结果;$\omega_3(t)$ 是本地编码信号与噪声的相乘项。这些信号送往基带滤波器,基带滤波器是带宽为 B_1,传递函数为 $h(t)$ 的窄带滤波器,它的输出是:

$$v(t) = \int_{-\infty}^{+\infty} h(t-\alpha) \cdot \omega(t) \cdot d\alpha = v_1(t) + v_2(t) + v_3(t)$$

其中

$$v_1(t) = \int_{-\infty}^{+\infty} h(t-\alpha) \cdot \omega_1(t) \cdot d\alpha$$

$$v_2(t) = \int_{-\infty}^{+\infty} h(t-\alpha) \cdot \omega_2(t) \cdot d\alpha$$

$$v_3(t) = \int_{-\infty}^{+\infty} h(t-\alpha) \cdot \omega_3(t) \cdot d\alpha$$

如果,传输信道是没有噪声、没有干扰的理想信道,接收机经解扩、基带滤波后的输出仅为:

$$V(t) = \int_{-\infty}^{+\infty} h(t-\alpha) \cdot Ad(\alpha)PN(\alpha)PN'(\alpha-\tau) \cdot \exp(j(\omega_0\alpha+\varphi)) \cdot 2\exp(-j(\omega'\alpha+\varphi')) \cdot d\alpha$$

$$(8.1)$$

基带滤波器是窄带,截止频率 f_d 远小于射频 w_0,因此,式(8.1)中的高频分量能完全滤除,得

$$v(t) = \int_{-\infty}^{+\infty} h(t-\alpha) \cdot Ad(\alpha)PN(\alpha)PN'(\alpha-\tau) \cdot 2\exp(j((\omega_0-\omega')\alpha+(\varphi-\varphi'))) \cdot d\alpha$$

它的实信号为:

$$V(t) = \int_{-\infty}^{+\infty} h(t-\alpha) \cdot Ad(\alpha)PN(\alpha)PN'(\alpha-\tau) \cdot \cos(((\omega_0-\omega'))\alpha + (\varphi-\varphi')) \cdot d\alpha$$

$$(8.2)$$

当 CDMA 通信系统的接收机与发射机完全同步时,本地载波与输入载波的频率、相位完全一致,即 $\omega'=\omega_0$;$\varphi'=\varphi$。那么,式(8.2)为:

$$V(t) = \int_{-\infty}^{+\infty} h(t-\alpha) \cdot Ad(\alpha)PN(\alpha)PN'(\alpha-\tau)d\alpha$$

上式中,$PN(t)$ 为发射扩频编码;$PN'(t)$ 为接收机的本地扩频编码;τ 为本地扩频编码与发射扩频编码间的相位差。如果 $PN'(t)=PN(t)$,且跟踪同步 $\tau=0$,那么

$$PN(t)PN'(t-\tau) = PN(t)PN'(t) = 1 \qquad (8.3)$$

这样,式(8.2)的 $V(t)$ 为:

$$V(t) = \int_{-\infty}^{+\infty} h(t-\alpha)Ad(\alpha)d\alpha$$

信息数据 $d(t)$ 是脉宽为 T,$+1$、-1 随机出现的矩形波信号,它的付氏变换为:

$$D(f) = \int_{-\infty}^{+\infty} d(t)e^{-j2\pi ft}dt$$

$$= T\left(\frac{\sin(\pi f/f_d)}{\pi f/f_d}\right) \qquad (8.4)$$

主要为 $(-f_d, +f_d)$ 频带内的信号。基带滤波器是理想的,其频率特性为

$$H(f) = \begin{cases} e^{-j2\pi f\beta} & |f| \leqslant f_d \\ 0 & |f| > f_d \end{cases} \qquad (8.5)$$

则 $d(t)$ 信号的全部频谱均可无失真地通过,仅时延 β。所以,

$$V(t) = \int_{-\infty}^{+\infty} h(t-\alpha)Ad(\alpha)d\alpha = Ad(t-\beta) \qquad (8.6)$$

这样,就完全获得发射来的信息数据 $d(t)$,实现了数据准确接收。这个解扩过程,是在传输信道无噪声、无干扰的情况下得出的。如果存在噪声、干扰,那么除了上述解调结果外,还有噪声干扰项。

(2)CDMA 系统抗多径干扰能力

多径干扰同上述讨论的、与发射信号独立的、加性噪声干扰不一样,它是发射信号在传播

过程中,遇到各种反射体(如电离层、对流层、高山、高大建筑物或建筑群等)引起反射或折射,

形成对直接到达接收机的发射信号的干扰。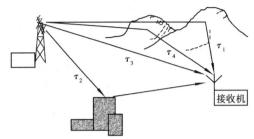
这是几乎所有的无线通信,如微波通信、移动
通信、个人通信和短波通信等,所面临的十分
突出的问题。由于反射或折射是多方向、多途
径的多径信号与直接到达接收机的发射信号
完全相关,会使接收机的接收信号产生严重的
失真、波形展宽、波形重叠和畸变,造成通信系
统解调输出发生大量差错,以至完全不能通
信。图 8.11 是多径的示意图,各多径信号之
间明显不同的是有不同的传播时延。

图 8.11　多径干扰示意图

　　若发射机的发射信号为:

$$S(t) = Ad(t)PN(t)\cos(\omega t + \varphi) \tag{8.7}$$

发射机直接到达接收机的传播时延为 τ_0,信号功率经传输衰减到达接收机的信号幅值为 A_0,
则接收到的直接路径的信号为:

$$V_0(t) = A_0 d(t + \tau_0)\cos(\omega(t + \tau_0) + \varphi) \tag{8.8}$$

　　设多径反射或折射的路径有 k 条,记为 $i = 1, 2, \cdots, k$。各个路径到达接收机的时延为
$\tau_i(i = 1, 2, \cdots, k)$,到达接收机的信号幅值为 $A_i(i = 1, 2, \cdots, k)$,那么,到达接收机的多径干扰
信号为:

$$\sum_{i=1}^{k} A_i d(t + \tau_i) PN(t + \tau_i)\cos(\omega(t + \tau_i) + \varphi) \tag{8.9}$$

这样,进入接收机的总的信号为:

$$\begin{aligned}
V(t) &= \sum_{i=0}^{k} A_i d(t + \tau_i) PN(t + \tau_i)\cos[\omega(t + \tau_i) + \varphi] + n(t) \\
&= \sum_{i=0}^{k} A_i d(t + \tau_i) PN(t + \tau_i)\cos(\omega t + \varphi_i) + n(t)
\end{aligned}$$

其中,$\varphi_i = \omega\tau_i + \varphi$;$i = 0$ 的信号是直接到达接收机的有用信号;$n(t)$ 是 0 均值、双边功率谱密度
为 $N_0/2$ 的高斯白噪声。接收机的本地载波为 $2\cos(\omega' t + \varphi')$、本地扩频编码 $PN'(t)$ 去解扩解
调,当接收机与直接路径的信号同步锁定后,$\omega' = \omega, \varphi' = \varphi, PN'(t) = PN(t + \tau_0)$,忽略有关 ω
的高次项,则得:

$$\begin{aligned}
W(t) &= A_0 d(t + \tau_0) PN(t + \tau_0) PN(t + \tau_0) \\
&\quad + \sum_{i=0}^{k} A_i d(t + \tau_i) PN(t + \tau_i) PN(t + \tau_0)\cos(\omega(\tau_i - \tau_0)) \\
&\quad + n(t) PN(t + \tau_0) \cdot 2\cos(\omega t + \varphi)
\end{aligned}$$

CDMA 通信系统若采用 $0 \to T$ 的(相关)积分滤波器,T 是信息数据脉码宽度。对上式的接收信
号的有用部分,从 $\tau_0 \to T + \tau_0$ 作积分,那么,该积分期间 $d(t + \tau_0)$ 为常数值 $d, d \in (+1, -1)$。
同时,扩频编码 $PN(t) \in (+1, -1)$,因此,$PN(t + \tau_0) PN(t + \tau_0) = 1$。这样,积分器(基带滤波
器)的输出为:

$$V(t) = A_0 T d + \sum_{i=1}^{k} A_i d_i \int_{\tau_0}^{T+\tau_0} PN(t + \tau_i) PN(t + \tau_0)\cos(\omega(\tau_i - \tau_0) dt$$

$$+ \int_{\tau_0}^{T+\tau_0} n(t)PN(t+\tau_0) \cdot 2\cos(\omega t + \varphi)dt \qquad (8.10)$$

这里,假定在 $\tau_0 \rightarrow T + \tau_0$ 的积分期间,$d(t+\tau_i)$ 也是某一常数 d_i。设 CDMA 通信系统使用 m 序列,其自相关函数为:

$$R_{PN}(t) = \begin{cases} (1 - \dfrac{(N+1)}{N} \cdot \dfrac{t}{T_c})T & 0 \leqslant |t| < T_c \\ -\dfrac{T}{N} & T_c \leqslant |t| < (N-1) \end{cases} \qquad (8.11)$$

这里 $NT_c = T$。那么,式(8.10)就可以改写为:

$$V(t) = A_0 Td + \sum_{i=1} A_i d_i \cos(\omega(\tau_i - \tau_0))R_{pn}(\tau_i - \tau_0)$$

$$+ \int_{\tau_0}^{T+\tau_0} 2n(t)PN(t+\tau_0) \cdot 2\cos(\omega t + \varphi)dt \qquad (8.12)$$

式中,第一项是需要接收的有用信号,已被准备解调;第三项是 0 均值高斯白噪声的噪声干扰,在前一节已经讨论过了;第二项是多径干扰,$\cos(\omega(\tau_i - \tau_0))$ 是多径时延 τ_i 与直接路径时延 τ_0 之差的余弦函数,$\cos(\omega(\tau_i - \tau_0)) \leqslant 1$。因此,式(8.12)的多径干扰 $V_2(t)$ 近似为:

$$V_2(t) \approx \sum_{i=1}^{k} A_i d_i R_{PN}(\tau_i - \tau_0) \qquad (8.13)$$

尽管 $R_{PN}(t)$ 的均值为 0,但因它具有式(8.11)的锐自相关特性,因此有必要按以下情况分别讨论:

1)如果所有的多径时延 $\tau_i(i = 1, 2, \cdots, k)$,$\tau_i > \tau_0$ 有 $T_c \leqslant (\tau_i - \tau_0) \leqslant (N-1)T_c$,则 $R_{PN}(\tau_i - \tau_0) = -1/N(i = 1, 2, \cdots, K)$,那么:

$$E[V_2(t)] \leqslant A_0 Td \cdot \dfrac{K}{N} \qquad (8.14)$$

当 $A_i(i = 1, 2, \cdots, K) = A_0$,$d_i = d$ 时,式(8.14)为等式;一般 $A_i < A_0$,所以式(8.14)为不等式。显然,每路多径干扰,其强度比直接到达信号至少减弱为 $1/N$,功率就至少减弱为 $1/N^2$。通常,$N \gg 1$,$N \gg K$,因此 $E[V_2(t)] \ll A_0 Td$。这充分说明,采用 CDMA 通信方式,能抗多径干扰。或者说,多径干扰对 CDMA 通信的影响极小(理论上说,K 可能很大,但实际上有的多径信号经反射或折射的吸收,能反射或折射出来的信号很弱甚至可以忽略。N 是很大的,因此,$N \gg K$ 的假设在实际应用中是合理的)。

在式(8.8)的结果中,假设 $d(t+\tau_i)$ 在 $\tau_0 \rightarrow T + \tau_0$ 的积分过程中是不变的 $d_i = d$。如果它在 $\tau_0 \rightarrow T + \tau_0$ 期间有极性改变,$d(t)$ 是二值数据,且出现极性改变的概率为 1/2。这时,用扩频编码的自相关函数 $R_{PN} = -1/N$ 处理就不合适了,而要用扩频编码的部分相关函数来分析。这个问题将在扩频通信的多址能力一节中详细讨论。关于扩频编码的部分相关及引起的干扰,这里就不再介绍。

2)如果所有多径时延都满足 $0 < (\tau_i - \tau_0) < T_c$,则 $R_{PN} \approx T - T(\tau_i - \tau_0)/T_c > 0$,那么

$$V_2(t) \approx \sum_{i=1}^{k} A_i d_i T(1 - \dfrac{\tau_i - \tau_0}{T_c})(1 + \cos(\omega(\tau_i - \tau_0))) \leqslant 2Td \sum_{i=1}^{k} (1 - \dfrac{\tau_i - \tau_0}{T_c})A_i \qquad (8.15)$$

式中,$d(t+\tau_i) \approx d$(因 $(\tau_i - \tau_0) < T_c$。显然,式(8.15)给出的多径干扰是与直接路径信号获得的解调输出 $A_0 Td$ 是同号的,有用数据 $A_0 Td > 0$,而 $V_2(t) > 0$;相反,$A_0 Td < 0$,$V_2(t) < 0$,这时的

多径干扰是增强有用信号,不会造成通信差错。

3)前面1)、2)都是假设$(\tau_i - \tau_0) \leq (N-1)T_c$的情况,会不会有大于$(N-1)T_c$的情况呢?例如,以信息数据速率为19.2 kb/s的移动通信为例,设$NT_c = 52 \ \mu s$,$N = 255$,$(N-1)T_c = 51.9 \ \mu s$,传输距离约增加15.6 km,一般来说是较少的(但对受电离层、对流层反射影响的短波通信来说,是完全可能的。移动通信信道在 VHF 频段一般$NT_c = 0.1 \sim 10 \ \mu s$,短波信道$NT_c = 0.1 \sim 0.2 \ ms$)。当多径中的某些路径的时延$(\tau_i - \tau_0)$正好为$(N-1)T_c \sim (N+1)T_c(\bmod NT)$时,由于$d(t)$的时延已经超过一个数据脉宽$T$,$\tau_0$时的$d(t)$与$T + \tau_0$时的$d(t)$不一定相同,那么,这些路径信号就与没采用 CDMA 通信技术的常规通信一样,有可能出现强的干扰。但只要不在这个时延区间,情况与上述讨论的1)相同,仍旧显示出 CDMA 通信技术的抗多径干扰能力。

以上是考虑多个单一反射或者折射的情况;对于某些信道或传输情况,多径效应产生的是(交叉)群反射或折射,那么,只能把多径干扰信号作为随机变量处理。

综上所述,被认为现有常规通信难于对付的多径干扰,采用 CDMA 通信技术有较好的抑制能力,这是目前广泛应用 CDMA 通信技术的又一重要原因。

(3)多址能力

CDMA 通信技术采用对信息数据频带作扩展的伪随机编码调制的方法,需要占用很宽的频带,而传送的信息数据的带宽是很窄的。如果 CDMA 通信作为独立通信方式,使用很宽频带仅传送很窄的一路信息数据,则频带利用率(或频谱利用率)就非常低,这是移动通信所不希望的。对于 CDMA 通信来说,提高频带利用率,就必须提高 CDMA 通信的多址能力,或提高 CDMA 的多用户信息数据传输能力。

CDMA 通信技术是码分多址通信技术。所有用户同时发射,各用户使用各自的扩频编码信号这些扩频编码是正交的或接近正交的,使各用户之间的扩频编码彼此相互影响趋于零或很小,能在同一极宽的扩频内,各用户同时互不干扰地发送信号和接收信号,实现多址通信。

CDMA 通信有两种工作方式:一种是各用户根据自己的需要,不受其他用户工作状态的约束,随机地发射信号,即各用户彼此之间工作状态(发射状态)是完全随机的,称为随机多址的 CDMA 通信方式(SSRA:Spread Spectrum Random Access),这是最常用的、极易实现的多址通信方式;另一种是所有用户根据某一时间标准参考,根据自己的需要,与其他用户扩频编码完全同步地发射信号,称作同步多址的 CDMA 通信方式(SSSA:Spread Spectrum Synchronous Access)。

1)随机多址的 CDMA 通信方式

随机多址的 CDMA 通信方式如图8.12所示,同时工作的通信用户为$1,2,3,\cdots,K$,共K个,各自使用不同的扩频编码$PN_i(t)(i = 1,2,\cdots,K)$,发射的信息数据分别是$d_i(t)(i = 1,2,\cdots,K)$。其中,第$i$个用户发射的信号为:

$$S_i(t) = A_i d_i(t - \tau_i) PN_i(t - \tau_i) \cos(\omega_0 + \varphi_i) \tag{8.16}$$

CDMA 通信系统中的某一接收机,尽量想接受$i = 1$的通信用户发送来的信息数据$d_i(t)$,实际进入接收机的信号除$i = 1$发来的信号外,也有其他$(K-1)$个通信用户发射出来的信号。因此,接收机的输入信号为:

$$U(t) = \sum_{i=1}^{K} A_i d_i(t - \tau_i) PN_i(t - \tau_i) \cos(\omega_0 + \varphi_i) + n(t) \tag{8.17}$$

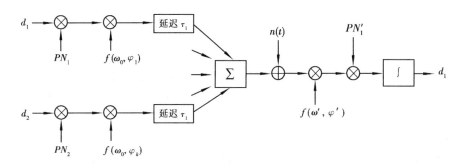

图 8.12 随机多址的 CDMA 通信系统模型

要接收 $i=1$ 的通信用户发送过来的信息数据 $d_1(t)$,则接收机的本地载波频率 ω'、相位 φ' 和扩频编码 $PN'(t)$ 及码相位 τ' 都应和 $i=1$ 的相应量 ω_0、φ_1、$PN_1(t)$ 及 τ_1 完全一致,即实现了同步。那么,$0 \rightarrow T$ 的积分器的输出为:

$$V(t) = \int_0^T \sum_{i=1}^K A_i d_i(t-\tau_i) PN_i(t-\tau_i) \cos(\omega_0 t + \varphi_i) \cdot 2PN_1(t-\tau_1) \cdot \cos(\omega_0 t + \varphi_1) \mathrm{d}t$$
$$+ \int_0^T n(t) \cdot 2PN_1(t-\tau_1) \cdot \cos(\omega_0 t + \varphi_1) \mathrm{d}t$$

这里,可以假设同步锁定后,$\tau_1 = 0$,$\varphi_1 = 0$。积分器的输出就为:

$$V(t) = A_1 T \cdot d_1 + \sum_{i=2}^K A_i \int_0^T d_i(t-\tau_j) PN_i(t-\tau_i) PN_1(t) \cos\varphi_i \mathrm{d}t$$
$$+ \int_0^T n(t) PN_1(t) \cdot 2\cos(\omega_0 t) \mathrm{d}t \tag{8.18}$$

式中,第一项 $A_1 T \cdot d_1$ 为有用信号;第二项是除所希望接收的 $i=1$ 用户以外的 $(K-1)$ 个用户发来的信号,称为多址干扰;第三项是系统的噪声干扰。$n(t)$ 是在整个射频带宽内均匀分布的双边功率谱密度 $N_0/2$、具有零均值、方差为 $\sigma_N^2(T)$ 的高斯白噪声,在前一节已详细讨论过。

如果各用户到接收机的信号功率都相等,即 $A_i(i=1,2,\cdots,K)=A$,则式(8.18)可改写成:

$$V(t) = AT \cdot d_1 + AT \sum_{i=2}^K I_{i1}(d_i,\tau_i,\varphi_i) + N(T) \tag{8.19}$$

其中

$$N(T) = \int_0^T n(t) PN_1(t) \cdot 2\cos(\omega_0 t) \mathrm{d}t \tag{8.20}$$

$$I_{i1}(d_i,\tau_i,\varphi_i) = \frac{\cos\varphi_i}{T} \int_0^T d_i(t-\tau_i) PN_i(t-\tau_i) PN_i(t) \mathrm{d}t \tag{8.21}$$

显然,在 d_i,τ_i,φ_i 给定条件下,式(8.19)的 $V(t)$ 的均值是:

$$E[V(t)] = AT \cdot d_1 + AT \sum_{i=2}^K I_{i1}(d_i,\tau_i,\varphi_i)$$

方差是

$$\sigma_{V(t)}^2 = \sigma_{N(T)}^2$$

因此,CDMA 通信多址干扰在 d_i,τ_i,φ_i 给定条件下的平均误码率为:

$$P_{e_1} = Q\left[\sqrt{\frac{2PT}{N_0}} \left(1 + \sum_{i=2}^K I_{i1}(d_i,\tau_i,\varphi_i)\right) \right] \tag{8.22}$$

这里,要认真分析式(8.19)第二项给出的多址干扰。假设各通信用户到接收机的信号功率相等,即 $A_i(i=1,2,\cdots,K)=A$,那 CDMA 通信系统的多址干扰为:

$$V_2(t) = \sum_{i=2}^{K} A_i \int_0^T d_i(t-\tau_i) PN_i(t-\tau_i) PN(t) \cdot \cos\varphi_i dt$$

$$= AT \sum_{i=2}^{K} \frac{\cos\varphi_i}{T} \int_0^T d_i(t-\tau_i) PN_i(t-\tau_i) PN(t) \cdot \cos\varphi_i dt$$

$$= AT \sum_{i=2}^{K} I_{i1}(d_i,\tau_i,\varphi_i) \qquad (8.23)$$

式中的求和项 I_{i1} 就是式(8.21)所给出的,是 d_i,τ_i,φ_i 的函数。φ_i 与时间 t 无关,$d_i(t-\tau_i)$ 在 $t=\tau_i$ 前为某一信息数据值 $d_i(-1)$,在 $t=\tau_i$ 后为某一信息数据值 $d_i(0)$。d_i 是二值函数,那 $d_i(-1)$、$d_i(0)$ 相同的概率为 $1/2$,不同的概率为 $1/2$。因此,式(8.23)中对 $d_i(t-\tau_i)PN_i(t-\tau_i)PN(t)$ 的积分就不能再简单的认为是 $PN_i(t-\tau_i)PN(t)$ 的周期互相关,而是 $t=\tau_i$ 前一段部分相关与 $t=\tau_i$ 后一段部分相关之和。所以,I_{i1} 可改写为:

$$I_{i1}(d_i,\tau_i,\varphi_i) = \frac{\cos\varphi_i}{T}[d_i(-1)R_{i1}(\tau_i) + d_i(0)\hat{R}_{i1}(\tau_i)] \qquad (8.24)$$

其中

$$R_{i1}(\tau_i) = \int_0^{\tau_i} PN_i(t-\tau_i) PN_1(t) dt \qquad (8.25)$$

$$\hat{R}_{i1}(\tau_i) = \int_{\tau_i}^T PN_i(t-\tau_i) PN_1(t) dt \qquad (8.26)$$

式中,$0 \leq \tau_i \leq T(i=2,3,4,\cdots,K)$。为了计算式(8.24)的结果,把式中的时间延迟 τ_i 可看成 $jT_c \leq \tau_i \leq (j+1)T_c, 0 \leq j \leq N$。那么,对于以 T_c 为脉宽的矩形波的扩频编码,式(8.25)、式(8.26)所给出的两部分相关函数可写为:

$$R_{i1}(\tau_i) = C_{i1}(j-N)T_c + [C_{i1}(j+1-N) - C_{i1}(j-N)](\tau_i - jT_c) \qquad (8.27)$$

$$\hat{R}_{i1}(\tau_i) = C_{i1}(j)T_c + [C_{i1}(j+1) - C_{i1}(j)](\tau_i - jT_c) \qquad (8.28)$$

式中,$C_{i1}(j)$ 是扩频编码 $PN_1(t)$、$PN_1(t)$ 的部分互相关函数,或称为局部互相关函数,被定义为:

$$C_{i1}(j) = \begin{cases} \displaystyle\sum_{k=0}^{N-1-j} PN_i(k)PN_1(k+j) & 0 \leq j \leq N-1 \\ \displaystyle\sum_{k=0}^{N-1-j} PN_i(k-j)PN_1(k) & 1-N \leq j \leq 0 \\ 0 \geq |j| \geq N \end{cases} \qquad (8.29)$$

根据扩频编码的周期互相关函数的如下定义:

$$R_{PN_i,1}(j) = \sum_{k=0}^{N-1} PN_i(k)PN_1(k+j) \qquad (j=1,2,\cdots,N-1) \qquad (8.30)$$

可以定义扩频编码的周期互相关函数(即周期互相关函数)为:

$$R_{pni,1}(j) = C_{i1}(j) + C_{i1}(j-N) \qquad (8.31)$$

扩频编码的奇相关函数为:

$$\hat{R}_{pni,1}(j) = C_{i1}(j) - C_{i1}(j-N) \qquad (8.32)$$

对扩频编码的这些相关函数,在扩频序列一章中将详细介绍。利用上述相关函数的定义,在 $d_i(-1) = d_i(0)$ 时,式(8.24)可简化为:

$$I_{i1}(d_i, \tau_i, \varphi_i) = \frac{\cos\varphi_i}{T}\left\{ R_{pni,1}(j_i)T_c + [R_{pni,1}(j_i+1) - R_{pni,1}(j_i)](\tau_i - j_i T_c)\right\} \quad (8.33)$$

式中,$j_i T_c \leq \tau_i \leq (j_i+1)T_c$ 中的 j_i,$0 \leq j_i \leq N$。在 $d_i(-1) \neq d_i(0)$ 时,式(8.33)为:

$$I_{i1}(d_i, \tau_i, \varphi_i) = \frac{\cos\varphi_i}{T}\left\{ \hat{R}_{pni,1}(j_i)T_c + [\hat{R}_{pni,1}(j_i+1) - \hat{R}_{pni,1}(j_i)](\tau_i - jT_c)\right\} \quad (8.34)$$

由于 d_i 为 +1 或 −1 是随机的,τ_i 在 $0 \sim T$ 之间随机分布,φ_i 也是在 $0 \sim 2\pi$ 之间随机分布的变量,需要准确计算式(8.33)、式(8.34),进而再计算式(8.24),从而得到式(8.22)的准确结果,是非常困难的。从 20 世纪 70 年代到 80 年代,很多学者采用统计方法为给出具体结果尽了很大的努力,发表了各自的研究成果。尽管现在并没有肯定谁的解法和结果是惟一正确的,但对采用 m 序列优选对或由 m 序列衍生的 Gold 序列作扩频编码时,已公认为典型的较好结果如下:

1)最大误码率(最坏情况下的误码率)

从式(8.33)、式(8.34)可看出,当 τ_i 是 T_c 的整倍数、当 $\varphi_i = 0$ 时,它们的值最大。那么,式(8.24)就可以写成:

$$I_{i1}(d_i, \tau_i, \varphi_i) = \frac{1}{T}[d_i(-1)C_{i1}(j-N) + d_i(0)C_{i1}(j)] \quad (8.35)$$

其中,$j = 0, 1, 2, \cdots, (N-1)$。由于 d_i 是二值的,在 j 一定时,式(8.35)有 4 种取值,定义其中最大取值为 $(I_{i1})_{max} = \lambda_{i1}$。对于 $d_i(0) = -1$,多址情况下的 CDMA 通信的最大误码率是 λ_{i1} 取最大值的情况。对于 $d_i(0) = +1$,CDMA 通信的最大误码率对应于 λ_{i1} 取最小值 $-\lambda$ 的情况。因此,$(I_{i1})_{max}$ 造成的多址情况下 CDMA 通信的最大误码率为:

$$(P_e)_{max} = Q\left[1 - \frac{(K-1)\lambda}{N}\sqrt{\frac{2PT}{N_0}}\right] \quad (8.36)$$

式中,$\lambda = \max\{\lambda_{i1}\}(i = 2, 3, \cdots, K)$。如果扩频编码的部分互相关最大值为 $C_c = \max\{|C_{i1}(j)|\}$,那么 $\lambda \leq 2C_c$,多址情况下的 CDMA 通信的最大误码率为:

$$(P_e)_{max} \leq Q\left[1 - \frac{(K-1) \cdot 2C_c}{N}\sqrt{\frac{2PT}{N_0}}\right] \quad (8.37)$$

式中,K 是 CDMA 通信的同时发送信号的通信用户数;C_c 是扩频编码的最大部分互相关值;N 是扩频编码码长;P 是一个通信用户发送来的信号功率;T 是信息数据的比特宽度;$N_0/2$ 是零均值高斯白噪声的双边功率谱密度。

2)平均误码率

考虑到 d_i, τ_i, φ_i 是随机变量,其中 τ_i 在 $0 \sim 2\pi$ 之间均匀分布,d_i 是 +1, −1 取值概率各为 1/2,那么式(8.23)中 CDMA 通信的多址干扰 $V_2(t)$ 的方差为

$$\sigma_{V_2(t)}^2 = \frac{P}{2T}\sum_{i=2}^{K}\sum_{j=0}^{N-1}\int_{jT_c}^{(j+1)T_c}\left[R_{i1}^2(\tau) + \hat{R}_{i1}^2(\tau)\right]d\tau$$

$$= \frac{PT^2}{6N^3}\sum_{i=2}^{K}\gamma(i,1) \quad (8.38)$$

其中

$$P = A^2/2 \quad (8.39)$$

$$\gamma(i,1) = \sum_{j=0}^{N-1} \left[C_{i1}^2(j-N) + C_{i1}(j-N)C_{i1}(j+N-1) \right.$$
$$\left. + C_{i1}^2(j-N+1) + C_{i1}^2(j) + C_{i1}(j)C_{i1}(j+1) + C_{i1}^2(j+1) \right] \quad (8.40)$$

其中，N 为扩频编码码长。利用对求和的近似折中有：

$$\frac{1}{6N^3}\sum_{i=2}^{K}\gamma(i,1) \approx \frac{(K-1)}{3N} \quad (8.41)$$

即

$$\sum_{i=2}^{K}\gamma(i,1) \approx (K-1) \cdot 2N^2 \quad (8.42)$$

那么，就可以得到 CDMA 通信的多址干扰 $V_2(t)$ 的方差，从而给出多址情况下的 CDMA 通信的平均误码率为：

$$P_e = Q\left[\frac{1}{\sqrt{\dfrac{N_0}{2PT} + \dfrac{(K-1)}{3N}}}\right] = \left[\sqrt{\frac{2PT}{N_0}} \cdot \frac{1}{\sqrt{1+\dfrac{(K-1)\cdot 2PT}{3N \cdot N_0}}}\right] \quad (8.43)$$

从式(8.43)可以看出，多址情况下的 CDMA 通信的误码率，比单一通信用户发射信号(非多址情况下)，增加了一个恶化因子 $\dfrac{(K-1)}{3N}$。为了保证有足够低的误码率，这个恶化因子不能太大。通常，随机多址的 CDMA 通信的多址数 K，选为：

$$K \leqslant N/10 \quad (8.44)$$

通过分析可知，无论哪种情况都与使用的扩频编码的相关特性有关，这里是以 m 序列优选对或它们衍生出来的 Gold 序列为例分析的。如果使用有更低互相关特性的序列，多址数 K 会有所增加。

此外，上述分析中是把多址干扰看做一高斯随机过程处理的，这在 $K \gg 1$ 时是符合实际的；如果 K 不很大，多址干扰不是高斯过程，所分析的平均误码率特性，在很低误码率时，与结果会略有差异。

还需指出，上述分析所得到的结果是假定各通信用户发射到达接收机的信号功率均相等的情况下得出的。如果各通信用户发射到接收机的信号功率(或幅值)各不相等，即 $A_i(i=1,2,3,\cdots,K)$ 各不相同时，CDMA 通信的多址干扰 $V_2(t)$ 仍为式(8.23)，即：

$$V_2(t) = \sum_{i=2}^{K} A_i\cos\varphi_i \int_0^T d_i(t-\tau_i)PN_i(t-\tau_i)PN_1(t)\,\mathrm{d}t$$

多址通信用户的发射功率如果彼此相等，在同一通信信道，到达接收机的信号功率(或幅度)与 CDMA 通信信号的传送距离的平方成反比，即：

$$A_i = \alpha A/\gamma_i^2 \quad (8.45)$$

式中，A 是通信用户发射的扩频信号幅度；γ_i 是通信用户到接收机的传送距离；α 是传送衰减因子。这样，CDMA 通信的多址干扰为：

$$V_2(t) = \alpha A \sum_{i=2}^{K} \frac{\cos\varphi_i}{r_i^2} \int_0^T d_i(t-\tau_i)PN_i(t-\tau_i)PN_1(t)\,\mathrm{d}t$$
$$= \alpha A \sum_{i=2}^{K} I_{i1}(d_i,\tau_i,\varphi_i)/r_i^2 \quad (8.46)$$

为了与上述分析结果比较,我们选用要接收的通信用户 1 以接收机的扩频信号幅度

$$A_1 = \alpha A/r_i^2 \tag{8.47}$$

为标准,对多址干涉作归一处理,则:

$$V_2(t) = \alpha A \sum_{i=2}^{K} I_{i1}(d_i, \tau_i, \varphi_i)(\frac{r_1}{r_i})^2 \tag{8.48}$$

显然,CDMA 通信的多址干扰强度不仅受扩频编码的相关特性的影响,还取决于多址通信用户到接收机的距离的远近。如果 $r_i(i=2,3,\cdots,K) \geqslant r_1$,那多址干扰求和项为:

$$I_{i1}(d_i, \tau_i, \varphi_i)(\frac{r_1}{r_i})^2 \leqslant I_{i1}(d_i, \tau_i, \varphi_i)$$

这样,多址情况下的 CDMA 通信的误码率就会比式(8.37)、式(8.43)给出的值低。但是,$r_i(i=2,3,\cdots,K)$ 中某一个或某几个比 r_i 小,即通信用户 1 到接收机的距离比其他多址用户中的某一个或某几个远,则相应的多址干扰项就变大,即:

$$I_{i1}(d_i, \tau_i, \varphi_i)(\frac{r_1}{r_i})^2 > I_{i1}(d_i, \tau_i, \varphi_i)$$

这样,多址情况下的 CDMA 通信的误码率就会比上述分析的值高。距离远近相差越大,这种影响就越明显。这就是 CDMA 通信的远近问题。对克服随机多址 CDMA 通信方式中的远近问题,目前正在大力研究。现在大多采用通信用户的发射信号功率控制和某种躲避方式(如跳频、跳时)来减弱远近问题的影响。

3)同步多址的 CDMA 通信方式

CDMA 通信的又一多址方式是同步多址的 CDMA(SSSA)通信方式。在图 8.12 所示的多址通信系统中,若各用户同时发射信号,且延时 $\tau_1 = \tau_2 = \tau_3 = \cdots = \tau_k = \tau$,也就是说各通信用户的时延(包括传播时间)对接收机来说都是相同的,即各通信用户的扩频编码相位同步地到达接收机,被称作同步多址的 CDMA 通信系统。同步多址 CDMA 通信系统接收机的接收信号为:

$$U(t) = \sum_{i=1}^{K} A_i d_i(t-\tau) PN_2(t-\tau) \cos(\omega_0(t-\tau) + \varphi_i) + n(t) \tag{8.49}$$

为简便,假定 $\tau = 0$,则接收信号有:

$$U(t) = \sum_{i=1}^{K} A_i d_i(t) PN_i(t) \cos(\omega_0 t + \varphi_i) + n(t) \tag{8.50}$$

要接收 $i=1$ 的通信用户的信息数据 $d_1(t)$,用 $PN'(t) = PN_1(t)$ 的扩频编码作解扩。当接收机与 $i=1$ 的通信用户的载波频率、相位和扩频编码相位同步锁定的情况下(即 $\omega' = \omega_0$,$\varphi' = \varphi_1 = 0, PN'(t) = PN_1(t)$),$0 \rightarrow T$ 积分器的输出为:

$$V(t) = A_1 T \cdot d_1 + \sum_{i=2}^{K} A_i \cos\varphi_i \int_0^T d_i(t) PN_i(t) PN_1(t) dt$$

$$+ \int_0^T n(t) PN_1(t) \cdot 2\cos(\omega_0 t + \varphi_1) dt \tag{8.51}$$

同本节的随机多址的 CDMA 通信方式的分析一样,式(8.51)的第一项是有用信号;第二项是扩频多址干扰;第三项是噪声干扰,如果 $n(t)$ 是零均值、$N_0/2$ 双边功率谱密度的高斯白噪声,则式(8.51)中的噪声干扰项(第三项)是与式(8.20)的 $N(T)$ 完全一样。对扩频多址干扰项为:

$$V_2(t) = \sum_{i=2}^{K} A_i \cos\varphi_i \int_0^T d_i(t) PN_i(t) PN_1(t) \mathrm{d}t \tag{8.52}$$

由于各通信用户间完全同步,在积分时间 $0 \sim T$ 期间 $d_i(i=2,3,\cdots,K)$ 是不变的,与 t 无关。而且 $PN_i(t) PN_1(t)$ 在 $0 \sim T$ 期间的积分与它们之间的周期互相关,且相关时间 $\tau=0$,$\int_0^T PN_i(t) PN_1(t) \mathrm{d}t = R_{PN_{i},1}(0)$。假若使用 m 序列作扩频编码,则 $R_{PN_{i},1}(0) = -T/N$(N 是扩频编码码长)。当各通信用户到接收机的扩频信号的功率均相等时,即:$A_i^2(i=1,2,3,\cdots,K) = A^2$,则 CDMA 通信的多址干扰为:

$$V_2(t) \leqslant A^2 T \frac{(K-1)}{N} \tag{8.53}$$

它比随机多址的 CDMA 通信方式的多址干扰(式(2.90))大为减少。

如果同步多址的 CDMA 通信系统的扩频编码采用具有伪随机特性的正交序列,即 $R_{pn}(0) = 0$,各通信用户的扩频编码之间彼此正交,那么,CDMA 通信的多址干扰为:

$$V_2(t) = 0 \tag{8.54}$$

也就是说,同步多址的 CDMA 通信系统采用正交序列,在完全同步的情况下,积分器输出只有有用信号和高斯白噪声成分,多址干扰为 0。这时,该通信方式的信噪比和误码率分别是:

$$(S/N)_{\text{out}} = \frac{2PT}{N_0} \tag{8.55}$$

$$P_e = Q\left(\sqrt{\frac{2PT}{N_0}}\right) \tag{8.56}$$

这与单用户通信的特性完全一样,而与多址通信用户数无关。这就大大提高了同步多址通信的多址能力,而且仍有好的通信特性。但需要这些用户使用的扩频编码彼此完全正交。

对于同步多址的 CDMA 通信方式来说,由于扩频编码之间完全同步正交,扩频编码间的互相关为 0。在各通信用户到接收机的距离各不相等的情况下,尽管 $\alpha A/r_i^2$ 各不相同,但 $R_{PN_{i},1}(0) = 0$,这样远近问题也就不存在,仍具有式(8.55)、式(8.56)的信噪比和误码率特性。如果同步多址的 CDMA 通信系统的各用户多址同步不完全,对正交序列来说,相关时间不为 0($\tau \neq 0$),一般正交序列互相关就不完全为 0,总有一点互相关值存在,那 CDMA 通信的多址干扰和远近问题就总是存在。只要同步多址的 CDMA 通信系统的同步偏差不大,多址干扰和远近问题就不明显,比起随机多址的 CDMA 通信系统来说,也会大大地改善。

8.4.3　混合扩频多址

除了跳频和直接序列扩频这些扩频多址技术,还有一些混合扩频技术 HSSF(Hybrid Spread Spectrum Technique)。这些技术具有某些优点。

(1)混合 FDMA/CDMA(FCDMA)

混合 FDMA/CDMA(FCDMA)技术可以看做对前面所提出的直接序列扩频的一种替代技术。图 8.13 说明了这个混合模式的频谱。有效的宽带频谱被划分成一些带宽小的子频谱,每一个较小的子信道都成为窄带 CDMA 系统,与原来的 CDMA 系统相比,其处理增益低一些。这种混合系统有一个优点,就是频带不需要连续,而且,可以根据不同用户的要求,将它们分配在不同的子频带上。使用 FDMA/CDMA(FCDMA)技术的系统容量就是所有子频谱中工作的系统容量之和。

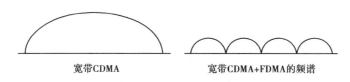

宽带CDMA   宽带CDMA+FDMA的频谱

图 8.13　FDMA/CDMA(FCDMA)系统的频谱

(2)混合直扩/跳频多址(DS/FHMA)

混合直扩/跳频多址(DS/FHMA)技术是把直接序列扩展频谱和跳频结合起来,使较宽的直接序列扩展频谱信号的中心频率以伪随机方式变化。图 8.14 说明了这种信号的频谱。直接序列扩频/跳频系统的增益是直接序列扩频增益和跳频增益的乘积。因为混合直扩/跳频多址是直接序列扩频和跳频方式的混合应用,因此,它兼有直接扩频和跳频的方式的优点,在足够通信带宽的强噪声干扰环境中,是很有实用价值的。然而,跳频 CDMA 系统不适合软切换处理,因为很难使跳频基站接收机和多路跳频信号同步。

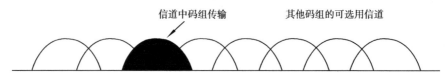

信道中码组传输   其他码组的可选用信道

图 8.14　混合直扩/跳频多址(DS/FHMA)系统的频谱

(3)时分 CDMA(TCDMA)

在一个 TCDMA(也叫 TDMA/CDMA)系统中,给不同的小区指定不同的扩频码。在每一个小区内,仅分配给一个用户特定时隙。因此在任一时刻,在每一个小区内仅有一个 CDMA 用户发射,当发生切换时,此用户的扩频带码就变成新小区的扩频码。使用 TCDMA 方式有一个优点,就是它避免了远近效应,因为在一个小区内的任一时刻只有一个用户在发射。

(4)时分跳频(TDFH)

时分跳频(TDFH:Time Division Frequency Hopping)多址技术在解决严重多径衰落或严重通信道干扰问题时优点显著。用户可以在一个新的 TDMA 帧时跳变到一个新的频率,因此避免了在一个特定信道上的严重衰落或碰撞事件。GSM 标准已采用了此技术。在 GSM 标准中,已预先定义了跳频序列,并且允许用户在指定小区的特定频率上跳变。如果使两个相互干扰的基站发射机在不同频率和不同时间发射,那么这个模式也避免了临近小区的通信道干扰问题。使用 TDFH 技术能成倍增加 GSM 系统容量。

8.5　SDMA

SDMA(空分多址)是通过空间的分割来区别不同的用户。在移动通信中,能实现空间分割的基本技术就是采用自适应阵列天线,在不同的用户方向上形成不同的波束,如 8.15 图所示。不同的波束可采用相同的频率和相同的多址方式,也可采用不同的频率和不同的多址方式。在极限情况下,自适应阵列天线具有极小的波束和无限快的跟踪速度,它可以实现最佳 SDMA。此时,在每个小区内,每个波束可提供一个无其他用户干扰的惟一信道。采用窄波束天线可以有效地克服多径干扰和同道干扰。尽管上述理想情况是不可实现的,它需要无限多个阵元;但采用适当数目的阵元,也可以获得较大的系统增益。

　　扇形天线可被看做 SDMA 的一个基本方式。如图 8.16 所示,可以把小区划分为三个扇区,每个扇区覆盖小区的 120 度范围。每个扇区都是用覆盖角度为 120 度的扇形天线,其中的任何一个扇形天线在覆盖本扇形区的用户,而不接收和发送其他扇形区内的用户信号,这样就可实现对同一小区内用户的空间分割。这种空间分割方式无助于对采用时分多址和频分多址的系统增加系统容量,但是能提高系统的

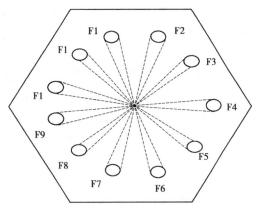

图 8.15　空分多址示意图

通信质量。对于采用码分多址方式的系统可以提高系统容量将近三倍,因为在同一个小区内进行扇区化而形成的三个扇区可以使用相同的频率进行扩频通信,只要扇形天线系统性能优异,即可在降低系统多址干扰的同时增加系统的通信容量,如图 8.17 所示。

图 8.16　扇形天线 SDMA　　　　　　图 8.17　CDMA 扇形天线 SDMA

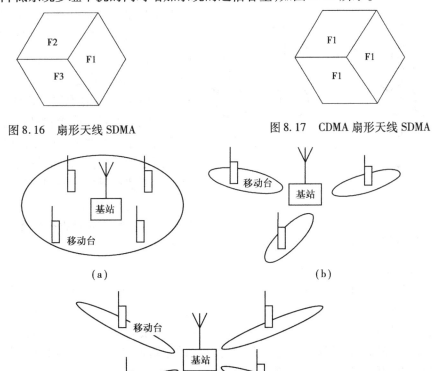

图 8.18　不同的天线模式

（a）全向基站天线模式　　（b）定向基站天线模式

（c）自适应天线模式为小区内每一用户提供单独波束

如果不考虑无穷小波束宽度和无穷大快速收缩能力的限制,自适应天线可以提供最理想的 SDMA,即能够为本小区的每一个用户形成一个波束,而且,当用户移动时,基站会跟踪它。此外,一个完善的自适应天线系统能够为每一个用户搜索其他多径分量,并以最理想的方式合并。图 8.18 给出了三种可能的基站天线配置模式。

图 8.18(a)是全向天线模式,全向接收天线检测到来自系统的所有用户的信号,因此,接收到的干扰最大;(b)是定向天线模式,定向天线的干扰最小,因此,可以增加系统中的用户数量;(c)是自适应天线模式,它是智能天线技术的一种方式。

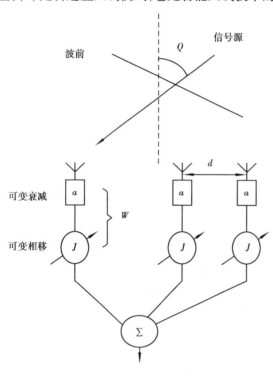

图 8.19　自适应波束形成示意图

智能天线是一种自适应阵列天线,它是一个方向图可以动态调节的多波束自适应天线阵列,通过调节各阵元信号幅度和相位的加权因子,使天线的方向图可以在任意方向上具有尖峰(波束)或者凹陷。发射机把高增益天线波束对准通信中的接收机,这样既可以增大通信距离,又可以减少对其他方向上接收机的干扰。接收机把高增益天线波束对准通信中的发射机,可增大接收信号的强度,同时把零点对准其他干扰信号的入射方向,可滤除通道干扰和多址干扰,从而提高接收信号的信干比。智能天线的理想目标是能在发射机或接收机快速移动时,以一个或者多个高增益的窄波束分别对准并跟踪所需信号的方向,同时一波束零点对准并跟踪干扰信号的方向,此时通信系统中的许多用户可以占用同一个信道工作而不相互干扰,这就是所谓的空分多址。目前,移动台要使用自适应天线,因受体积、重量和造型方面的限制,尚有一定困难,但基站使用自适应天线已证明是非常有效的。

图 8.19 给出了一种基于信号达到方向的(DAO)自适应波束形成器示意图;其中天线阵由 N 个空间分布的天线阵元组成,阵元排列可以是直线型、环型或平面型;阵元之间的距离一般为信号波长的一半,W 是复加权因子。这种自适应阵列需要判别所有信号的到达方向,然后根据信号到达方向,计算和选择合适的复加权因子,将方向图的主瓣指向所需信号,而把凹陷对准干扰信号,从而提高有用信号的信干比,实现空分多址。

8.6　多址方式与蜂窝系统容量

8.6.1　蜂窝移动通信系统容量的计算

在蜂窝移动通信系统中,系统容量有多种衡量方法,例如,每小区的信道数(ch/cell)、每小区每 MHz 的信道数(ch/cell·MHz)、每小区的爱尔兰数(Erl/cell)、每平方公里的用户数和每小时每平方公里的通话次数等方法进行度量。它们之间互有联系,可在一定的条件下互相进行转换。一般认为,采用 ch/cell 或者 ch/cell·MHz 对蜂窝移动通信系统的容量进行度量比较适宜。

数字时分(TDMA)系统容量 N 可采用下式进行计算:

$$N = \frac{M}{m} = \frac{W}{mB} \tag{8.57}$$

式中,B 为等效信道宽度,W 为无线频率带宽,M 为信道总数,m 为频率复用小区频率复用数,N 为系统容量。

数字时分系统的信道划分办法是:首先将给定的无线频率带宽 W 划分成若干载波间隔,然后在每个载波间隔上划分成若干时隙,而用户使用的信道是在一载波间隔上的某一时隙。如果载波间隔为 B_0,每个载波间隔包含 k 个时隙,则等效信道宽度为 B_0/k,相应的信道总数为 $M = k(W/B_0)$。数字时分系统可以采用 $m=4$(或 $m=3$)小区频率复用,其系统的容量是总信道的 1/4(或 1/3)。采用数字时分多址 GSM 系统的载波间隔是 200 kHz,每个载波所包含的时隙数是 8,等效信道带宽是 25 kHz,若系统的无线频率带宽为 1.25 MHz 时,信道总数为 50(1.25×10^6 Hz$/25 \times 10^3$ Hz),则 3 小区复用时系统容量为 16.66 信道/小区。

数字码分移动系统容量的计算比较复杂。在不考虑蜂窝移动通信系统的特殊情况下,计算一般码分通信系统的容量以式(8.58)计算为准:

$$N = 1 + \frac{W_a/R_b}{E_b/N_0} \tag{8.58}$$

式中,W_a 是码分系统所占的有效频谱宽度;R_b 是信息数据的速率;E_b 是信息数据的一比特能量;N_0 是干扰(噪声)的功率谱密度(单位 Hz 的干扰功率);W_a/R_b 是码分系统的扩频增益。当码分系统所占的频谱宽度 W_a 一定时,它随着信息速率 R_b 的降低而增大。E_b/N_0 是比特能量与噪声功率谱密度比,其比值取决于系统对误码率或话音质量的要求,并与系统的调制方式和编码方案有关。由此可知,在满足一定通信要求的前提下,比特能量与噪声功率谱密度比 E_b/N_0 越小,系统的容量越大。如果考虑码分蜂窝系统的特点,即语音激活技术,扇区的划分以及邻近蜂窝小区的干扰等因素,那么就要对式(8.58)进行相应修正。

首先考虑语音激活技术,在码分数字蜂窝移动通信系统中,由于所有用户共享同一个无线频道,如果采用语音激活技术,使通信中的用户有语音时才发射信号,没有语音时,该用户的发射机就停止发射功率。由于用户话音发生停顿,其他用户所受到的干扰都会相应地平均减少 65%,从而系统容量可以提高到 $1/d = 2.86$ 倍。为此,码分数字蜂窝移动通信系统容量的计算公式就应改为:

$$N = \left(1 + \frac{W_a/R_b}{E_b/N_0}\right) \frac{1}{d} \tag{8.59}$$

式中,d 为语音占空比($d=0.35$)。

再考虑扇区的划分,在码分数字蜂窝移动通信系统中,利用 120° 扇形覆盖的定向天线的一个蜂窝小区划分成 3 个扇区时,处于每个扇区中的移动用户是该蜂窝的 1/3,相应的各用户之间的多址干扰分量也减少约为原来的 1/3,从而使系统的容量增加约 3 倍(实际上,由于相邻天线覆盖区有重叠,一般能提高到 $G=2.55$ 倍左右)。为此,码分数字蜂窝移动通信系统容量的计算公式就应改为:

$$N = (1 + \frac{W_a/R_b}{E_b/N_0}) \frac{G}{d} \qquad (8.60)$$

式中,G 为扇形分区系数。

最后考虑邻近蜂窝小区的干扰对系统容量的影响,对于码分数字蜂窝移动通信系统,正向信道与所向信道的总干扰量是不同的,下面作简要说明。

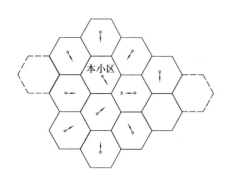

图 8.20 码分系统中移动台受干扰示意图

1)正向信道(由基站到移动台):在一个蜂窝小区内,基站不断地向所有通信中的移动台发送信号,移动台在接收自己所需信号的同时,也接收到基站发给所有其他移动台的信号,而这些信号对所需的信号形成干扰。当系统采用正向功率控制技术时,由于路径传播损耗的原因,位于靠近基站的干扰较小;位于小区边缘的移动台,受到本小区基站发射的信号干扰比距离近的移动台要小,但受到相邻小区基站的干扰较大。移动台最不利的位置是处于 3 个小区交界的地方,如图 8.20 中的 x 点,该图表示了码分系统中移动台受干扰的情况。

假设各小区中同时通信的用户数都是 n,即各小区的基站同时向 n 个用户发送信号,理论分析表明,当在采用功率控制时,每小区同时通信的用户数将下降到原来的 60%。此时,时分数字蜂窝移动通信系统容量的公式变为:

$$N = (1 + \frac{W_a/R_b}{E_b/N_0}) \frac{GF}{d} \qquad (8.61)$$

式中,F 为信道复用效率数,$F = 0.6$。

2)反向信道(由移动台到基站):在一个蜂窝小区内,基站不断地向所有通信中的移动台发送信号,形成各用户之间的多址干扰,影响了系统的容量;此外,基站在接收本小区移动台信号的同时,也收到来自相邻小区移动台的信号(如图 8.21 中 y 点),这些信号对所需的信号同样形成干扰,对系统容量也造成不良影响,图 8.21 反映了码分系统中基站受干扰示意图。

假设小区中同时通信的用户数都是 n,即各小区有 n 个移动用户同时发送信号,理论分析表明,在采用功率控制时,每小区同时通信的用户数将下降到原来的 65%,即信道复用效率系数 $F = 0.65$,也就是系统容量下降到没有必要去考虑邻区干扰时的 65%。由此可见,正向信道和反向信道的信道效率大致相等。在计算码分系统容量时,一般可以按照正向信道来考虑,即取 $F = 0.6$,最后得到的码分数字蜂窝移动通信系统容量的计算公式如式(8.61)所示。

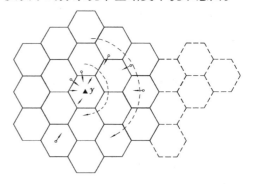

图 8.21 码分系统中基站受干扰示意图

例如,码分系统所占的有效频谱 $W = 1.2288$ MHz,信息数据速率 $R_b = 9.6$ kb/s,语音占空比 $d = 0.35$,扇形分区系数 $G = 2.55$,信道复用效率系数 $F = 0.6$,若比特能量与噪声功率谱密度比 $E_b/N_0 = 7$ dB,则 $N = 112$;若 $E_b/N_0 = 6$ dB,则 $N = 141$。

8.6.2　频分 FDMA、时分 TDMA 及码分 CDMA 系统容量的比较

在不同的条件下，对 FDMA，TDMA 和 CDMA 系统容量的比较方式有以下两种。

1)给定的一个窄带码分系统的频谱带宽(1.25 MHz)内，窄带码分系统采用同频覆盖所有区域的方式，用每小区可用信道数(ch/cell)作为衡量尺度，将 CDMA 系统容量与 FDMA，TDMA系统容量进行比较，结果如下：

▲模拟频分 TACS 系统：

总频带宽度：	1.25 MHz
信道带宽：	25 kHz
信道总数：	50
每区群小区数：	7
系统容量。	7.1(CH/cell)

▲数字时分 GSM 系统：

总频带宽度：	1.25 MHz
载波间隔：	200 kHz
每载频时隙数：	8
信道总数：	50
每区群小区数：	3
系统容量。	16.7(CH/cell)

▲数字 CDMA 系统：

总频带宽度：	1.25 MHz
有效频带宽度：	1.228 8 MHz
语音编码速率：	9.6 kb/s
比特能量与噪声功率谱密度比：	6 dB
语音占空比：	0.35
扇形分区系数：	2.55
信道复用效率系数：	0.6
系统容量。	141(CH/cell)

三种体制的系统容量比较结果可以写成：

$$n_{CDMA} = 20\ n_{TACS} = 8.4\ n_{GSM} \tag{8.62}$$

由式(8.62)可以看出，在总频带宽度为 1.25 MHz 时，CDMA 数字蜂窝移动通信系统的容量约是模拟 FDMA 系统的 20 倍，约是数字时分 GSM 系统的 8 倍。

2)在双模式系统中(指移动台既可以在模拟频分蜂窝移动通信系统中工作，又可以在码分多址蜂窝移动通信系统中工作)，为了避免模拟频分 FDMA 系统干扰大于窄带码分系统的干扰，在窄带码分系统频谱的两边应留有 262.5 kHz 的保护频带，这样一个窄带码分系统占用的实际频带宽度是 1.775 MHz，窄带码分系统采用同频覆盖所有区域方式。用 ch/cell/MHz 作为衡量尺度，三种系统容量比较结果如下：

▲模拟频分 TACS 系统：

总频带宽度：	1.775 MHz

信道带宽:	25 kHz
信道总数:	71
每区群小区数:	7
系统容量。	5.7(CH/cell·MHz)

▲数字时分 GSM 系统:

总频带宽度:	1.775 MHz
载波间隔:	200 kHz
每载频时隙数:	8
信道总数:	71
每区群小区数:	3
系统容量。	13.3(CH/cell·MHz)

▲数字 CDMA 系统:

总频带宽度:	1.775 MHz
有效频带宽度:	1.228 8 MHz
语音编码速率:	9.6 kb/s
比特能量与噪声功率谱密度比:	6.5 dB
语音占空比:	0.35
扇形分区系数:	2.55
信道复用效率系数:	0.6
系统容量。	70.6(CH/cell·MHz)

三种体制的系统容量的比较结果可以写成:

$$n_{CDMA} = 12.4\, n_{TACS} = 5.3\, n_{GSM} \tag{8.63}$$

由以上分析可知,CDMA 系统容量是 FDMA 的 12.4 倍,约是 GSMA 系统的 5 倍。上述比较方法都是理论值,实际容量低于理论值。另外也可看出 CDMA 系统远远超过另外两种系统的容量,在移动通信事业迅速发展的今天,移动用户量日益猛增,而频率资源日趋紧张,采用 CDMA 数字蜂窝移动通信系统是势在必行。

习　题

1. 美国数字蜂窝 TDMA 系统的数据速率为 48.6 kb/s,每帧支持 3 个用户。每一个用户占用每帧中 6 个时隙的 2 个。求每一用户的原始数据速率是多少?

2. 设系统采用 FDMA 多址方式,信道带宽为 25 kHz。那么在 FDD 方式下,系统同时支持 100 路双向语音传输,这需要多大系统带宽?

3. 如果语音编码速率相同,采用 FDMA 多址方式,问 FDD 方式和 TDD 方式需要的系统带宽有何差别?

4. 在 TDMA 多址方式中,上行链路的帧结构和下行链路的帧结构有何区别?

5. 常用的 CDMA 系统可以分成哪几类? 其特点分别如何? 不同的用户信号是如何区别开来的?

6. SDMA 的特点是什么? SDMA 可否与 CDMA、TDMA、FDMA 相结合? 为什么?

第**9**章
移动无线通信系统和标准

9.1 GSM 系统

9.1.1 GSM 系统特点

GSM 系统是泛欧数字蜂窝移动通信网的简称,是当前发展最成熟的一种数字移动通信系统,现重新命名为"Global System for Mobile Communications",即为"全球移动通信系统"。GSM 系统的五大特点如下:

(1)GSM 的移动台具有漫游功能,可以实现国际漫游

GSM 在移动台识别码、漫游用户登记和呼叫持续过程等方面做了大量的工作。

①移动台识别码　GSM 为用户定义了三个识别码,即 DN 码、MSRN 码和 IMSI 码。DN 码是公用电话号码簿上可以查到的统一电话号码;移动台漫游号码 MSRN 是在呼叫漫游用户时使用的号码,由 VLR 临时指定,并根据此号码将呼叫接至漫游移动台;国际移动台识别 IMSI 在无线信道上使用,用来寻呼和识别移动台。上述三个识别码存在着对应关系,利用它们可以准确无误地识别某个移动台。

②位置登记　某区的移动台若进入另一个区,则只有经过位置登记后才能使用。如 *A* 区移动台进入 *B* 区后,它会自动搜索该区基站的广播公共信道,获得位置信息。当发现接收到的区域识别码与自己的不同时,漫游移动台会向当地基站发出位置更新请求;*B* 区的被访局收到此信号后,通知本局的 VLR,VLR 即为漫游用户指定一个临时号码 MSRN,并将此号码通过 CCITT(国际电话与电报顾问委员会)No.7 信令,通知移动台所在业务区备案。这样,一个漫游用户位置登记就完成了。

③将呼叫接续至漫游移动台　当公用有线电话用户要呼叫某漫游用户移动台时,用固定电话机拨移动台 DN 码,DN 码首先经由公用交换网接至最靠近的本地 GSM 移动业务交换中心(这时的 MSC 称为 GSMC);GSMC 利用 DN 码访问母局位置登记器,从中取得漫游台的 MSRN 号码后,进一步访问来访者登记器,证实漫游台是否仍在本区工作,经确认后,VMSC 把

MSRN 码转换成国际移动台识别码(IMSI),通过当地基站,在无线信道上向漫游移动台发出寻呼,从而建立通话。

(2)GSM 提供多种业务

GSM 可提供许多新业务,包括传输速率为 300 ~ 9 600 b/s 的双工异步数据,1 200 ~ 9 600 b/s 的双工同步数据;异步 300 ~ 9 600 b/s 的 PAD 接入电路、分组数据和话音数字信号、可视图文以及对 ISDN 终端的支持等。

(3)GSM 具有较好的保密功能

GSM 向用户提供以下三种保密功能。

①对移动台识别码加密,使窃听者无法确定用户的移动台的电话号码,起到对用户位置保密的作用。

②将用户的话音、信令数据和识别码加密,使非法窃听者无法收到通信的具体内容。

③保密措施通过"用户鉴别"来实现。其鉴别方式是一个"询问—响应"过程。为了鉴别用户,在通信过程开始时,首先由网络向移动台发出一个信号;移动台收到这个号码后,连同内部的"电子密锁",共同启动"用户鉴别"单元,随之输出鉴别结果,返回网络的固定方。网络固定方在发出号码的同时,也启动自己的"用户鉴别"单元,产生相应的结果,与移动台返回的结果进行比较,若结果相同则确认为合法用户,否则确认为非法用户,从而确保了用户的使用权。

(4)越区切换功能

在微蜂窝移动通信网中,高频度的越区切换已不可避免。GSM 采取主动参与越区切换的策略。移动台在通话期间,不断向所在工作区基站报告本区和相邻区无线环境的详细数据。当需要越区切换时,移动台主动向本区基站发出越区切换请求,固定方(MSC 和 BS)根据来自移动台的数据,查找是否存在替补信道,以接收越区切换。如果不存在,则选择第二替补信道,直至选中一个空闲信道,使移动台切换到该信道上继续通信。

(5)其他特点

GSM 系统容量大,通话音质好,便于数字传输,可与今后的综合业务数字网(ISDN)兼容,还具有电子信箱、短消息业务等功能。

9.1.2　GSM 系统构成

GSM 数字蜂窝移动系统的主要组成部分可分为移动台(MS)、基站子系统(BSS)和网络子系统(NSS),如图 9.1 所示。

(1)移动台(MS)

移动台是用户使用的终端设备,它包括移动电话以及用于提供数据/传真等附加业务的终端适配器和终端设备。移动台有便携式(手持)和车载式两种。未来移动台的主要形式是手持式,因为它的功能全、体积小、使用十分方便。

移动台的主要功能有:能通过无线接入进入通信网络,完成各种控制和处理以提供主叫或被叫通信业务;具备与使用者之间的人机接口。例如,要实现话音通信,必须要有送、受话器,键盘以及显示屏幕等,或者与其他终端设备相连接的适配器,或两者兼有。从功能上看移动台可分为三种:

①只具备某种业务功能,例如,只能通话的普通手持机,即单独的移动终端(MT),如图9.2所示;

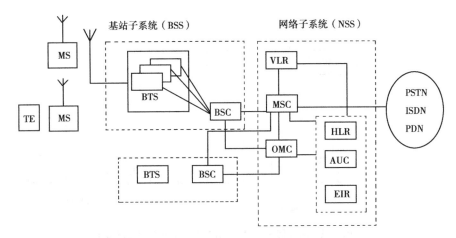

TE：移动终端适配器　MS：移动台　BTS：基站收发信机　BSC：基站控制器
MSC：移动业务交换中心　VLR：来访位置寄存器　　HLR：归属位置寄存器
AUC：鉴权中心　　　　　EIR：设备寄存器　　　　　OMC：操作维护中心

图 9.1　GSM 的系统构成

②由移动终端(MT)直接与终端设备(TE)相连而构成,具体结构如图 9.2 所示;

③由移动终端(MT)通过相关终端适配器(TA)与终端设备(TE)相连而构成,具体结构如图 9.2 所示。

移动台还涉及到用户注册与管理。移动台依靠无线接入,不存在固定的线路。移动台本身必须具备用户的识别号码。这些用于识别用户的数据资料可以由电话局一次性注入移动台。另外,还可采用用户识别模块,即一种信用卡的形式,称为 SIM

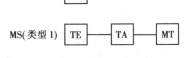

MT：移动终端　TA：终端适配器　TE：终端设备

图 9.2　移动台的功能结构

(Subscriber Identify Module)卡。使用移动台的必须将 SIM 卡插入移动台才能使用,这是一种非常灵活的使用方式。

(2)基站子系统(BSS)

BSS 主要可分为两部分,即基站收发信台(BTS)和基站控制器(BSC)。BSS 结构如图 9.3 所示。

BTS 主要分为基带单元、载频单元、控制单元三大部分,包括了无线传输所需要的各种硬件和软件,如发射机,接收机,支持各种小区结构(如全向、扇形、星状或链状)所需要的天线,连接基站控制器的接口电路以及收发台本身所需要的检测和控制装置等。基带单元主要用于必要的语音和数据速率适配以及信道编码等。载频单元主要用于调制/解调与发射机/接收机之间的耦合等。控制单元完成 BTS 的操作与维护。

BSC 是基站收发台和移动交换中心之间的连接点,也为基站收发台和操作维护中心之间交换信息提供接口。一个基站控制器通常控制几个基站收发台,其主要功能是进行无线信道管理,实现呼叫和通信链路的建立和拆除,并为本控制区内的移动台的越区切换进行控制等。

另外,在 BSC 与 BTS 不设在一处需要采用 Abis 接口时,传输单元必须增加,以实现 BSC 与 BTS 之间的远端连接方式。如果 BSC 与 BTS 并置在同一处,只需要 BS 接口时,传输单元是不需要的。这点在图 9.3 中可以看出。

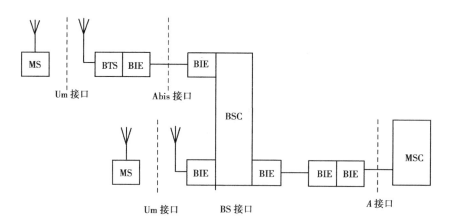

BTS：基站收发信台　　BIE：基站接口设备　BSC：基站控制器
MSC：移动业务交换中心　　SM：子复用设备　　TC：码变换器

图 9.3　BSS 结构示意图

(3)网络子系统(NSS)

NSS 由移动业务交换中心(MSC)、归属位置寄存器(HLR)、访问位置寄存器(VLR)、鉴权中心(AUC)、设备识别寄存器(EIR)、操作维护中心(OMC)和短消息业务中心(SC)构成。

MSC 是蜂窝通信网络的核心,其主要功能是对于本 MSC 控制区域内的移动用户进行通信控制与管理。例如:信道的管理与分配;呼叫的处理与控制;越区切换和漫游的控制;用户位置登记与管理;用户号码和移动设备号码的登记与管理;服务类型的控制;对用户实施鉴权;为系统与其他网络连接提供接口,例如系统与其他 MSC、公用通信网络(如公用交换电信网(PSTN)、综合业务数字网(ISDN)和公用数据网(PDN))等连接提供接口,这样保证用户在转移和漫游过程中实现无间隙的服务。

对于容量比较大的移动通信网,一个网络子系统 NSS 可包括若干个 MSC、VLR 和 HLR,为了建立固定网用户与 GSM 移动用户之间的呼叫,无须知道移动用户的所处的位置,此呼叫首先被接入到入口移动业务交换中心(此 MSC 称为 GMSC),入口移动业务交换中心负责读取位置信息,且把呼叫转接到可向该移动用户提供即时服务的 MSC(此 MSC 称为 VMSC:被访MSC),以此实现固话网对移动用户的呼叫通话。

HLR 是一种用来存储本地用户位置信息的数据库。在蜂窝通信网中,通常设置若干个HLR,每个用户都必须在某个 HLR 中登记。登记的内容分为两类:一类是永久性的参数,如用户号码、移动设备号码、接入的优先等级、预定的业务类型以及保密参数等;另一类是暂时性的,需要随时更新的参数,即用户的当前所处位置的有关参数。当用户漫游到 HLR 服务区域之外时,HLR 也要登记由该区传送来的位置信息。这样做的目的是保证当呼叫任一个不知处于哪一个地区的移动用户时,均可由该移动用户的归属位置寄存器获知它当时处于哪一个地区,进而建立起通信链路。

VLR 是一种用于存储来访用户位置信息的数据库。一个 VLR 通常为一个 MSC 控制服务区,也可分为几个相邻 MSC 控制服务区。当移动用户漫游到新的 MSC 控制区时,必须向该区的 VLR 申请登记。VLR 要从该用户的 HLR 查询有关的参数,要给该用户分配一个新的漫游号码(MSRN),并通知 HLR 修改用户的位置信息,准备为其他用户呼叫此移动用户时提供路由信息。如果移动用户由一个 VLR 服务区移动到另一个服务区时,那么 HLR 在修改该用户的位置信息后,还要通知原来的 VLR,删除此移动用户的位置信息。VLR 的功能一般是在 MSC 中综合实现。

AUC 的作用是可靠地识别用户的身份,只允许有权用户接入网络并获得服务。AUC(鉴权中心)存储着鉴权信息和加密密钥,用于对用户实施用户鉴权、无线接口上的话音、数据和信息进行保密。AUC 属于 HLR 的一个功能单元。

EIR 是存储移动台设备参数的数据库,用于对移动台设备进行鉴别和监视,并拒绝非法移动台入网。EIR 上存储着移动设备的国际移动设备识别码(IMEI),通过核查白色清单、黑色清单或灰色清单这三种表格,在表格中分别列出了准许使用的、出现故障需监视的、失窃不准使用的移动设备 IMEI 识别码,使得运营商能采取相应的措施。

OMC 的任务是对全网进行监控和操作,例如系统的自检、报警和备用设备的激活,系统的故障诊断与处理;话务量的统计和计费数据的记录与传递;各种资料的收集、分析与显示等。

SC 是向用户提供短消息业务的实体。HLR,AUC 和 EIR 通常合设于同一物理实体中。

9.1.3　GSM 系统的主要参数

GSM 系统主要参数为频段、频段宽度、通信方式、信道分配等,具体参数如下:

频段:935～960 MHz 为基站发、移动台收的频段;

　　　890～915 MHz 为移动台发、基站收的频段;

频段宽度:25 MHz;

通信方式:全双工;

载波间隔:200 kHz;

信道分配:TDMA 每载波 8 时隙,全速信道 8 个,半速信道 16 个;

信道总速率:270.83 kb/s;

调制方式:GMSK,调制指数为 0.3;

语音编码:RPE—LP 13 kb/s 规则脉冲激励线性预测编码;

数据速率:9.6 kb/s;

分集接收:跳频 217 跳/s,交错信道编码,判决反馈自适应均衡(16 μs 以上);

每个时隙传输速率:22.8 kb/s。

9.1.4　GSM 的网络结构

一个国家(或地区)的网络结构与其地域面积、人口分布及发展等因素均有密切关系,各国的网络结构须根据其国情确定。目前世界各国 GSM 网均采用独立建设专用网方式。该方式不依附于 PSTN 而独立地在 MSC 间建立话务和信令链路,呼叫直接在 GSM 网中进行接续。图 9.4 是欧洲中等国家的网络结构图。根据话务密度在需要的地方建立 MSC/VLR,设置若干汇接 MSC(TMSC),在 TMSC 间建立网状网互联。每个 MSC/VLR 至少与两个 TMSC 相连,这样做的目的是为了确保网络的可靠性。GSM 网使用专用的接入号(一般占用一个单独的长途区号)与 PSTN 互通。每个 MSC/VLR 与当地长途或市话汇接局相连起到入口 MSC(GMSC)的功能。用户的拨号方式为:移动电话拨叫固定电话(长途冠字 + 长途区号 + 用户号码),固定电话拨叫移动电话(长途冠字 + GSM 接入区号 + 用户号码)。

我国的国土面积辽阔,人口众多,因此,有专家认为,省级网采用图 9.4 的结构是非常合适的。在省级网的基础上,建设若干大区汇接中心,对省级间话务进行汇接,即可建成符合我国国情的 GSM 移动通信网。

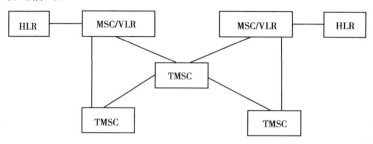

图 9.4　欧洲中等国家的网络结构

9.1.5　GSM 系统的网络接口

(1)MAP 接口

GSM 系统定义了 Um, A, Abis, B, C, D, E, F, G 等多个接口。具体的接口位置如图9.5和图9.6所示。

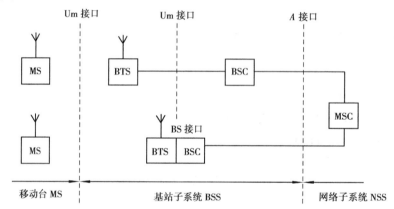

图 9.5　GSM 系统的主要接口

其中 Um 为移动台与基站之间的接口;A 为基站与移动交换中心之间的接口;Abis 为基站收发台与基站控制器之间的接口;B 为移动交换中心与访问位置寄存器之间的接口;C 为移动交换中心与归属位置寄存器之间的接口;D 为归属位置寄存器与访问位置寄存器之间的接口;E 为移动交换中心之间的接口;F 为移动交换中心与设备标志寄存器之间的接口;G 为访问位置寄存器之间的接口。自 B 至 G 这 6 个接口都是由 MAP(移动应用部分)支持,称为 MAP 接口。MAP 接口主要由以下七大类程序组成:

①位置登记/删除　这是在 HLR 和 VLR 之间传送的程序,是 MAP 程序中最基本也是最重要的一部分,这一程序主要用于位置信息的更新。当移动台漫游到一个新的 VLR 所管辖区域后,VLR 将通过位置登记程序通知移动台归属的 HLR,HLR 将用这一新的 VLR 地址更新移动台的位置数据;同时 HLR 还将用位置删除程序通知前一个为移动台提供服务的 VLR,删除该移动用户的信息。

②补充业务的处理　GSM 系统具有众多的补充业务,为用户提供了方便。而用户通过移动台对补充业务的操作必须有"补充业务的处理"。该处理由 MAP 程序支持。例如,当用户

需要更改前转号码时,可根据规定,在移动台上进行操作,VLR 收到来自移动台的操作程序后,通过 MAP 程序将这一更改码信息传送给用户归属的 HLR,HLR 可及时更新用户的补充业务数据。

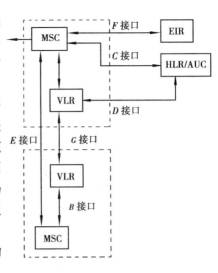

③呼叫建立期间用户参数的检索　这是一个与呼叫建立有关的 MAP 程序。始发呼叫的 MSC 通过这一程序向被叫移动台归属的 HLR 寻问路由信息,HLR 在该用户的数据库中找到用户的位置(VLR 号码)后,向用户所在 VLR 索取临时漫游号码,并将得到的这一号码回送给始呼的 MSC,MSC 根据这个临时号码建立话音通路,完成接续。

④切换　这是 MSC 之间传送程序,主要用于移动台在两个 MSC 之间进行切换号码等信息的过程。

图 9.6　网络子系统内部接口示意图

⑤用户管理　VLR 和 HLR 之间的管理程序是 MAP 程序中比较关键的部分。它包括两方面的内容,一是 HLR 向移动台所在的 VLR 输入用户数据,二是 VLR 向 HLR 索取用户的鉴权参数等用户信息。这些操作的执行可保证 VLR 及时、准确地得到所有用户数据,此用户是指在本 VLR 区中的用户。

⑥HLR 故障后的复原　当 HLR 发生故障后,HLR 中的用户数据可能就不太准确了,因此,HLR 在复原后将通过复原程序通知所有相关的 VLR,VLR 得到这一信息后对归属于该 HLR 的用户做一个特殊标记,进行特殊的处理。

⑦国际移动设备识别(IMEI)的管理　EIR 是存储移动台设备信息的数据库,IMEI 的管理程序主要用于 MSC 与 EIR 之间 IMEI 数据的索取。

(2)MSC 与公用网的接口

MSC 与公用网的接口的作用是完成移动用户与固定用户之间的呼叫接续,目前公用网主要提供电话业务,因此,中国 No.1 信令或 No.7 信令 TUP 部分(电话用户部分)都可支持这一接口。待将来公用网实现 ISDN 业务时,这一接口可更新为 ISUP(ISDN 用户部分)信令。

(3)各接口协议

GSM 系统各功能实体之间的接口定义明确,同样 GSM 规范对各接口所使用的分层协议也作了详细的定义。GSM 系统各接口采用的分层协议结构是符合开放系统互联(OSI)标准的。图 9.7 给出了 GSM 系统主要接口所采用的协议分层示意图。

信号层 1　(L1)也称为物理层是无线接口的最底层,提供传送比特流所需的物理链路,为高层提供各种不同功能的逻辑信道,包括业务信道和逻辑信道,每个逻辑信道有它自己的服务接入点。

信号层 2　(L2)主要目的是在移动台和基站之间建立可靠的专用数据链路,L2 协议基于 ISDN 的 D 信道链路接入协议(LAP—D)而修改的,所以称为 LAP—Dm,用于 Um(无线接口)接口上。

信号层 3　(L3)是实际负责控制和管理的协议层,把用户和系统控制过程的特定信息按一定的协议分组安排到指定的逻辑信道上。L3 包括三个基本子系统:无线资源管理(RR)、移动性管理(MM)和接续管理(CM)。其中一个接续管理子层中含有多个呼叫控制(CC)单元,

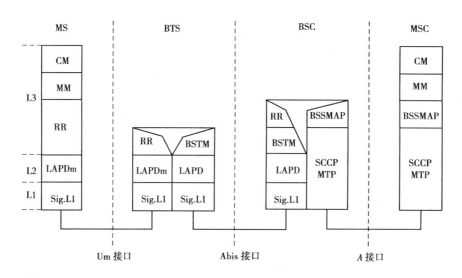

CM：接续管理　　　　BTSM：BTS 管理接口　　　MTP：信息传递部分
MM：移动性管理　　　RR：无线资源管理　　　　SCCP：信令连接控制部分
L1~L3：信号层 1~3　　BSSMAP：基站子系统移动应用部分
LAPDm：ISDN 的 Dm 数据链路协议

图 9.7　GSM 系统主要接口的协议分层示意图

提供并行呼叫处理。为支持补充业务和短消息业务,在 CM 子层中还包括补充业务管理(SS)单元和短消息业务管理(SMS)单元。

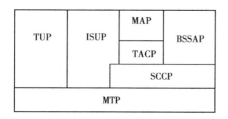

TUP：电话用户部分　　BSSAP：BSS 应用部分
ISUP：ISDN 用户部分　SCCP：信令连接控制部分
MAP：移动应用部分　　MTP：消息传递部分
TCAP：事务处理应用部分

图 9.8　应用与 GSM 系统的 7 号信令协议层

在 *A* 接口上,由于基站需完成蜂窝控制这一无线特殊功能,这是在基站自行控制或在 MSC 的控制下完成的,所以子层(RR)在基站子系统中终止,无线资源管理(RR)消息在 BSS 中进行处理和转译,映射成 BSS 移动应用部分(BSSMAP)的消息在 *A* 接口中传递。

子层移动性管理(MM)和接续管理(CM)都至 MSC 终止,MM 和 CM 消息在 *A* 接口中是采用直接转移应用部分(DTAP)传递,基站子系统则透明传递 MM 和 CM 消息,这样就可保证 L3 子层协议在各接口之间互通。

在网路子系统(NSS)内部各功能实体之间定义了 *B*、*C*、*D*、*E*、*F* 和 *G* 接口,这些接口的通信全部由 7 号信令系统支持,GSM 系统与 PSTN 之间的通信优先采用 7 号信令系统。支持 GSM 系统的 7 号信令系统协议层简单的用图 9.8 表示。与非呼叫相关的信令是采用移动应用部分(MAP),用于 NSS 内部接口之间的通信;与呼叫相关的信令则采用电话用户部分(TUP)和 ISDN 用户部分(ISUP),分别用于 MSC 之间和 MSC 与 PSTN、ISDN 之间的通信。

9.1.6 GSM 的无线接口

(1)概述

移动终端与网络之间的接口,它是保证不同厂家的移动台与不同厂家的系统设备之间互通的主要接口,也是 GSM 系统中最有特色的一个接口。

无线接口自下而上分为三层:物理层、数据链路层和第三层。第三层又分为三层:无线资源(RR)管理、移动性管理(MM)、连接管理(CM)。这些功能是在移动台和网络实体间进行的,不同的功能对应于不同的网络实体。其中:

①RR 完成专用无线信道连接的建立、操作和释放,它是在移动台与基站子系统间进行的;

②MM 完成位置更新、鉴权和临时移动用户号码的分配工作;

③CM 完成电路交换的呼叫建立、维持和结束,并支持补充业务和短消息业务。

MM 和 CM 层是移动台直接与移动交换机(MSC)之间的通信,A 接口不作任何处理。

(2)物理层

1)无线特性 GSM 的载频间隔为 200 kHz,采用 TDMA 接入方式,每载波分为 8 个基本物理信道。采用频带为:MS 至 BTS,890~915 MHz;BTS 至 MS,935~960 MHz;调制方式为GMSK(调制系数为 0.3),调制速率为 270.833 kb/s。

GSM 具有以下无线特性:

①在典型的城区衰落模式下(即多径延迟不超过 5 μs),要求 C/I 最小为 9 dB。在工程设计中须另加 3 dB 的余量。

②GSM 采用了交织和卷积等信道处理技术,并采用 Viterbi 接收机,使解码信息的误码减少,以提高物理层无线传输的可靠性。

③GSM 采用 217 跳/s 的慢跳频。采用分集接收可减少干扰,使频率复用从 4×3 降为 3×3,从而提高系统容量。

④具有不连续发射(DTX)功能,无线发信机在通话停顿时可以关闭发射机。这主要是为了节省移动台的电源能量并减少空中的干扰。

⑤发射功率控制主要用于将移动台和基站的发射功率降至最小值,并减小同频干扰。

2)帧结构和信道类型 GSM 信道分为业务信道和信令信道,如表 9.1 所示。表中括号里的内容表示相应信道的用途,表中的信道是按照发送顺序给出的。

表 9.1 GSM 的信道

上行链路	下行链路
—	PCH + BCCH (寻呼)(系统信息)
RACH(随机接入)	AGCH(分配专用控制信道)
SDCCH + SACCH (信令程序)(测量)	SDCCH + SACCH (信令程序)(测量)
TCH + SACCH (话音或数据业务或信令程序)(测量)	TCH + SACCH (话音或数据业务或信令程序)(测量)

当移动台进入某一小区时,首先收听广播控制信道信息(BCCH),并在自己的寻呼组搜索是否有寻呼信息。当发现有寻呼信息或移动台要拨打电话时,由随机接入信道(RACH)向网络申请接入,要求分配一专用信令信道。于是系统在下行的接入准许信道(AGCH)上为移动台分配独立专用控制信道(SDCCH)。在专用信道上,移动台和网络间将进行鉴权和业务信道建立前的信令交换,此后转入业务信道(TCH)。在 SDCCH 和 TCH 传送时,都有慢速随路信道(SACCH),它主要用于传送测量信息,以便进行控制、定时提前和定时调整。在通话或传送数据过程中,有可能发生切换等活动,此时需要信令信息的快速传送,要占用快速随路控制信道(FACCH)。

业务信道(TCH)、控制信道(FACCH)和 SACCH 使用 26 帧的复帧结构(即 26 个 TDMA帧,一个 TDMA 帧包括 8 个时隙)如图 9.9 所示。FACCH 为快速信令,它与 TCH 信息同时传送。当采用半速率编码时,仅需占用一半的时隙即可传送相同的信息量,故一个信道可分为 2个子信道。

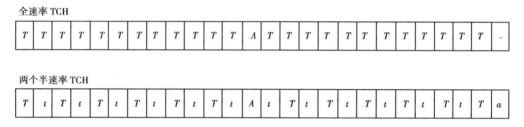

图 9.9　业务信道的复帧结构

信令信道使用 51 帧的复帧结构,如图 9.10 所示。下行的广播信道包括 BCCH 和 CCCH(CCCH 中包括 PCH 和 AGCH,两者的分配可由运营者通过参数来设置)。与此对应的上行信道为 RACH。SDCCH 和 SACCH 采用了 8 个用户复用的结构,以 102 个 TDMA 帧为一循环,上行与下行信道结构相同,只是相差一个固定时延。

上述的信令信道结构一般指一个小区有 2~5 个频点的情况;当一个小区仅有一个载波时,只有 8 个信道;如果用一个信道为 BCCH + CCCH,另一个为 8SDCCH/8,则只有 6 个业务信道。此时可以将这两个信令信道合并为一个信道,4 个用户复用一个 SDCCH,上行则将 RACH与 SDCCH 合并起来。

(3)数据链路层

无线接口的数据链路层采用一种类似于 LAPD(D 通道的链路接入协议),为了与 LAPD相区别加上"m"(mobile:移动)脚标,称为 LAPD_m。

LAPD_m 的功能与 OSI 第二层(链路层)的功能相近,包括流量控制、争抢判决、序列控制等。数据链路层的帧结构如图 9.11 所示。

从帧格式看,LAPD_m 有以下几点与 LAPD 不同。

①LAPD_m 没有采用标志位来实现帧定界,帧定界由无线接口物理层来完成;

②LAPD_m 没有帧检查序列,它由物理层的信道编码来实现检错、纠错;

③加长了长度指示以区分信息字段与填充比特;

④从帧结构上看,相同的地址字段、控制字段,其具体编码也有不同。

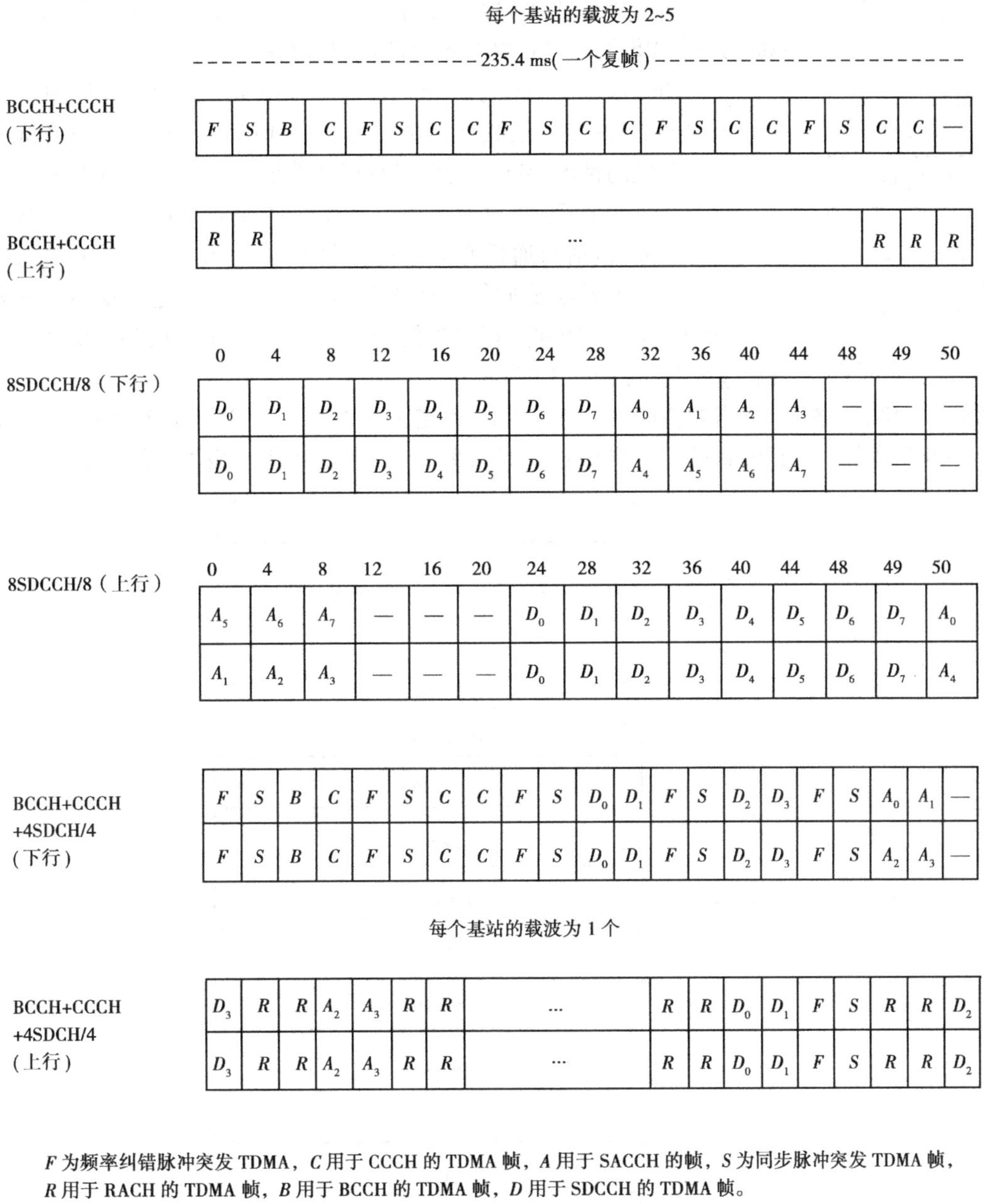

每个基站的载波为 2~5

------------- 235.4 ms(一个复帧) -------------

BCCH+CCCH（下行）

F	S	B	C	F	S	C	C	F	S	C	C	F	S	C	C	F	S	C	C	—

BCCH+CCCH（上行）

R	R	...	R	R	R

8SDCCH/8（下行）

0	4	8	12	16	20	24	28	32	36	40	44	48	49	50
D_0	D_1	D_2	D_3	D_4	D_5	D_6	D_7	A_0	A_1	A_2	A_3	—	—	—
D_0	D_1	D_2	D_3	D_4	D_5	D_6	D_7	A_4	A_5	A_6	A_7	—	—	—

8SDCCH/8（上行）

0	4	8	12	16	20	24	28	32	36	40	44	48	49	50
A_5	A_6	A_7	—	—	—	D_0	D_1	D_2	D_3	D_4	D_5	D_6	D_7	A_0
A_1	A_2	A_3	—	—	—	D_0	D_1	D_2	D_3	D_4	D_5	D_6	D_7	A_4

BCCH+CCCH+4SDCH/4（下行）

F	S	B	C	F	S	C	C	F	S	D_0	D_1	F	S	D_2	D_3	F	S	A_0	A_1	—
F	S	B	C	F	S	C	C	F	S	D_0	D_1	F	S	D_2	D_3	F	S	A_2	A_3	—

每个基站的载波为 1 个

BCCH+CCCH+4SDCH/4（上行）

D_3	R	R	A_2	A_3	R	R	...	R	R	D_0	D_1	F	S	R	R	D_2
D_3	R	R	A_2	A_3	R	R	...	R	R	D_0	D_1	F	S	R	R	D_2

F 为频率纠错脉冲突发 TDMA，C 用于 CCCH 的 TDMA 帧，A 用于 SACCH 的帧，S 为同步脉冲突发 TDMA，R 用于 RACH 的 TDMA 帧，B 用于 BCCH 的 TDMA 帧，D 用于 SDCCH 的 TDMA 帧。

图 9.10　信令信道的帧结构

(4) 第三层

第三层由无线资源管理来建立、改变和释放无线信道。其中，还包括设置加密模式，为传送数据改变传输模式等程序。网络之所以能够随时获得 MS 的位置信息，是因为 MS 具有能够进行位置更新的程序。位置更新程序分为三种：

①一般性位置更新程序　MS 与 SIM 卡中存储的位置区号码及小区广播信息中的位置信息进行比较，如果不相符，MS 则自动发起位置更新，这是最普通的一种位置更新。

②IMSI 附着程序　当 MS 开机时，会向网络报告自己已经开机。如果要呼叫此 MS，网络

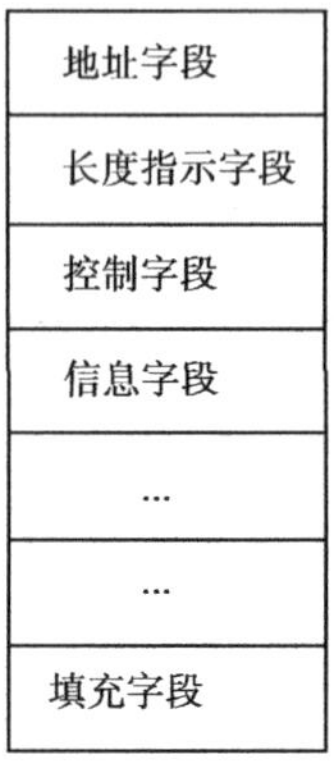

地址字段
长度指示字段
控制字段
信息字段
…
…
填充字段

图 9.11　数据链路层的帧结构

则会寻呼 MS,接通此次通话。该程序是和 IMSI 分离程序相反的。执行 IMSI 分离(MS 关机)后,网络不对此用户进行接续。

③周期性位置更新程序　当执行 IMSI 附着时,由于某种原因(例如,正处于大桥下)网络未接收到信号。为了弥补用户已开机而网络认为该用户没有开机的情况,MS 本身设置有周期性地进行位置更新程序。

在无线资源管理、移动性管理层上支持的业务有正常呼叫和紧急呼叫的控制业务,包括与通话有关的补充业务、短消息、与通话无关的补充业务。这部分内容涉及的信令格式及程序各不相同,比较复杂。下面以一个 MS 被叫的呼叫建立程序为例,说明无线接口第三层各子层间的关系和信息流程,如图 9.12 所示。

当有拨叫 MS 的呼叫时,网络则在 PCH 上发送"寻呼请求"消息。收到消息后,MS 启动后立即指配程序,在 RACH 上发"信息请求",网络回

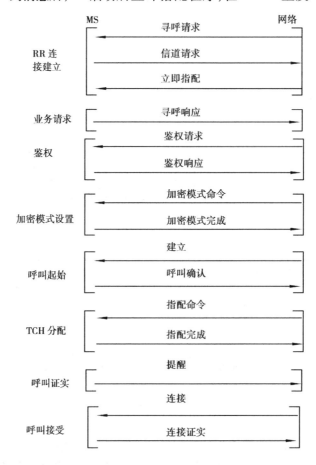

图 9.12　MS 被叫的呼叫建立

发"立即指配",给 MS 分配一个 SDCCH,MS 在 SDCCH 上发"寻呼响应"。由此网络则可以知道这是一个 MS 被叫的程序,根据设定值启动鉴权和加密。若鉴权成功,则网络发送"建立"消息,这条消息中包括被叫号码、承载能力等重要信息,移动台进行兼容性检查及承载能力的认可,回发"呼叫确认"。此后分配业务信道,被叫振铃(发"提醒"消息),摘机(发"连接"),响应

"连接证实",然后才能够真正开始通话,由此可见无线接口信令是十分复杂的。

9.1.7　GSM 移动台信号的发射

图 9.13 是 GSM 移动台发射机原理框图。由框图可知,一个话音信号经基带编码、交织处理、时分复用和调制放大后,变成一个被压缩在一定时间间隔内、按 TDMA 多路发射的突发信号 burst。这个突发信号是一个信息数据包,它含有基带信号码元、控制码元,以受调载波频率辐射出去。当 8 个业务信道即 8 个时隙用户一个接一个地不断工作时,burst 块互相不连接,形成射频辐射的不连接。为了充分利用空闲时隙,可以采用特殊标识使新的用户插入到该空闲时隙。当原隙用户工作时,新用户自动转出。

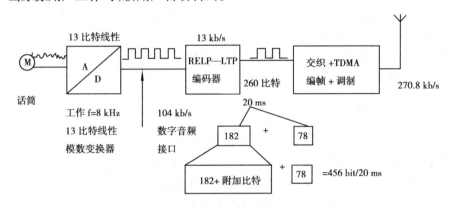

图 9.13　GSM 移动台发射机原理框图

GSM 发射信号是由一个突发(burst)块构成的突发脉冲。一个 burst 由有用部分和保护部分组成。有用部分包括所需传送的数据、训练序列和尾比特;保护部分不传送信息,它仅用于防止由于 burst 到达时间变化引起的 burst 之间有用部分的重叠。在移动台里应用自动时间排齐系统可以改变 burst 的发射时间,使其到达 BS 时相邻 burst 之间不至于重叠。

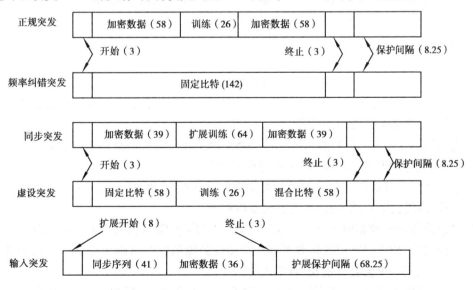

图 9.14　突发脉冲序列结构

GSM 规定了 5 种类型的 burst,4 种为全 burst,1 种为短的 burst。它们的结构如图 9.14 所示。

下面介绍突发信号 burst 的 5 种形式,即正规、频率纠错、同步、虚设及接入。

1)正规 burst　它包括 8.25 比特的保护间隔和 58×2 的加密数据比特,其他用作开始和终止尾比特,它们均为 3 比特。还有 26 比特训练序列供无线信道均衡用。

2)频率纠错 burst　开始及终止比特与上同。其余的 142 比特为固定的 0 序列。这一 burst 用做移动台频率同步,也供移动台用来寻找"广播信道"。

3)同步 burst　这种 burst 用在移动台作时间同步,同样具有 8.25 位的保护段和开始、终止比特。还有 64 比特的"扩展训练序列"和缩短的数据比特。

4)虚设 burst　其结构与正规 burst 相同,但没有数据,并为"混合比特"所替代。它包括一已知的序列并用在没有数据传送的情况。

5)接入 burst　移动台用此 burst 接入系统。其特征为:它有 68.25 比特的扩展保护段,用以移动台第一次接入时使用,因为它尚不知定时时间。

9.1.8　GSM 的业务

GSM 系统一开始就把能提供窄带 ISDN 业务作为自己的目标,标准中已充分地考虑了综合业务在无线中的引入。GSM 标准制订工作分为阶段 1、阶段 2 和阶段 2＋。

GSM 系统可以提供两大类业务,即基本业务和补充业务。基本业务又包括电信业务和承载业务;补充业务则是对基本业务的补充,不单独提供。

电信业务是指端到端的业务,它包括开放系统互联 OSI 的 1 到 7 层的协议。GSM 系统可以提供的电信业务有:电话、短消息、三类传真等。

承载业务是在两个终端到网络接口处(接入点 R/S)提供业务,它仅包括 OSI 的 1 至 3 层的协议。

GSM 所能提供的补充业务与 ISDN 网业务分类也极其相似。在第一阶段,GSM 仅能提供呼叫前转类和呼叫闭锁类补充业务。

GSM 的业务有以下几种:

(1)短消息业务

短消息业务分为两种,一种是点对点短消息业务,是一种确认业务。另一种是小区广播短消息业务。在蜂窝系统中,采用短消息业务可以提高用户的接通率,同时短消息作为一种增值业务,会为运营者带来多方面的收益。

点对点短消息业务,是通过一个独立于 GSM 网络之外的短消息业务中心来完成存储和转发功能,并完成与 PSPDN,ISDN 和 PSTN 等网络的互通。

短消息可以直接从移动台上发送。如果你的手机接到 PC 机上,则可以通过 PC 机输入,用 GSM 网络传送到短消息中心,并由它转发给对方。

短消息业务是一种类似于寻呼的业务,但是它依附于 GSM 网络,与寻呼比有以下优势:

①双向寻呼,确保寻呼消息接收可靠。在接收到短消息时可给予确认。若由于某些原因未收到短消息,则系统会尝试重发,直至成功。

②通过 GSM 系统可自动联网。由于短消息业务依附在 GSM 网络之上,因此,在 GSM 网络覆盖的范围内都可以传送短消息。

③利用短消息可以发展许多增值业务,会给运营者带来直接和间接的收益。

(2)在 GSM 网络中实现数据业务

要实现数据业务,对于用户来说,需要购买与原手机相配套的数据卡(即终端适配器)。通过数据卡可以接到 PC 机及传真机等设备上。

对于网络运营者来说,要在 MSC 中加入 IWF(互通功能)单元。IWF 具有以下几大功能:

①信令控制功能　在呼叫建立及呼叫释放时,对 IWF 接入和释放。根据信令中的信息单元参数对 IWF 业务信道单元进行选择。

②业务信道同步功能　可确保 MS 与 IWF 之间业务信道的可行性。

③速率适配　由于无线接口速率限定为 13 kb/s 或 6.5 kb/s(半速率),终端适配器(TAF)与互通功能单元(IWF)都要进行速率转换,以适应无线接口和固定网中的传输速率。

④无线链路协议(RLP)功能及层 2 中继协议功能　无线链路协议用于支持非透明的数据业务模式。它用于 TAF 和 IWF 之间建立可靠的数据链路。当无线信道条件恶劣或由于切换等原因而出现缺帧、错帧的情况时,可运用 RLP 进行工作并加以保护。因此,如果移动台发生了小区切换,对于非透明数据业务可运用 RLP 功能来加以重发,以防止数据丢失;而对于透明数据只能靠下层的前向纠错帧进行恢复,以及终端本身高层协议来纠错。

⑤调制解调器功能和音频产生、检测、编码功能　这是用于与 PSTN 相连,适用于"3.1 kHz 音频"。

(3)GPRS

1)GPRS 的功能

GPRS 是通用分组无线业务(General Packet Radio Service)的简称,它突破了 GSM 网络只能提供电路交换的思维定式,在现有的 GSM 网络基础上叠加了一个新的网络,充分利用了现有的移动通信网络设备。仅通过增加相应的功能实体和对现有的基站系统进行部分改造,增加一些硬件设备和软件升级,形成一个新的网络逻辑实体来实现分组交换,使现有的移动通信网和数据网结合起来。

GPRS 系统以分组交换技术为基础,采用 IP 数据网络协议,使现有 GSM 网的数据业务突破了最高速率为 9.6 kb/s 的限制,最高数据速率可以达到 170 kb/s,用户通过 GPRS 可以在移动状态下使用各种高速率数据业务,包括收发电子邮件、因特网浏览等 IP 业务功能。

GPRS 通用分组无线业务系统与现有的 GSM 语音系统最根本的区别是:GPRS 是一种分组交换系统,而原有的 GSM 系统是一种电路交换系统。分组型数据业务与电路交换数据业务有着本质的不同。电路交换数据业务必须先建立一个呼叫并且始终占据该呼叫信道直至呼叫结束,它并不考虑所占用的信道是否正在传输信息或者数据,因此使系统的总容量减少,浪费了带宽资源。分组数据业务则无须先建立呼叫,只是在需要传输数据的时候利用空闲信道,数据传输完立即释放,并不长久地占用信道。

在 GSM 无线系统中,无线信道资源非常宝贵,如果采用电路交换,每条 GSM 信道只能提供 9.6 kb/s 或者 14.4 kb/s 传输速率。如果多个信道结合在一起(最多 8 个时隙),虽然可以提供更高的速率,但只能被一个用户独占使用,在成本效率上显然缺乏可行性。而采用分组交换的 GPRS 则可以灵活运用信道,每个用户可以有多个无线信道可以使用,而同一无线信道又可以由多个用户共享。如果空中接口上的 TDMA 帧中的 8 个时隙都用来传送数据,那么数据速率最高可以达到 164 kb/s。GSM 空中接口的信道资源既可以被话音占用,也可以被 GPRS

数据业务占用。当然在信道充足的条件下,可以把一些信道定义为 GPRS 专用信道。从而极大地提高了无线资源的利用率。

目前,移动通信业务中的电话业务还是主要的,增加了数据业务并不会影响电话业务。GPRS 在移动电话业务繁忙时,可以把数据信道供给移动电话使用,数据传输将被延时,不影响正常的电话业务。同时,由于 GPRS 是分组交换技术,允许用户在所有的时间内都在线,它根据数据流量计费,而不是根据连接时间和连接距离计费。这种方式的电话呼叫就像是 Internet 电话方式一样,消除了国际长途电话费,降低了通信费用。

2)GPRS 的特征

GPRS 具有以下一些特征:

①在广域网中能实现低成本的数据通信方式,而且用户总是在线,不用拨号上网。

②从信息技术角度上,GPRS 与 IP 类似,网络管理有效使用网络资源。

③当 GPRS 业务转换成 IP 时,能够通过新的全球网络传输,而且电话可以采用本地双向工作呼叫方式。

④采用 GPRS 技术可以极其有效地利用现有频谱进行传送。

⑤在一般的学校和家庭提供无线 LAN 的通信能力。

⑥用户进行站到端的分组交换。

⑦GPRS + IP 等于 Internet 和 Intranet。

⑧GPRS 是一种完全成熟的信息传输技术。

⑨第三代移动通信系统将与 GPRS 后向兼容,所以 GPRS 的投资效益在未来的发展中可以得到保障。GPRS 特别适合于间断性的、突发性的或者频繁的、少量的数据传输,也适用于偶尔的大数据量传输。

3)GPRS 的业务

GPRS 是一组新的 GSM 承载业务,利用 PLMN 和外部网络互通的内部网提供分组模式传输。GPRS 不应妨碍用户的其他 GSM 业务。在有的 GPRS 承载业务支持的标准化网络协议的基础上,GPRS 网络管理可以提供一系列的交互电信业务。其中包括:承载业务、用户终端业务、附加业务。

①承载业务

承载业务有两种类型:点到点(PTP)和点到多点(PTM)业务。

a. 点到点(PTP)业务 点到点业务在两个用户之间提供一个或者多个分组的传输,由业务请求者启动,被接受者接收;这种业务也有两种类型,即 PTP 无连接型网络业务(PTP—CLNS)和 PTP 面向连接的网络业务(PTP—CONS)。

b. 点到多点(PTM)业务 点到多点业务是将单一信息传送到多个用户。GPRS 的 PTM 业务能够提供一个用户将数据发送给具有单一业务需求的多个用户的能力。PTM 业务有点到点广播(PTM—M),点到多点群呼(PTM—G)业务,IP 多点传播业务类型。

②用户终端业务

用户终端业务可以分为基于 PTP 的用户终端业务和基于 PTM 的用户终端业务。

a. 基于 PTP 的用户终端业务。基于 PTP 的用户终端业务类型有检索业务、电子信函业务、会话业务、遥信业务。

b. 基于 PTM 的用户终端业务。能够被 PTM 承载业务支持的用户终端业务包括:分布业务、调度业务和会议电话业务。

③附加业务

附加业务支持所有的 GPRS 基本业务 PTP—CONS，PTP—CLNS，IP—M 和 PTM—G。GSM 第二阶段附加业务不适用于 PTM—M。

GPRS 业务是移动通信从第二代（GSM 数字移动电话系统）向第三代（宽带 CDMA）过渡的产品，属于 2.5 代移动通信业务，作为第三代个人多媒体的重要里程碑，GPRS 的应用，将使移动通信与数据网络合二为一。

4）GPRS 的网络结构

GPRS 网络是基于现有的 GSM 网络来实现的。在现有的 GSM 网络中需要增加一些节点，如 GGSN（Gateway GPRS Supporting Node 网关 GPRS 支持节点）和 SGSN（Servicing GSM Supporting Node，服务 GPRS 支持节点）。GPRS 网络参考模型如图 9.15 所示。

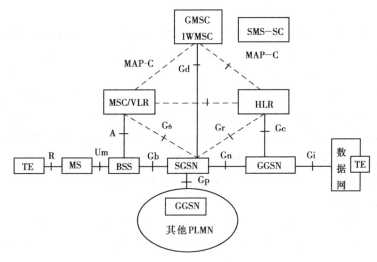

图 9.15　GPRS 网络参考模型

GSN 是 GPRS 网络中最重要的网络节点。GSN 具有移动路由管理功能，它可以连接各种类型的数据网络，并可以连到 GPRS 寄存器。GSN 可以完成移动台和各种数据网络之间的数据传送和格式转换。GSN 可以是一种类似于路由器的独立设备，也可以与 GSM 中的 MSC 集成在一起。GSN 有两种类型：一种为 SGSN（Servcing GSN，服务 GSN），另一种为 GGSN（Gateway GSN，网关 GSN）。

SGSN 主要负责移动性管理，监测本地区内的移动台对于分组数据的传输与接收。此外，它还定位和识别移动台的状态并收集关键的呼叫信息，对于运营商的计费，这是一个至关重要的功能。SGSN 还控制移动寻呼和短信息业务（SMS）及 GSM 电话交换业务的加密、压缩与交互。

GGSN 是 GSM 网络与公共数据之间的网关，它能够利用各种物理和隧道协议上的 IP，直接与互联网连接。GGSN 还可以用作防火墙，把 GSM 网中的 GPRS 分组数据包进行协议转换，既把这些分组数据包传送到远端的 TCP/IP 或 X.25 网络，又保证所有的输入和输出数据都是经过授权的，增加了网络的安全性。

除此之外，GPRS 网络结构还引入了下列新的网络接口。

①Gb:BSS 和 SGSN 之间的接口

SGSN 通过 Gb 口与基站 BSS 相联,为移动台(MS)服务。通过逻辑链路控制(LLC)协议建立 SGSN 与 MS 之间的连接,提供移动性管理和安全管理功能。GSN 完成 MS 和 SGSN 之间的协议转换,即骨干网使用的 IP 协议转换成 SNDCP 和 LLC 协议,并提供 MS 鉴权和登记功能。

②Gn:SGSN 和 GGSN 之间的接口

SGSN 通过 Gn 口和 GGSN 相联,通过 GPRS 隧道协议(GTP)建立 SGSN 和外部数据网络(X.25 或 IP)之间的通道,实现 MS 和外部数据网的互联。

③Gs:SGSN 和 MSC/VLR 之间的接口

Gs 口用于 SGSN 向 MSC/VLR 发送地址信息,并从 MSC/VLR 接收寻呼请求,实现分组型业务和非分组型业务的关联。

④Gr:SGSN 和 HLR 之间的接口

HLR 保存 GPRS 用户数据和路由信息(IMSI,SGSN 地址),每个 IMSI 还包含分组数据协议(PDP)信息,包括 PDP 类型(X.25 或 IP)地址及其 Qos 等级以及路由信息。

⑤Gi:GGSN 与外部数据网之间的接口

GGSN 通过 Gi 口实现 GPRS 网和外部分组数据网(PDN)的互联。GGSN 实际上是两个数据网网关,GPRS 本身属于 IP 网络领域,Gi 口支持 X.25 和 IP 协议。通过 GGSN 与 GPRS 网互联的分组数据网可以是 PSDN 网,这时 GPRS 支持 ITU—TX.121 和 ITU—TE.164 编号方案,提供 X.25 虚电路以及对 X.25 的快速选择,还支持网间的 X.75 协议连接。

⑥Gp:不同的 GSM 网络(不同的 PLMN)通过 Gp 接口相连。

5)GPRS 协议模型

图 9.16 所示是移动台(MS)和 SGSN 之间的 GPRS 分层协议模型。Um 接口是 GSM 的空中接口。Um 接口上的通信协议有 5 层,自下而上依次为物理层、MAC(Medium Access Control)层、LLC(Logical Link Control)层、SNDC(Subnetwork Dependant Convergence)层和网络层。

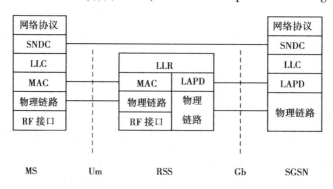

图 9.16　GPRS 协议模型

①物理层

Um 接口的物理层为射频接口部分,而物理链路层则负责提供空中接口的各种逻辑信道。GSM 空中接口的载频带宽为 200 kHz,一个载频分为 8 个物理信道。如果 8 个物理信道都分配为传送 GPRS 数据,则原始数据速率可以达到 200 kb/s。考虑前向纠错码开销,则最终数据速率可以达到 164 kb/s 左右。

②MAC 层

MAC 为媒质接入控制层。MAC 的主要作用是定义和分配空中接口的 GPRS 逻辑信道,使得不同的移动台可以共享这些信道。GPRS 共有 3 类逻辑信道,它们是公共控制信道、分组业务信道和 GPRS 广播信道。公共控制信道又分为寻呼和应答等信道,用来传送数据通信的控制信令。分组业务信道主要用于传送分组数据。广播信道则是用来给移动移动台发送网络信息。

③LLC 层

LLC 层为逻辑链路控制层。它是一种基于高速数据链路规程 HDLC 的无线链路协议。LLC 层主要作用是在高层 SNDC 层的 SNDC 数据单元上建立 LLC 地址,形成帧字段,从而生成完整的 LLC 帧。LLC 帧包括帧头、临时地址字段、可变长度信息字段和帧检测序列,为 MS 和 SGSN 之间提供高度可靠的逻辑链路,可传输确认帧和非确认帧,对中断帧可检测重发,支持点对点和点对多点数据传输。利用同一个物理信道实现网络和多个 MS 之间的信息传输。LLC 层允许信息传送有不同优先级。BSS 中的 LLR 层是逻辑链路传递层。这一层负责转送 MS 和 SGSN 之间的 LLC 帧。LLR 层对于 SNDC 数据单元来说是透明的,即不负责处理 SNDC 数据。

④SNDC 层

SNDC 被称为子网依赖结合层。它的主要作用是对传送数据进行分组、打包,确定 TCP/IP 地址和加密方式。在 SNDC 层,移动台和 SGSN 之间传送的数据被分割成一个或多个 SNDC 数据包单元。SNDC 数据包单元生成后被放置到 LLC 帧内。

⑤网络层

网络层的协议目前是 Phase 1 阶段提供的 TCP/IP 和 X.25 协议,这些协议对于传统的 GSM 网络设备(如 BSS 和 NSS 等设备)是透明的。

6)GPRS 空中接口的信道构成

GPRS 空中接口的信道由分组数据业务信道、分组寻呼信道、分组随机接入信道、分组接入应答信道、分组随路控制应答信答构成。

①分组数据业务信道

分组数据业务信道 PDTCH(Packet Data Traffic Channel)是用在空中接口的 GPRS 分组数据。

②分组寻呼信道

分组寻呼信道 PPCH(Packet Paging Channel)是用来寻呼 GPRS 的被叫用户。

③分组随机接入信道

分组随机接入信道 PRACH(Packet Random Access Channel)主要作用在于 GPRS 用户可以通过它向基站发出信道请求。

④分组接入应答信道

分组接入应答信道 PACCH(Packet Access Control Channel)用来传送实现 GPRS 数据业务的信令。

⑤分组随路控制应答信道

分组随路控制应答信道 PACCH(Packet Asscrchted Control Channel)用来传送实现 GPRS 数据业务的信令。移动台发送数据时的空中接口信道使用如图 9.17 所示。移动台接收数据时的空中接口信道使用过程如图9.18所示。GPRS被认为是一种经济高效的分组数据技术。用户只需按数据通信量付费,而不用像面向连接系统的电路交换方式那样对整个链路占用期间承担费用。GPRS是GSM向第三代移动通信系统平滑过渡的一个重要环节,GPRS对GSM及3G的前后向兼容性能够充分保护运营商和移动用户的利益。

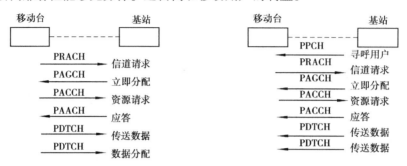

图9.17 移动台发送数据时的信道使用过程　　图9.18 移动台接收数据时的信道使用过程

7)GPRS的路由管理

GPRS的路由管理是指GPRS网络如何进行寻址和建立数据传送路由。GPRS的路由管理表现在以下三个方面:移动台发送数据的路由建立;移动台接收数据的路由建立;以及移动台处于漫游时数据路由的建立。

①移动台发送数据的路由建立

移动台发送数据的路由建立如图9.19中的路由1所示,当移动台产生了一个PDU(分组数据单元),这个PDU经过SNDC层处理,称为SNDC数据单元。然后经过LLC层处理为LLC帧,通过空中接口送到GSM网络中移动台所处的SGSN。SGSN把数据送到GGSN。GGSN把收到的消息进行解装处理,转换为可在公用数据网中传送的格式(PSPDN的PDU),最终送给公用数据网的用户。为了增强传输数据的效率及可靠性,可对空中接口上的数据做压缩和加密处理。

②移动台接收数据的路由建立

在移动台接收数据的路由建立中,一个公用数据网用户传送数据到移动台,如图9.19中的路由2所示。首先通过数据网的标准协议建立数据网和GGSN之间的路由。数据网用户发出的数据单元(如PSPDN的PDU),通过建立好的路由把数据单元PDU送到GGSN。而GGSN再把PDU送给移动台所在的SGSN,GSN把PDU封装成SNDC数据单元,再经过LLC层处理为LLC单元,最终经空中接口送给移动台。

③移动台处于漫游时数据路由的建立

移动台处于漫游时数据路由的建立是一个数据网用户传送数据给一个正在漫游的移动用户。如图9.19中的路由3所示,其数据必须经过归属地GGSN,然后送到漫游移动用户。

(4)GSM阶段2+中业务的发展

①数据业务:GSM无线接口数据速率被限制在9.6 kb/s。为了提供高速率的数据业务,对于TDMA系统来说,一种最常见的方法是利用多个平行的信道,即阶段2+中的高速电路交换数据(HSCSD)业务。将8个信道(1个载波)合并到一处,其速率可提高到8×9.6 kb/s = 76.8 kb/s。现在诺基亚公司已经开发出采用两个信道传输可视图文的终端。另一种辅助解决方法是在MS与MSC IWF之间采用ITU—TV.4.2比特数据压缩技术,预计对文本文件的压

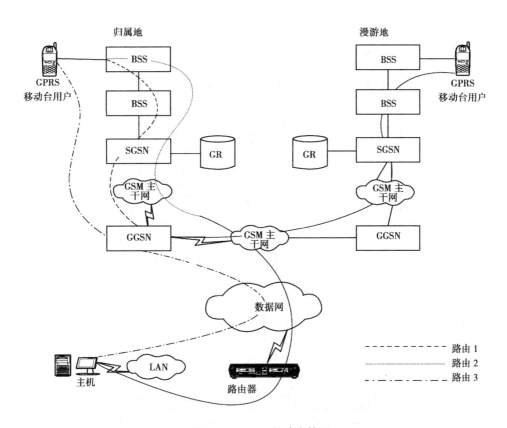

图 9.19　GPRS 的路由管理

缩能力约为 2.5。高速数据与压缩技术的结合将为 GSM 数据业务开拓更广阔的就业前景。

②补充业务的完善:在 GSM 阶段 2 + 中,除了进一步完善 ISDN 的 7 大类补充业务外,还增加了恶意呼叫识别、多用户号码等业务,并对闭锁类和呼叫完成类业务增加了新的业务类型;其中呼叫完成类中增加了遇移动用户忙呼叫完成、遇移动用户不可及呼叫完成等,这是用于解决移动网接通率低的另一种方法。当遇到以上情况,呼叫不能接通时,待条件具备后,由网络自动向主叫方回叫电话,建立接续。

9.1.9　GSM 的区域、号码、地址与识别

(1)区域的定义

GSM 系统属于小区制大容量移动通信网,在它的服务区内,设置很多基站,移动通信网在此服务区内具有控制、交换功能,以实现位置更新、呼叫接续、过去切换以及漫游服务等功能。

在由 GSM 系统构成的移动通信网络结构中,其相应的区域定义如图 9.20 所示。

1)GSM 服务区　服务区是指移动台可以获得服务的区域,即不同通信网(如 PSTN 或 IS-DN)用户无须知道移动台的具体实际位置而与之通信。

一个服务区可有一个或若干个公用陆地移动通信网(PLMN)组成,从地域而言,可以是一个国家或是一个国家的一部分,也可以是若干个国家。

2)公用陆地移动通信网(PLMN)　一个公用陆地移动通信网(PLMN)可有一个或若干个移动交换中心组成。在该区内具有共同的编号制度和共同的路由计划。PLMN 与各种固定通

193

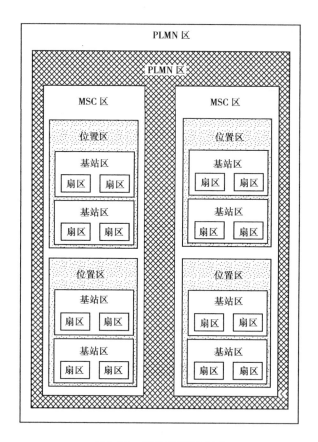

图9.20　GSM 的区域定义

信网之间的接口是 MSC,由 MSC 完成呼叫接续。

3)MSC 区　MSC 区是指一个移动交换中心所控制的区域,通常它连接一个或若干个基站控制器,每个基站控制器控制多个基站收发信机。从地理位置来看,MSC 包含多个位置区。

4)位置区　位置区一般由若干个小区(或基站区)组成,移动台在位置区内移动无须进行位置更新。通常呼叫移动台时,向一个位置区内的所有基站同时发寻呼信号。

5)基站区　基站区是指基站收发信机有效的无线覆盖区,简称小区。

6)扇区　当基站收发信机天线采用定向天线时,基站区分为若干个扇区。如采用120°定向天线时,一个小区分为 3 个扇区;若采用60°定向天线时,一个小区分为 6 个扇区。

(2)号码与识别

GSM 网络是比较复杂的,它包含无线、有线信道,并与其他网络如 PSTN、ISDN、公用数据网或其他 PLMN 网络相连接。为了将一次呼叫传至某个移动用户,需要调用相应的实体。因此,正确的寻址就非常重要,各种号码就是用来识别不同的移动用户、不同的移动设备以及不同的网络。

各种号码的定义以及用途如下:

①移动用户识别码,在 GSM 系统中,每一个用户均分配一个惟一的国际移动用户识别码(IMSI)。此码在所有位置(包括漫游区)都是有效的。通常在呼叫建立和位置更新时,需要使用 IMSI。

IMSI 的组成如图9.21 所示。IMSI 的总长不超过 15 位数字,每位数字仅使用 0 ~ 9 的数

字,图中:

MCC:移动用户所属国家代码,占 3 位数字,中国的 MCC 规定为 460。

MNC:移动网号码,最多由两位数字组成。用于识别移动用户所归属的移动通信网。

MSIN:移动用户识别码,用来识别某一个移动通信网(PLMN)中的移动用户。

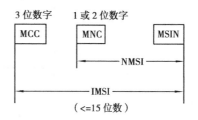

图 9.21 国际移动用户识别码(IMSI)的格式

②临时移动用户识别码。考虑到移动用户识别码的安全性,GSM 系统能提供安全保密措施,即空中接口无线传输的识别码采用临时移动用户识别码(TMSI)代替 IM-SI。两者之间可按一定的算法相互转换。访问位置寄存器(VLR)可给来访的移动用户分配一个 TMSI(只限于在该访问服务区内使用)。总之,IMSI 只在开始入网登记时使用,在后续的呼叫中,使用 TMSI,以避免通过无线信道发送其 IMSI,从而防止窃听者检测用户的通信内容,或者非法盗用合法用户的 IMSI。

图 9.22 国际移动设备识别码(IMSI)的格式

TMSI 总长不超过 4 个字节,其格式可由各运营部门决定。

③国际移动设备识别码。国际移动设备识别码(IMEI)是区别移动台设备的标志,可用来监控被盗或无效的移动设备。IMEI 的格式如图 9.22 所示,图中:

TAC:型号批准码,由欧洲型号标准中心分配。

FAC:装配厂家号码。

SNR:产品序列号,用于区别同一个 TAC 和 FAC 中的每台移动设备。

SP:备用。

④移动台的号码。移动台的号码类似于 PSTN 中的电话号码,在呼叫接续时所需拨的号码,其编号规则应与各国的编号规则相一致。

移动台的号码有下列两种:

a. 移动台国际 ISDN 号码(MSISDN)。MSISDN 为呼叫 GSM 系统中的某个移动用户所需拨的号码。一个移动台可以分配一个或者多个 MSISDN 号码,其组成的格式如图 9.23 所示。图中:

CC:国家代码,即移动台注册登记的国家代码,中国为 86。

NDC:国内地区码,每个 PLMN 都有一个 NDC。

SN:移动用户号码。

由 NDC 和 SN 两部分组成国内 ISDN 号码,其长度不超过 13 位数。国际 ISDN 号码长度不超过 15 位数。

b. 移动台漫游号码(MSRN)。当移动台漫游到一个新的服务区时,由 VLR 给它分配一个

图 9.23　移动台国际 ISDN 的格式

临时性的漫游号码,并通知该移动台的 HLR,用于建立通信路由。一旦该移动台离开该服务区,此漫游号码即被收回,并可分配给其他来访的移动台用户。

漫游号码的组成格式与移动台国际(或国内)ISDN 号码相同。

⑤位置区和基站识别码

a. 位置区识别码(LAI)。在检测位置更新和信道切换时,要使用位置区识别标志(LAI),LAI 的组成格式如图 9.24 所示。图中:

MCC 和 MNC 均与 IMSI 的 MCC 和 MNC 相同。

位置区码(LAC)用于识别 GSM 移动通信网中的一个通信区,最多不超过两个字节,采用十六进制编码,由各运营部门决定。在 LAI 后面加上小区的标志号(CI),还可以组成小区识别码。

b. 基站识别色码(BSIC)。基站识别色码用于移动台识别不同载频的不同基站,特别用于区别不同国家的边界地区采用相同载频且相邻的基站。BSIC 为一个 6 比特编码,其格式如图 9.25 所示。图中:

NCC:PLMN 色码,用来识别相邻的 PLMN 网。

BCC:BTS 色码,用来识别不同载频的不同基站。

图 9.24　位置区识别码的格式

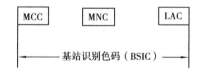

图 9.25　基站识别色码(BSIC)的格式

9.1.10　GSM 数据高速传送技术

1998 年,GSM 数据高速传送技术问世,它们是通用分组无线业务(GPRS)、高速电路交换数据(HSCSD)以及 GSM 增强数据库改进(EDGE)。

(1)通用分组无线业务(GPRS)

这是 GSM 无线信道中产生附加虚拟时隙的技术。传统的电话业务在主、被叫之间建立物理连接。期间不论通路上是否有信号通过,连接将一直保持,直到一方挂机。在 GSM 中情况也一样,不同的是双方呼叫占用的是时隙,并通过无线方式建立连接。GPRS 能使时隙被若干用户共享,数据被封装成包,在当前空闲的时隙发送出去。

如果通过 GSM 上网,则在浏览网站、下载数据时占用时隙,而在阅读时,所占用的时隙上没有数据传送,这时的时隙就是空闲的。GPRS 能使这空闲的时隙为其他用户传送数据。在这个过程中,GPRS 产生了虚拟时隙的概念,这种情形尤其适用于下载数据和发送 E—mail,而用户要支付的也仅是下载数据时所产生的费用。

GPRS 是一个能在 GSM 上实现 IP 能力的技术。运用 GPRS 能有效地处理大量通信负载，提供远程监控、多媒体信息等业务。

(2) 高速电路交换数据(HSCSD)

通常情况下，一个用户占用一路时隙，而 HSCSD 能使一个用户占用多路时隙，以此直接提升数据传送速率。如果一个用户占用 4 路时隙，那么其传送速率将达到 57.6 kb/s。

HSCSD 将由 GPRS 产生的虚拟时隙分配给需要高速数据传送用户，即能分配给用户 8 路实时隙和 2 路虚时隙。这时，最大的数据传送速率为 144 kb/s，是 56 kb/s Modem 的 2 倍。HSCSD 能提供图像应用、电子邮件快速传递等业务。

(3) GSM 增强数据库改进(EDGE)

传统 GSM 允许的每路时隙传送速率为 14.4 kb/s(由于占用一个额外的比特作校验和纠错，所以，通常一路 GSM 时隙的最高传送速率只能达到 14.4 kb/s，而绝大多数仅能达到 9.6 kb/s)，而 EDGE 这种新技术能将每路时隙的传送速率提高至 64 kb/s。不过，通过 EDGE 来完成高速数据传送需要质量极高的信号，所以，手机应尽可能地靠近基站，而蜂窝网络必须增加足够量的基站，这样才能保证网络的高速数据传送。

9.2　CDMA(IS—95)

9.2.1　概　述

CDMA 通信系统有许多优点。例如，多个用户同时使用同一信道进行通信时，不存在信道分配问题；用户可随机接入通信网进行通信，因此通信机动灵活；用户同时通话数在理论上不受限制。正是由于 CDMA 具有以上一系列优点，许多专业公司认为它是移动通信方面最有应用前途的一种多址方式，世界各国都在着手这种新系统的研究。在美国研制比较成功的 CDMA 蜂窝通信系统有两种：一种是 Qualcomm 公司开发的带宽为 1.25 MHz 的 CDMA 系统，称为窄带码分多址 N—CDMA；另一种是 SCS Mobilecomm 公司开发的带宽为 40 MHz 的 CDMA 系统，称为 B—CDMA。

Qualcomm 公司从 1989 年以来，进行多次 CDMA 系统试验，其中规模较大的一次是在圣地亚哥进行的。试验系统工作于 800 MHz 频段，包括 5 个基站和 70 个移动站。试验证实了通信系统的性能以及双模式公共空中接口的可行性。

我国也正在开发和研制 CDMA 通信系统，并进行了多次试验。1984 年在天津成功地进行了 CDMA 的现场试验。结果表明，CDMA 的容量比我国现有的 TACS 系统要高出 10 倍多。除容量外，对语音质量覆盖面、频率复用和功率控制功能也进行了测试，特别是对 CDMA 所特有的"软切换"功能进行了演示，并证实了 CDMA 在许多方面都优于我国目前所使用的 TACS 系统。

天津的 CDMA 试验网由两个基站组成，一个为两扇区基站，位于市中心不远；一个为一扇区基站，在城市以外。移动交换机可同时处理 12 个呼叫，每个基站可支持全呼叫负载。试验是在 900 MHz 及 1.9 GHz 频段上进行的。在 900 MHz 试验中，一扇区的覆盖半径为 1.5 km，在某些方面,覆盖面积增加一倍,在 1.9 GHz 频段试验中,所用的频率低,传播损耗大,只能覆盖城市的中心地带。两扇区基站则可覆盖整个城市。这次试验最重要的是,证明了 CDMA 的容量增益,同时还证实了车辆高速行驶时,其语音质量优良,并具有 QCELP 声码器标准编解汉语的能力,以及处理大量背景噪声的系统能力。目前,Qualcomm 公司继续与我国邮电部合作,为又模式 CDMA/TACS 蜂窝区网开发一套完整的空间接口标准和网络标准,以提供全国漫游。

广州选用朗讯公司的设备进行了 CDMA 试验,设计规模为 1 个移动交换中心(MSC),13 个基站收发信机(BTS),2 万个容量。交换机采用 5ESS 移动型,并于 1996 年 12 月成功地拨通了我国第一个 CDMA 电话,1997 年 11 月顺利完成了 CDMA 试验网的全网测试。

上海选用三星公司的设备进行 CDMA 试验,设计规模为 1 个 MSC、1 个归属位置寄存器(HLR)、1 套运营和维护器(OMC)、6 个 BSC 和 67 个 BTS,6.8 万个容量。1997 年 7 月通话,1998 年 7 月正式启用 133 网号向社会开放。

西安选用北方电讯公司设备,设计规模为 1 个 MSC、1 个 BSC、12 个 BTS、1.3 万个容量,1997 年 10 月通话,1998 年 8 月正式向社会开放。

1997 年摩托罗拉公司和北京电信长城移动通信筹建处建立了 800 MHz CDMA 试验网系统。该 CDMA 网将覆盖整个北京市,初期容量为 4 万多个用户,于 1997 年 4 月开通电话,并于 1997 年 11 月向社会开放。

美国公布的代号为 IS—95 等一系列窄带码分多址数字蜂窝系统的标准称为"双模式宽带扩频蜂窝系统的移动台—基站兼容标准"。世界上许多国家以此为蓝本,生产和采用窄带码分多址数字蜂窝移动通信系统。所谓双模式是指移动台能以两种方式工作,即既能以模拟频分方式工作,又能以码分扩频方式工作。也就是说,任意双模式移动在任何一种蜂窝系统中,均能向其他用户发起呼叫和接收呼叫;而任意一种蜂窝系统也均能向任意双模式移动台发起呼叫和接收呼叫,而且这种呼叫无论在定点上或在移动漫游过程中都是自动完成的。

在双模式数字蜂窝系统的标准中,无论无线设备的参数或者通信处理的程序都必须兼顾现有的模拟蜂窝系统,要保证模拟调频系统和码分数字系统之间能进行模拟信息和数字信息的传输与交换。为此,IS—95 的兼容性包括两部分:一是对模拟系统工作的要求,二是对 CDMA 工作的要求。

双模式 CDMA 蜂窝系统使用的频段是:移动台至基站为 824~849 MHz,基站至移动台为 869~894 MHz。

全球定位系统 GPS(Global Positioning System)为 CDMA 系统提供位置和定时信息。各基站都配有 GPS 接收机,保持系统中各基站有统一的时间标准,称为 CDMA 系统的公共时间标准。

CDMA 蜂窝系统开发的声码器采用 QCELP 编码算法,基本速率为 8 kb/s,随输入话音信息的特征而动态地分为 4 种,即 8 kb/s,4 kb/s,2 kb/s 和 1 kb/s;可以与 9.6 kb/s,4.8 kb/s,2.4 kb/s 和 1.2 kb/s 的信道速率进行传输。

9.2.2 CDMA 系统的网络结构

CDMA 数字蜂窝移动通信系统的网络结构与 GSM 类似,主要由基站收/发信机(BTS)、基站控制器(BSC)、移动交换中心(MSC)、操作管理中心(OMC)等组成,具体结构如图 9.26 所示。

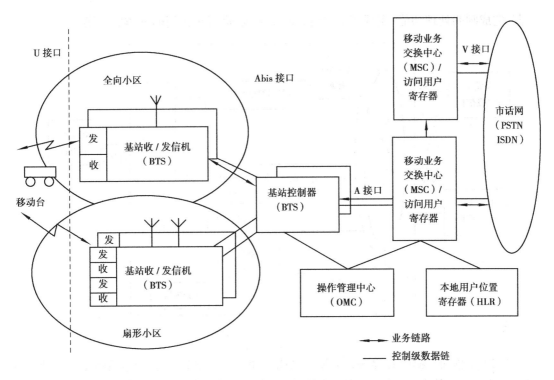

图 9.26　CDMA 网络结构示意图

BTS 的基本组成如图 9.27 所示。它是连接移动台和基站控制器的接口部分,其主要功能有:完成射频空间接口、无线信号的同步,测量移动台的发射功率,控制和管理 BTS 资源,完成扇区之间的软切换,具有自检和监测功能。

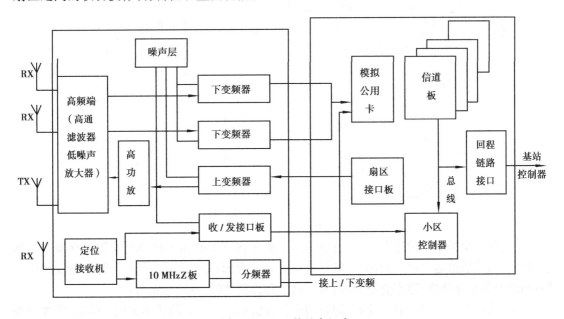

图 9.27　BTS 的基本组成

BSC 的结构如图 9.28 所示。它起着连接 BTS 和移动交换中心的作用。其主要功能有:提供多个 BTS 的接口并进行控制,提供移动交换中心的接口,完成语音编码,进行业务信道和信令控制,完成呼叫处理功能,实现剩余纠错和双重控制,进行小区间的软越区切换。

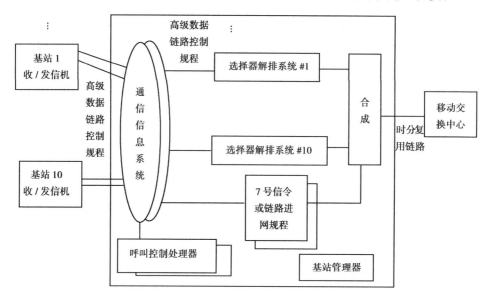

图 9.28　BSC 的结构

图 9.29 是移动交换中心(MSC)的模块结构。MSC 完成 BSC 与公众市话网或综合业务数字网之间的联系。其主要功能有:实现交换功能;完成市话→移动台、移动台→市话、移动台→移动台的呼叫处理;进行越区切换控制;具有寻呼、寻找漫游路径、用户鉴别等功能;收集与处理静态数据;实现附加业务,例如三方电话、会议电话等。

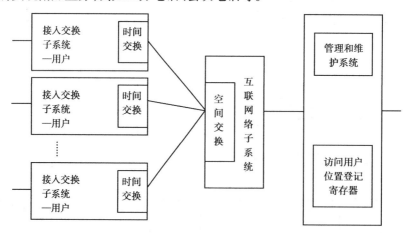

图 9.29　MSC 的模块结构

支持移动交换中心的还有一些软件资源,如操作管理中心和本地用户位置寄存器。操作管理中心的功能由运营部门提出,一般具有以下 6 个方面:记账信息管理;告警和突发故障处理;系统设备性能管理;静态业务处理;系统自检和诊断功能;系统数据监控。

本地用户寄存器的功能主要有:记录用户位置信息,可增加、删除本地用户信息,附加业务的信息管理,用户漫游信息管理,管理用户计费信息,漫游用户的分配,提供 No.7 信令网络接口。

图 9.30 是 CDMA 双模式移动台的结构框图。

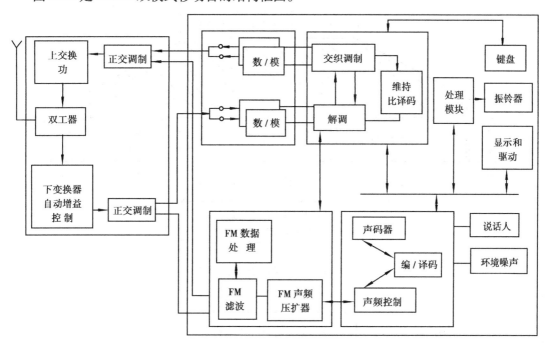

图 9.30　CDMA 双模式移动台的结构框图

CDMA 双模式移动台具备以下功能:可用于模拟 AMPS 和数字 CDMA 两种方式;具有呼叫处理功能;能完成语音编码、交织编码、信道编码,具有检测功能,可实现功率控制功能;进行射频与中频信号转换等。

9.2.3　CDMA 系统的传输方式

(1)逻辑信道

在 CDMA 系统中,除传输业务信息外,还传输各种控制信息。为此,在基站至移动台的正向传输方向,即正向信道上设置了导频信道、同步信道、寻呼信道和正向业务信道。在移动台至基站的反向传输方向上,设置了接入信道和反向业务信道。

①正向信道的构成:正向信道的构成如图 9.31 所示。一个 CDMA 频道划分为 64 个逻辑信道,其中含 1 个导频信道、1 个同步信道、7 个寻呼信道和 55 个正向业务信道。

它们的作用概括如下:

导频信号为移动台捕获正向 CDMA 信道提供时,提供相干调制的参考相位和提供多个基站间信号强度的比较信息,以确定何时定时。

同步信道给移动台传输同步信息。

寻呼信道用于传输控制信息和机站对移动台的寻呼。寻呼信道中的数据速率是 9 600 b/s 或 4 800 b/s。移动用户根据同步信道的信息可以知道其速率是多少。

正向业务信道传输主要业务数据。它有 4 种传输速率,即 9 600 b/s,4 800 b/s,2 400 b/s 和 1 200 b/s。传输率可以逐帧改变,以动态地适应通信者的话音质量。

②反向信道的构成:反向信道的构成如图 9.32 所示。它包含 55 个业务信道和 m 个接入

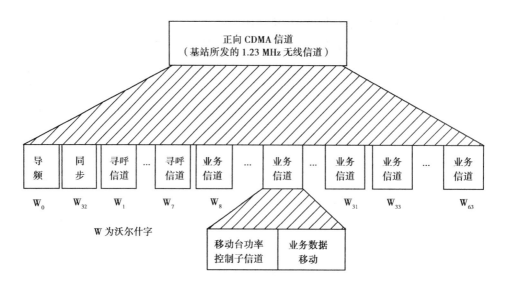

图 9.31　正向信道的构成示意图

信道。

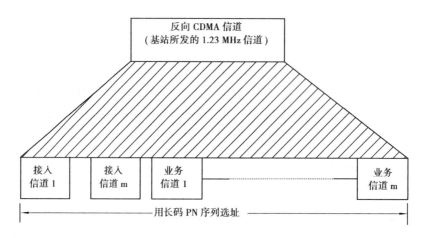

图 9.32　反向信道的构成示意图

接入信道是一种分时隙的随机接入信道,允许用户占用同一接入信道。在反向信道中至少有一个,至多有 32 个接入信道。移动台通过接入信道向机站进行登记、发起呼叫、响应基站发来的呼叫等。当呼叫时,在移动台没有转入业务信道之前,通过接入信道向机站传送控制信息。

反向业务信道用于一个移动台向一个或多个基站传送用户数据机信令,与正向业务信道对应。

(2)CDMA 系统的传输方式

1)正向信道传输:正向信道电路框图如图 9.33 所示。正向信道传输性能参数介绍如下。

①数据速率:同步信道的数据速率为 1.2 kb/s,寻呼信道的数据速率为 9.6 kb/s 或 4.8 kb/s,正向业务信道的数据速率为 9.6 kb/s,4.8 b/s,2.4 kb/s 和 1.2 kb/s。

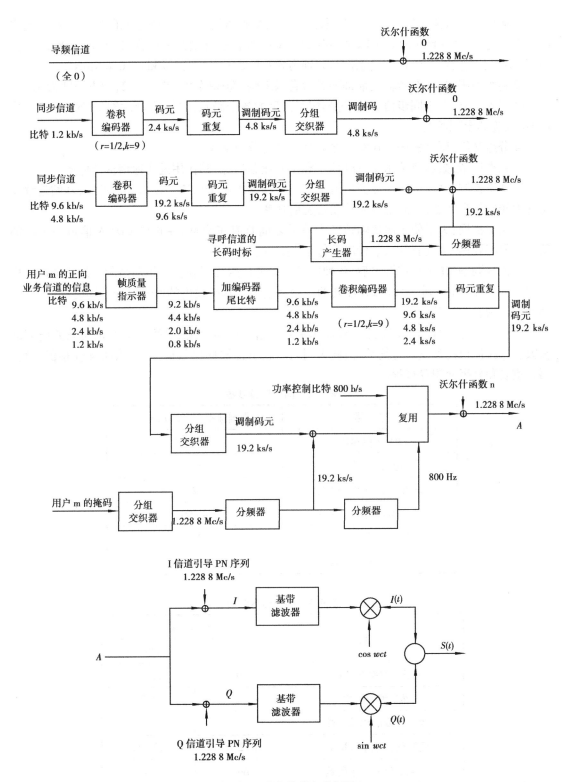

图 9.33　正向信道电路框图

正向信道的数据在每帧(20 ms),未含有 8 位编码器尾比特,它把卷积码编码器置于规定的状态。此外,在 9 600 b/s 和 4 800 b/s 的数据中含有帧质量指示比特(即 CRC 检验比特)。所以,实际上正向业务信道的信息速率分别为 8.6 b/s、4.0 b/s、2.0 kb/s、0.8 kb/s。

②卷积编码:数据在传输之前都要进行卷积编码,卷积码的码率为 1/2,约束长度为 9。

③码元重复:对于同步信道,经过卷积编码后的各个码元,在分组交织之前,都要重复一次(每码元连续出现两次)。

④分组交织:所有的码元在重复之后都要进行分组交织。

⑤数据掩蔽:数据掩蔽用于寻呼信道和正向业务信道,其作用是为通信提供保密。

⑥功率控制子信道:正向业务信道中有一个功率控制子信道。在该子信道中,基站连续发送功率控制信息数据,不断地控制移动台发射功率。

⑦正交扩展:为了使正向传输地各个信道之间具有正交性,在正向 CDMA 信道中传输的所有信号都要用 64 进制的沃尔什码进行正交扩展。

⑧四相调制:在正交扩展之后,各种信号都要进行四相调制。四相调制所用的两个伪随机序列称为引导 PN 序列。引导 PN 序列的作用是给不同基站发出的信号赋予不同的特征,便于移动台识别所需的基地站。

⑨正交信道参数:表 9.2、表 9.3、表 9.4 分别给出同步信道、寻呼信道和正向业务信道的参数。导频信道的参数非常简单,因此未列入。它不传输任何数据信息,因而没有卷积编码、码元重复和分组交积等过程。

表 9.2　同步信道参数

参　数	数据速率/(1 200 b/s)
PN 子码速率	1.228 8
卷积编码码率	1/2
码元重复后出现次数	2
调制码元速率/(b/s)	4 800
每调制码元的子码数	256
每比特的子码数	1 024

表 9.3　寻呼信道参数

参　数	数据速率	
	9 600 b/s	4 800 b/s
PN 子码速率/(Mb/s)	1.228 8	1.228 8
卷积编码码率	1/2	1/2
码元重复后出现次数	1	2
调制码元速率/(b/s)	19 200	19 200
每调制码元的子码数	64	64
每比特的子码数	128	256

表9.4　正向业务信道参数

参　数	数据速率/(b/s)			
	9 600	1 800	2 400	1 200
PN 子码速率/(Mb/s)	1.228 8	1.228 8	1.228 8	1.228 8
卷积编码码率	1/2	1/2	1/2	1/2
码元重复后出现次数	1	2	4	8
调制码元速率/(b/s)	19 200	19 200	19 200	19 200
每调制码元的子码数	64	64	64	64
每比特的子码数	128	256	512	1 024

2)反向信道传输:反向信道电路框图如图9.34所示。下面介绍反向信道传输的性能参数。

①数据速率:接入信道的数据速率固定为4.8 kb/s,反向业务信道的数据速率为9 600 b/s,4 800 b/s,2 400 b/s 和1 200 b/s。两种信道的数据中均要加入编码器尾比特,用于把卷积码编码器复位到规定的状态。此外,在反向业务信道上传送9 600 b/s和4 800 b/s的数据时,也要加质量指示比特(CRC 检验比特)。

②卷积编码:接入信道和反向业务信道所传输的数据都要进行卷积编码,卷积码的码率为1/3,约束长度为9。

③码元重复:反向业务信道的数据速率为9 600 b/s 时,码元不重复;数据速率为4 800 b/s,2 400 b/s 和1 200 b/s 时,码元分别重复1 次、3 次和7 次(每码元连续出现2 次、4 次和8 次)。

④分组交织:所有的码元在重复之后都要进行分组交织。

⑤可变数据速率传输:为了减少移动台的功耗和减小它对 CDMA 信道的干扰,对交织器输出的码元,用一个时间滤波器进行选通,只允许所需码元输出,而删除其他重复的码元。

⑥正交调制:在反向 CDMA 信道中,把交织器输出的码元每6 个作为一组,用 $2^6 = 64$ 进制的沃尔什函数之一(称调制码元)进行传输。

⑦直接序列扩展:在反向业务信道和接入信道传输的信号都要用长码进行扩展。

⑧四相调制:反向 CDMA 信道四相调制所用的随机序列就是正向 CDMA 信道所用的引导 PN 序列。

⑨信道参数:表9.5 和表9.6 分别给出了反向业务信道和接入信道参数。

表9.5　反向业务信道参数

参　数	数据速率/(b/s)			
	9 600	4 800	2 400	1 200
PN 子码速率/(Mb/s)	1.228 8	1.228 8	1.228 8	1.228 8
卷积编码码率	1/3	1/3	1/3	1/3
传输占空比/%	100	50	25	12.5
码元速率/(b/s)	28 800	28 800	28 800	28 800

续表

参 数	数据速率/（b/s）			
	9 600	4 800	2 400	1 200
调制码元速率/（b/s）	4 800	4 800	4 800	4 800
每调制码元的码元数	6	6	6	6
沃尔什子码速率/（kb/s）	370.20	370.20	370.20	370.20
调制码元宽度/μs	208.33	208.33	208.33	208.33
每码元的 PN 子码数	42.67	42.67	42.67	42.67
每调制码元的 PN 子码数	256	256	256	256
每沃尔什子码的 PN 子码数	4	4	4	4

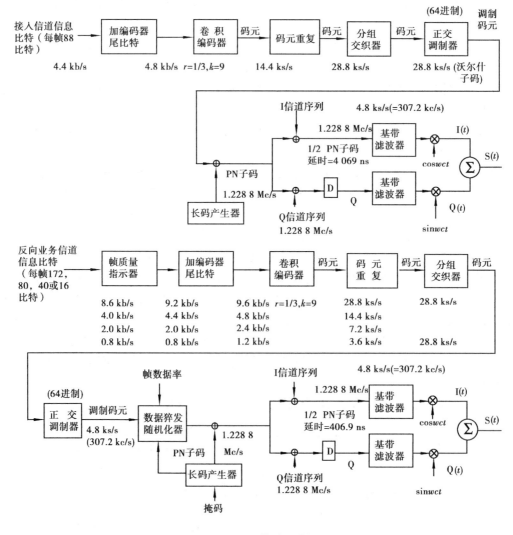

图 9.34　反向信道电路框图

表 9.6　接入信道参数

参　数	数据速率/(4 800 b/s)
PN 子码速率/(Mb/s)	1.228 8
卷积编码码率	1/3
码元重复出现次数	2
传输占空比/%	100
码元速率/(b/s)	28 800
调制码元速率/(b/s)	4 800
每调制码元的码元数	6
沃尔什子码速率/(kb/s)	307.20
调制码元宽度/μs	208.33
每码元的 PN 子码数	42.67
每调制码元的 PN 子码数	256
每沃尔什子码的 PN 子码数	4

9.2.4　CDMA 系统的控制功能

(1) 登记注册

CDMA 系统有很多种控制功能,大部分与其他蜂窝系统类似。这里简单介绍登记注册、越区切换和呼叫处理等。其中,CDMA 系统支持的注册类型有:开电源注册、断电源注册、周期性注册、根据距离注册、根据区域注册。这 5 种形式的注册做为一组,称为自主注册,与移动台的漫游状态有关。还有参数改变注册、受命注册、默认注册和业务信道注册等。

(2) 切换

基站和移动台支持三种切换方式:软切换、CDMA 到 CDMA 的硬切换以及 CDMA 到模拟系统的切换。其中,软切换时 CDMA 系统独有的切换功能,是移动台开始与新的基地通信,但不立即中断它和原来基站通信的一种切换方式。这种切换方式可有效地提高切换的可靠性,而且当移动台处于小区地边缘上时,能提供正向业务信道和反向业务信道的分集,从而保证通信的质量。软切换过程大致可分为三各阶段,如图 9.35 所示。

第一个阶段是移动台与原蜂窝区基站之间保持通信链路。当移动台 MS 位于 A 区(原蜂窝区)时,它与 A 区基站之间建立了正常的通话,并在保持通话的同时不断监测来自原蜂窝区基站和其他相邻蜂窝区基站所发送的监测信号强度的变化。当监测到来自另一个蜂窝区(新蜂窝区)基站信号变得越来越强,并且达到模块初始化时所设定的切换门限电平值时,表明移动台已开始进入与新蜂窝区(B 区)的交界区域。移动台将所有监测结果送入辖区内的移动通信交换中心 MSC。MSC 经过信息分析处理后,通过原蜂窝区(A 区)基站向移动台 MS 发出切换指令,指明切换方向,并继续跟踪新蜂窝区基站所发出的监测信号,同时开始执行有关切换指令。

第二个阶段是移动台与原蜂窝区基站和新蜂窝区基站之间同时建立起通信链路。移动台

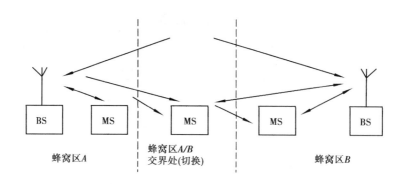

图 9.35　CDMA 越区软切换过程示意图

完全进入蜂窝区 *A* 与蜂窝区 *B* 的交界处即切换区后,在保持与原蜂窝区基站进行通话的同时,向新蜂窝区基站发出监测报告,并且与新蜂窝区基站之间同时建立起通话业务。此时,移动台与这两个蜂窝区基站之间的通信所占用的是具有相同频率的通道,也可以说是共用一个频道。移动台此时采用分集合并技术与 *A*、*B* 两区基站同时保持通信,并向它们发送切换完成信息。由于切换过程中无线信道具有连续性,同频带贯穿整个系统,所以消除了模拟蜂窝系统和 GSM 数字蜂窝系统在频道切换过程中先中断通话再更换频道的硬切换方式所带来的干扰因素。

　　第三个阶段是移动台与新蜂窝区建立起通信链路。当移动台继续朝着新蜂窝区方向移动时,新蜂窝区、原蜂窝区基站都有增加移动台信号输出功率的要求,并向移动台发出有关控制信息。若移动台检测到新蜂窝区的导频信号强度超过原蜂窝区的导频信号强度并达到所规定的门限电平值,且新蜂窝区信号电平在此基础上保持了一定时间,则移动台就会同时向 *A*、*B* 两区基站发出有关监测报告。收到该报告信息后,*B* 区基站向移动台发出切换命令信息。移动台收到该命令后,执行命令并发出切换完成信息,于是移动台仅仅保持与 *B* 区基站之间的通信链路。*A* 区基站收到移动台发出的切换完成信息后,就会终止与移动台之间的通信。

　　这样,移动台完成了由与原蜂窝区保持通信链路,过渡到与新蜂窝区、原蜂窝区同时保持通信链路,进而稳定地切换到新蜂窝区之间的越区软切换过程。至此,CDMA 系统中两个蜂窝区之间的越区软切换过程全部结束。

(3)呼叫控制

呼叫控制过程分多种情况,其简化流程图如图 9.36 ~ 图 9.39 所示。

(4)功率控制

在 CDMA 系统中,功率控制是关键技术之一。CDMA 系统的容量受限于系统内移动台的相互干扰,如果每个移动台的信号到达基站均达到所需信噪比的最小值,则系统容量将会达到最大值。CDMA 功率控制的目的是通过保持每个终端在低电平下的发射功率,减少对其他用户终端的干扰。这样既保证了高质量的传输,又克服了远近效应。CDMA 系统通常通过基站对用户进行功率控制,控制方式包括反向链路(用户→基站)和正向链路(基站→用户)功率控制。

　　正向链路功率控制主要解决同频干扰问题。正向链路控制的目的是要使移动台接收到的信噪比为所需的最小值,这种方式可使处于严重干扰区域的移动台保持较好的通信质量,同时减少对其他信号的干扰。在正向功率控制中,基站根据移动台提供的测量结果,调整对每个移

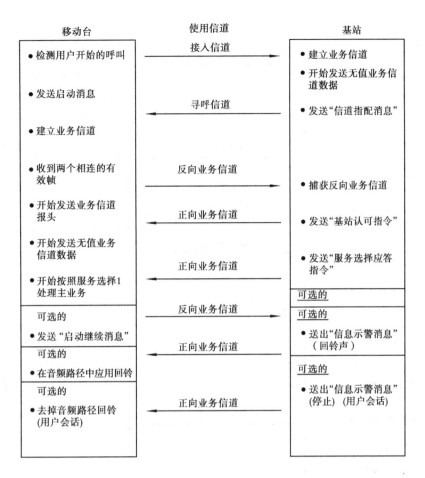

图 9.36 移动台主呼控制过程图

动台的发射功率。其目的使对路径衰落小的移动台分配较小的正向链路功率,而对那些远离基站和误码率高的移动台分配较大的正向链路功率。

基站通过移动台对正向误帧率的报告决定使增加发射功率还是减少发射功率。移动台的报告分为定期报告和门限报告。定期报告是每隔一段时间报告一次,门限报告就是当误帧率达到一定的门限时才报告。这个门限由运营者根据对语音质量的具体要求来设定。

反向链路功率控制主要解决远近效应,通过控制用户的发射信号功率,以保证基站接收到的小区内所有用户信号的功率相等。反向链路功率控制包括反向开环功率控制和反向闭环功率控制。功率控制示意图如图 9.40 所示。图中虚线表示反向开环功率控制,实线表示反向闭环功率控制。由于基站始终发射着供初始同步的导频信号,移动台可以提取导频信号和参考信号,计算出来自所在基站发射的导频信号功率,同时也计算出来自所在基站的功率总和,从中估计初正向链路中的链路损耗。移动台根据小区接收到的功率变化,迅速调整移动台发射功率。

开环功率控制的目的是试图使所有移动台发出的信号在到达基站时都有相同的标称功率,它完全是一种移动台自己进行的功率控制。闭环功率控制是指基站根据反向链路上接收到的各移动台信号的强弱,产生功率控制命令。这个命令由基站通过正向链路传给各用户,用户根据此命令在开环所选择的发射功率的基础上上升或下降一个固定量,以保持基站接收到

209

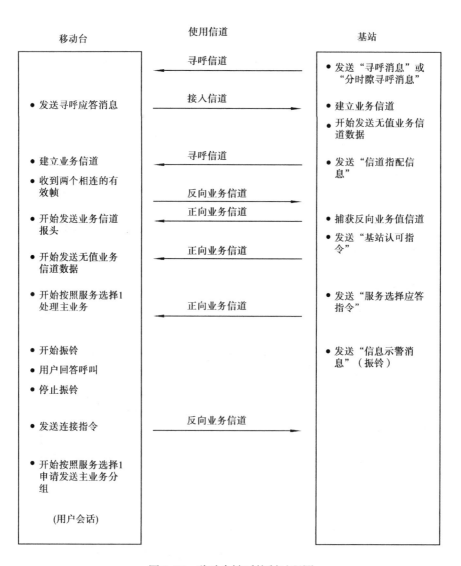

图 9.37　移动台被呼控制过程图

的各移动台的功率基本相同。闭环控制设计的目的是使基站对移动台的开环功率估计迅速做出纠正,以使移动台保持最理想的发射功率。这种开环的迅速纠正,解决了正向链路和反向链路增益允许度和传输损耗不一致的问题,抵消了反向信道的快衰落。

9.2.5　CDMA 系统提供的业务

(1)电信业务

CDMA 系统可向用户提供电话业务、紧急呼叫业务、短消息业务、语音信箱业务、传真业务、可视图文业务、智能电报业务、交替话音与传真等电信业务。

(2)数据业务

CDMA 系统向用户提供 1 200 ～9 600 b/s 同步数据,1 200 ～9 600 b/s 异步 PAD 接入,交替话音与 1 200 ～9 600 b/s 数据,能根据用户需求向用户提供 CDMA 所定义的数据业务。

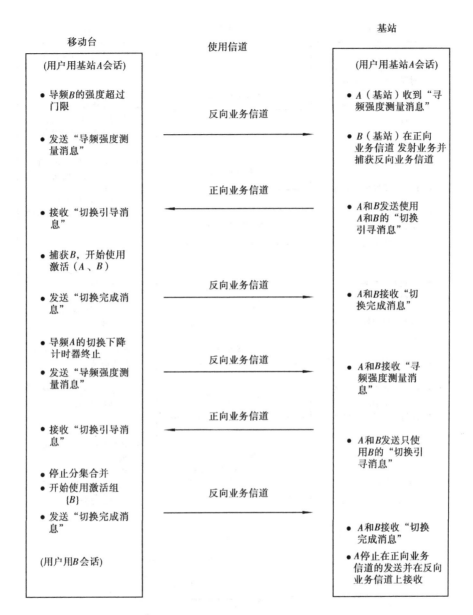

图 9.38　通话期间软切换控制过程图

（3）附加业务

● 呼叫转接：呼叫转接就是指漫游移动用户被叫的过程。移动系统在收到呼入时，进行移动用户的位置查询，然后将呼叫接续至被叫用户漫游地。CDMA 系统将呼叫转接作为一项单独的业务。

● 遇忙呼叫前转：当用户忙时，这项业务允许用户将他的来话转接到预先设置的另一个电话号码上或用户的语音信箱中；当系统执行这项业务，转送来话时，用户手机上将收到一个提示音。

在激活遇忙呼叫前转业务中，系统可以提供许可呼叫。当用户 A 使用激活呼叫前转业务时，其电话前转到用户 B。出于礼节性地考虑，用户 A 应当通知用户 B 并征得用户 B 的同意，

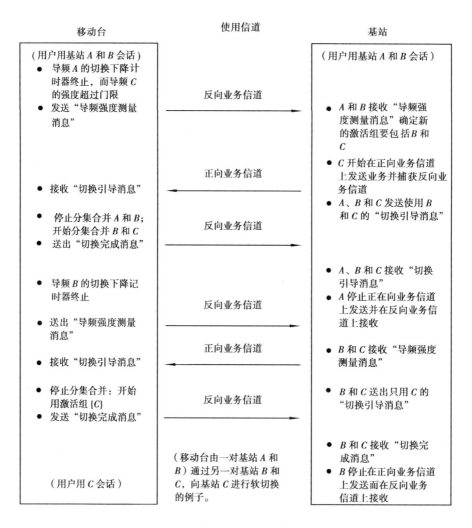

图9.39 通话期间连续软切换控制过程图

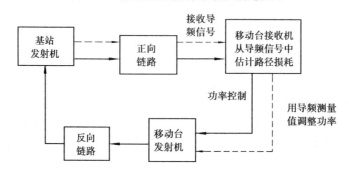

图9.40 反向链路功率控制示意图

这个过程就是许可呼叫。系统在用户A激活呼叫前转业务时,可以根据需要自动建立一个到前转号码的呼叫,从而允许用户A征得用户B的同意。

● 无应答呼叫前转:这项业务允许用户在下列情况下将来话转接到预先设置在另一个电话号码上或用户的语音信箱中,即系统寻呼MS失败或长时间振铃后用户没有应答、用户用于去活状态、系统不知道用户的当前位置、用户当前不可接入(如:去活了呼叫转接业务或激活了免打扰业务)。在激活无应答呼叫前转时,系统可以提供许可呼叫。

- 无条件呼叫前转:这项业务允许用户将其所有来话转接到预先设置的另一个电话号码上或用户的语音信箱中。当系统执行这项任务,转送来话时,用户手机上将收到一个提示音。在激活无条件呼叫前转时,系统可以提供许可呼叫。

- 隐含呼叫前转:这项业务允许用户在下列情况下将来话转接到预先设置的另一个电话号码上或用户的语音信箱中,即用户忙;系统寻呼失败或长时间振铃后用户没有应答,用户处于去活状态,用户当前不可接入(如去活了呼叫转接业务或激活了免打扰业务)。

从功能上看,该业务相当于无应答呼叫前转、遇忙呼叫前转和无条件前转的功能之和。CDMA系统中这项独特的业务可以简化用户操作。因为大多数情况下,用户很难区分各种呼叫前转业务之间的差别,各种呼叫前转业务的前转号码通常是相同的,因此,引入这项业务后,用户不必逐项激活其他三种前转业务,只需要激活这项业务就可以了。

在激活隐含呼叫前转时,系统可以提供许可呼叫。

- 呼叫转移:用户A与用户B通话过程中,用户B可以将电话转移至用户C,同时用户B挂机,用户A与用户C继续通话。

- 呼叫等待:当用户时,这项业务将通知用户有一个新的来话,用户可以选择接受或拒绝新的来话。如果用户应答了新的来话,则它可以在两个来话之间来回进行切换。

CDMA系统支持呼叫等待的单次业务功能。用户在打一个重要的电话时,为了避免被打扰,通常去呼叫业务,通话结束后又重新激活呼叫等待业务。CDMA系统可以在拨号的同时单次激活或去活这项业务。

- 主叫号码识别显示:这项业务向被叫用户提供主叫用户识别信息。这些信息包括主叫用户号码和主叫用户姓名。当系统执行呼叫前转业务时,该业务在被叫用户的手机上显示被转移的主叫用户信息。在前转目标用户手机上显示主叫用户信息和原被叫用户信息。

- 主叫号码识别限制:主叫用户使用该业务拒绝将自己的用户信息提供给被叫用户。为了追查恶意呼叫,CDMA系统规定不论是否使用了该项业务,呼叫建立过程都必须包括主叫用户信息。该业务仅影响在空中接口是否传递主叫用户信息。

- 会议电话:激活这项业务允许多个用户之间进行通信。申请了该业务的用户可以随时作为主控用户召开一次电话会议。主控用户可以通过逐个输入电话号码来增加会议的人员。

- 免打扰业务:激活这项业务后,用户可以在一段时间内拒绝接入任何来话。同时系统也不再向用户发送呼叫前转的通知和消息等待通知音。

- 用户群提示:这项业务类似于固定电话机的并机。当收到来话时,系统同时向多个终端(其中包括CDMA手机、固定电话或其他制式的手机)提供振铃。当其中一个终端应答后,停止对其他终端的振铃。

该业务包括单用户型与多用户型两种;单用户型与多用户型的区别是,当一个终端忙时,单用户型即认为用户群忙不再向其他终端振铃;而多用户型则继续向其他终端振铃。

- 消息等待通知:这项业务使用一定的提示音通知用户有语音信箱消息或短消息在等待接收。CDMA系统支持消息等待通知的单次业务功能。

- 移动台接入寻线:当收到来话时,系统按照预先设定的次序依次向多个终端振铃,直到用户在一个终端上应答为止。

该业务包括单用户型与多用户型两种。单用户型与多用户型的区别是:当一个终端忙时,单用户型即认为用户群忙,不再向其他终端振铃;而多用户型则继续向其他终端振铃。

• 口令呼叫接受:用户使用这项业务可以有选择地接入一些呼叫而拒绝另一些呼叫。激活该业务后,系统在接入过程中将向主叫用户要求一个密码。只有主叫用户正确地输入密码后才能继续进行接续,否则将拒绝呼叫接续至语音信箱或设定的前转号码上。

• 优先语言:这项业务与网络服务有关。该业务确定了在网络播送录音通知或发送短消息时所使用的语言或码表。

• 优先接入和信道指配:在没有空闲业务信道时,激活这项业务,手持机将进入等待状态。其他用户释放信道后,系统将首先把信道分配给激活了给业务的用户。

• 远端业务控制:通过这项业务,用户可以在其他终端上进行业务操作。

• 选择性呼叫接受:该业务允许用户有选择地接入一些呼叫而拒绝另一些呼叫。用户在激活该业务时,将允许接入一组主叫号码输入系统。系统收到来话后,与预先的号码比较,如果不相同则拒绝接受或将呼叫前转到语音信箱或设定的前转号码上。

• 用户密码接入:这是防止手机失窃的一种方法。激活这项业务以后,手机完全被锁住,不能进行任何始呼或业务操作。只有去活该业务才能继续使用手机。

• 用户密码拦劫:激活这项业务后,只有输入密码后才能进行特定的始呼或业务操作。

• 三方呼叫:这项业务允许三个成员之间进行通信。

• 取回语音信息:用户通过这项业务到语音信箱中取出留言。在 CDMA 系统中,这个操作被定义为单独的一项业务。

• 话音加密:这项业务允许用户选择是否在空间接口上对语音信息进行加密,并选择加密算法。

习 题

1. 基站识别色码有何作用?

2. TDMA 蜂窝系统为什么要采用移动台辅助过区切换(MAHO)? FDMA 蜂窝系统是否也可这样做?

3. GSM 系统通信安全性采取了哪些措施? GSM 系统是怎样实现空中接口的安全特性的?

4. 解释下列术语:

①HLR 和 VLR

②全速率和板速率话音信道

③广播控制信道

④专用控制信道

⑤公共控制信道

5. 试画出一个移动台呼叫另一个移动台的接续流程图。

6. 每帧支持 8 个用户且数据速率为 270.833 kb/s 的 GSM TDMA 系统,每一用户的原始数据速率是多少? 如果保护时间、跳变时间和同步比特共占用 10.1 kb/s,求每一用户的传输效率。

7. 在 GSM 实现中,为什么 26 个均衡训练序列比特放在一帧的中部而不是开始位置? 为什么在数据突变后有一个 8.25 比特的保护期?

8. 在 IS—95 系统中,前向信道采用比率为 1/2 的卷积编码,而在反向信道采用比率为 1/3 的卷积编码,这是为什么?

9. 在 IS—95 系统的前后链路中,不同的信道是如何区分的?

10. 在 IS—95 CDMA 系统中引入半速率话音编码技术后有什么意义?

11. 实现第三代移动通信系统有哪些关键技术?

第 10 章
移动通信的未来

第三代移动通信系统(3G)可以提供传输速率为 2 Mb/s 的宽带多媒体业务,预计世界各国将在目前或不久的将来采用有很大潜在市场的第三代移动通信系统。然而,随着世界经济和移动通信技术的迅速发展,希望移动通信系统提供有更高传输速率的多媒体业务(如 20 Mb/s),这就是第四代移动通信的研究在世界各地悄然进行的原因。国际 R&D 和标准化组织随之也要解决很多具有挑战性的技术问题。这一章将简单介绍有关移动通信的预测和第四代移动通信系统(4G)的关键技术。

10.1 市 场 走 势

20 世纪 80 年代初,世界各地的无线移动通信系统成功地将电话业务延伸到移动用户,第一代模拟蜂窝式移动通信系统是窄带系统,只支持语音通信,主要采用频率调制(FM)和频分复用(FDD)技术。移动通信之所以取得巨大的成功,归功于蜂窝概念的引入,蜂窝概念于 20 世纪 70 年代被提出来,蜂窝模式的应用提高了系统容量,降低了功率消耗,蜂窝概念为移动通信做出了巨大贡献。美国提出的 AMPS(advanced mobile phone service)是第一代蜂窝式移动通信系统的主要代表,工作在 800 MHz 频段。AMPS 系统是全球第一个蜂窝系统,于 1983 年在美国开始使用。

在欧洲,由不同国家提出的几种第一代模拟通信系统并存,由于它们采用了不同的频段和通信协议,因此互不兼容,不能实现全球漫游。这些模拟系统后来被 GSM(global systems for mobile)所取代;GSM 是全球第一个第二代数字蜂窝移动通信系统,于 1991 年在欧洲开始使用。GSM 主要采用了 TDMA 多址接入方式,被世界各国广泛采用(100 多个国家)。除了 GSM,在其他国家采用的第二代数字蜂窝系统,如美国的 TDMA(IS-54)、美国的 CDMA(IS—95)、日本的 PDC(personal digital cellular)等,都在 GSM 之后发展起来。

GSM 系统广受欢迎,为了适应 Internet 的迅速发展,需要在 GSM 的基础上发展以增强数据传输能力为目标的新的数据业务,如通用无线分组业务(GPRS)、GSM 增强数据速率改进技术 EDGE(简称 E—GPRS)和 WAP 技术,这些技术将能提供更高的数据传输速率和更好的语音质量。PDC 的增强技术 i—mode,在日本也广受欢迎。在第三代移动通信系统投入商用之前,我们正经历着移动通信提供的纯语音业务、迅速发展的短消息业务和刚起步的 Internet 应用。

虽然第二代数字蜂窝移动通信系统可以提供数据业务,但数据传输速率非常有限(最高达 100 kb/s)。为提高无线数据速率,第三代移动通信系统成为目前的标准并将得到广阔发展。3G 的主要目标是支持速率在静止情况下高达 2 Mb/s 的宽带数据业务、宽带无线接入和全球漫游。无线空中接口标准主要有 WCDMA、多载波 CDMA2000 和 EDGE。3G 系统要将 2G 的各种业务结合起来,用一个单一的全功能网络来实现。3G 将有不同类型的终端,包括许多非语音终端。

3G 工作在更宽的 2 GHz 频段上,这些新的频段将为一些多媒体业务提供更宽的带宽。在欧洲的一些国家,其中部分频段已被拍卖给了运营公司。在日本则采用"选美"的方式,把频段授予有实力的运营公司。由于允许新的运营公司参与频段的分配,增加了市场的竞争力。为了能提供更好的服务,2G 和 3G 将仍在很长一段时间内共存。

3G 系统将有效地提高频带利用率和数据业务传输速率,满足多媒体业务需求,并降低系统成本。但若从技术层面来看,3G 系统的这些特点只是一种技术上的演进,它的潜力在于促进个人通信,如个人到个人,个人到机器,机器到机器间的通信。

另外,新一代的无线局域网技术标准,如 HIPERLAN2(高能无线局域网)、IEEE 802.11(IEEE 802.11a、IEEE 802.11b、IEEE 802.11g 系列)、数字音频广播(DAB)和数字视频广播(DVB),已投入应用。蓝牙(Bluetooth)是一种近距离无线连接规范,它也得到了发展。在国际上,已把不同的频段(如 ISM 频段)分配给无线局域网。无线局域网主要针对高速率接入、小范围和低移动性而设计,它作为 2G 和 3G 在网络应用上的延伸,可应用于公共网络和公众无线接入网,如公司内部网、会议中心和机场等。

虽然 3G 能提供速率为 2 Mb/s 的多媒体业务,但是仍无法满足将来对速率的更高要求(如 20 Mb/s)。同时,由于受到核心网的不同空中接口标准的限制,3G 不能根据不同级别的 QoS 提供多种速率。3G 不是一个统一的整体系统(包含有不同的 3G 标准和不同的局域网技术标准),虽然它的这些技术标准为将来所需的服务和应用提供了非常灵活和强大的运作平台,但采用这些技术标准的系统中的大多数系统在进行设计时并没有考虑与其他接入技术的互操作,而进行孤立地设计。这些系统的设计仍基于传统的纵向思想,即通过采用一种特定的技术来提供某一组特定的服务。3G 的这些缺陷是提出第四代移动通信的主要原因。基于将来用户需求和经济发展的需要,4G 有必要发展能支持高移动性的无线接入方案(如宽带无线接入),此外,4G 必须对固定网络是透明的。采用全 IP 技术的第四代移动通信网是一个新的网络结构,其可提供无缝业务,灵活的移动终端采用多模式终端技术。

虽然 4G 对将来的高速多媒体业务和结合各种不同业务很有必要,但预计 4G 将在 2015 年之后才被采用,原因主要有三个方面:

①3G 的 WCDMA 在下行链路为多媒体业务提供的速率可能高于 2 Mb/s。采用自适应调制和编码技术来消除干扰,可以提供高达 8 Mb/s 的速率。移动台给基站发送信道的信噪比(SNR)信息,基站对接收到的信息进行检测,然后决定采用那种调制方案。当下行链路的 SNR 比较大时,采用多层调制技术(如 64QAM)和低码率的编码技术;当下行链路的 SNR 比较小时,采用简单的调制技术(如 QPSK)和高码率的编码技术。当采用多层调制技术时,为得到更高的码率,应将它与一些高级技术结合起来,如智能天线和消除干扰的技术。

②在 10 年之内,对速率为 20 Mb/s 的无线多媒体业务的需求可能很少,会有多少人需要

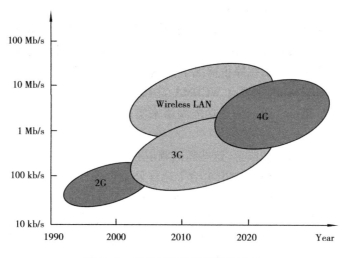

图 10.1 不同年代的数据传输速率

进行传输速率为 20 Mb/s 的无线数据业务呢？因此,关于 4G 的 R&D 或被采用将会比预期的时间要长。

③据预计,由于各个运营公司为了获得频段运营执照,花费了巨额资金,因此 3G 和 4G 的服务费用将很高。任何一种技术和服务是否受到欢迎,主要取决于消费者的经济能力。随着世界电讯股泡沫的破灭,人们对无线通信的发展和预测变得更现实了。

图 10.1 给出了不同年代的移动通信的数据传输速率。可见,数据速率随着年代的推移而增加。表 10.1 总结了不同年代的移动通信的特点。

表 10.1 主要移动标准

年代	业务年限	主要系统	数据速率峰值
1G	1983	AMPS	
2G	1991	GSM PDC,IS—54 IS—96	13 kb/s 8 kb/s 9.6 kb/s
3G	2001～2006	WCDMA CDMA2000 EDGE	2 Mb/s
4G	2015 或更晚	OFDM MC—CDMA	>20 Mb/s

10.2 IMT—2000/UMTS 地面无线接入

10.2.1 IMT—2000 概念的提出

第一代移动通信系统(如 AMPS 和 TACS 等)是采用 FDMA 制式的模拟蜂窝系统,其主要缺点是频谱利用率低、系统容量小、业务种类有限,不能满足移动通信飞速发展的需求。第二代移动通信系统(如采用 TDMA 制式的欧洲 GSM/DCS1800、北美 IS—54 和采用 CDMA 制式的美国 IS—95 等)则是数字蜂窝系统。虽然其容量和功能与第一代相比有了很大的提高,但其业务主要限于话音和低速率数据(≤9.6 kb/s),远不能满足新业务种类和高传输速率的需要。第三代移动通信系统简称 3G 系统,它最早是国际电联(ITU—R)于 1985 年提出的,当时的命名为未来公众陆地移动通信系统(FPLMTS)。由于国际电联预期该系统在 2002 年左右投入商用,而且该系统的一期主频段位于 2 GHz 频段附近,国际电联正式将其命名为 IMT—2000,即第三代移动通信系统。IMT—2000 系统包括地面系统和卫星系统,其终端既可以连接到基于地面的网络,也可以连接到卫星的网络。

10.2.2　IMT—2000 系统的主要特点

IMT—2000 是具有全球性漫游特点的系统,虽然经过国际标准化组织的很大努力,最终并没有将所有候选技术合并成一个无线接口,但已经使几个主流的无线接口技术间的差别尽可能的小,为将来实现多模多频终端打下了很好的基础。再加上国际电联一开始就考虑了不同系统间的网络互通协议,所以我们完全有理由相信在第三代系统应用期间我们就可以实现真正意义上的全球漫游。

IMT—2000 系统的终端类型将是多种多样的,包括普通话音终端 PDA,与笔记本电脑相结合的终端,病人的身体监测终端,儿童的位置跟踪终端以及其他形形色色的多媒体终端等。随着业务开发商的不断挖掘,第三代移动通信的终端类型将会呈现出百花齐放的形式,并会进一步促进业务的发展。

IMT—2000 系统将从第二代移动通信系统进行过渡和演进,在向第三代移动通信发展的过程中,必须尽量考虑目前已建和正在建设的第二代网络和业务向第三代网络和业务的平滑过渡,并且能保证与第二代系统共存和互通。第三代移动通信系统的结构必须是开放式和模块化的结构,以允许很容易地引入更先进的技术和不同的应用程序。

IMT—2000 系统包括卫星和地面两个网络,适用于多个环境,包括地面网络很难覆盖的沙漠和海洋地区等,同时比第二代移动通信系统具有更高的无线频谱利用率,从而降低同样速率业务的价格。

10.2.3　IMT—2000 系统提供的业务

IMT—2000 的业务范围从最基本的寻呼业务、话音业务、各种各样的分组和电路数据业务,到可视通信等等,速率从几个字节到 2 Mb/s。IMT—2000 提供业务的一个总的目的是能够同时提供话音、分组数据和图像。因此,无线传输技术必须考虑支持多媒体业务。用户实际得到的业务将依赖于终端能力、属于的业务集以及相应的网络运营者能够提供的业务集。要求高传输速率的业务一般会在高密度区域,比如商业中心和体育场等。

由于 IMT—2000 系统至今没有商业化,所以我们很难根据现在的用户业务来定义第三代业务,目前的业务都将根据市场的驱动来不断得到完善和演化。但是,基于目前对用户的调查和对现存网上大量业务的分析,我们可以对未来的业务能力进行预测和定义,使未来的业务不论如何灵活多变,只要其通用的无线需求在我们目前规定的业务能力范围之内,通过第三代系统的灵活承载都可以支持。

目前国际电联对 IMT—2000 业务的最低性能要求如表 10.2 所示。表中选择 500 km/h 作为乡村户外环境中所能支持的最大速度是为了提供高速交通工具(如高速列车)上的业务覆盖能力,并不代表这种环境是最具有代表性的(130 km/h 更具代表性)。

表 10.2　IMT—2000 业务的最低性能要求

应用环境	实时(固定延迟)		非实时(可变延迟)	
	峰值比特率	BER/最大传输时延	峰值比特率	BER/最大传输时延
卫星(终端相对地面速度可以达到 1 000 km/h)	最少 9.6 kb/s(最好更高)	最大传输时延小于 400 ms,BER 为 $10^{-3} \sim 10^{-7}$	最少 9.6 kb/s(最好更高)	最大传输时延 1 300 ms, BER 为 $10^{-5} \sim 10^{-8}$
农村室外(终端相对地面速度可以达到 500 km/h)	最少 144 kb/s(最好 384 kb/s)	最大传输时延小于 20 ~ 300 ms,BER 为 $10^{-3} \sim 10^{-7}$	最少 144 kb/s(最好 384 kb/s)	最大传输时延 150 ms, BER 为 $10^{-5} \sim 10^{-8}$
城市/郊区室外(终端相对地面速度可以达到 130 km/h)	最少 384 kb/s(最好 512 kb/s)	最大传输时延 1 300 ms,BER 为 $10^{-5} \sim 10^{-8}$	最少 384 kb/s(最好 512 kb/s)	最大传输时延 150 ms, BER 为 $10^{-5} \sim 10^{-8}$
室内/小范围室外(终端相对地面速度可以达到 10 km/h)	最少 2 048 kb/s	最大传输时延 1 300 ms,BER 为 $10^{-5} \sim 10^{-8}$	最少 2 048 kb/s	最大传输时延 150 ms, BER 为 $10^{-5} \sim 10^{-8}$

10.2.4　第三代移动通信标准概况

ITU 很早就开始了对第三代移动通信标准的制定工作,在第三代移动通信标准化工作中一直起着领导作用,但由于 ITU 工作效率比较低,政治气氛比较浓,所以虽然 ITU 一直在第三代移动通信的标准化过程中起着积极和巨大的推动作用,但很难制定具体的规范。所有第三代移动通信的标准还主要依赖于地区性标准化组织进行制定,这里面起主导作用的标准化合作组织包括以欧洲为主体的 3GPP 和以美国为首的 3GPP2,3GPP 的主要任务是制定以演进的 GSM 核心网为基础的第三代标准,而 3GPP2 的主要任务是制定以演进的 IS—41 核心网为基础的第三代标准。

第三代移动通信标准的顺利制定需要以下三个方面的相互合作:蜂窝业务提供商(运营者)和设备制造商的相互合作;业务提供商和法规制定部门等政府方面的相互合作以及不同国家之间的相互合作。以上所有相关方面的合作并非总能很容易做到,其中有许多实际困难和问题,这也是第三代移动通信出现多个标准的主要原因,虽然第三代移动通信在一开始就非常重视标准的统一制定工作,但这些问题依然非常棘手。标准的真正统一恐怕只能再一次作为我们对下一代移动通信标准的梦想。

在第三代移动通信的标准化过程中起主要作用的组织除了 3GPP 和 3GPP2 外,值得一提的还有 OHG(运营商融合组织)。OHG 是世界上主要运营商在第三代移动通信方面的标准融合组织。OHG 在中国移动等运营商的倡导下,为各种 CDMA 技术的融合立下了汗马功劳,特别是 OHG 关于 3G CDMA 融合标准的输出文件,对 WCDMA 和 cdma2000 DS 方式以及不同的 TDD 方式的融合提出了具体建议,该建议把所有的 CDMA 第三代分为三个模式:直接序列扩谱的宽带 CDMA 模式,多载波方式的 CDMA,TDD(时分双工)模式。现在针对该建议标准化组织所达成的基本一致性意见是 3GPP 负责融合标准的直扩模式和 TDD 的定义;而 3GPP2 将负责多载波模式的定义。但 3GPP2 和 3GPP 之间的具体规范组织并不一致,而要真正达到两者之间的融合,3GPP 和 3GPP2 相对应的具体规范组必须协调工作,所以第一阶段应首先建立两边具体规范组的对应关系,并且相互交流对方的具体工作进程和工作方法。

目前 WCDMA 和 cdma2000 是第三代移动通信的主流技术,WCDMA 为欧洲和日本提出的宽带 CDMA 技术,cdma2000 则是基于窄带 IS—95CDMA 技术的宽带 CDMA 技术。这两类宽带 CDMA 技术采用的基本技术和关键技术,如功率控制、软切换等是类似的,性能也基本上没有太大差别。这两种宽带 CDMA 技术的主要区别如表 10.3 所示,其中最主要的三个区别是:

①码片速率(Chip Rate):由于北美的 cdma2000 业务需使用目前 PCS 频段,因而特别强调与 IS—95 后向的兼容性,其码片速率必须是窄带系统的 1 倍或 3 倍,即 1.228 8 Mc/s 或 3.686 4 Mc/s。而 WCDMA 采用直接序列扩频方式,最初的码片速率为 4.096 Mc/s。后经过 ITU 和运营者融合组织(OHG)的协调,于 1999 年 5 月份将码片速率定为 3.84 Mc/s。cdma2000 的单载波和三载波方式的码片速率仍分别为 1.228 8 Mc/s 和 3.686 4 Mc/s。

表 10.3　两种宽带 CDMA 技术的主要区别

参　数	WCDMA	cdma2000
最小带宽（MHz）	5	1.25/5
采用技术类型	直接序列扩频（DS）	多载波（MC）
码片速率（Mc/s）	3.84	1.228 8/3.686 4
基站间同步	异步/同步	同步
下行信道导频	专用信道采用导频符号与业务数据流时分复用（TM），并采用公共连续导频	采用独立的连续导频业务码道共用（CM）
帧长（ms）	10	20
话音编码	固定速率	可变速率
功率控制速度（Hz）	1 600	800

②基站同步方式:cdma2000 仍沿用 IS—95 系统所采用的方式,即采用 GPS 使基站之间严格同步。WCDMA 最初为异步方式,虽然日本也提出了同步方式作为可选项,但仍采用了异步方式的三步捕捉同步方法,只是省略了第 3 步。其同步的含义和 cdma2000 的同步方式相差甚远。同时 Qualcomm 也在寻找不用 GPS 的同步方式,试图解决人们对使用 GPS 而受控于美国的担心。1999 年 5 月,WCDMA 的同步方式最终确定为同步/异步相结合的方式。cdma2000 则仍采用原有的同步方式。

③导频信道方式:cdma2000 仍沿用 IS—95 系统所采用的方式,即采用公共导频方式。

WCDMA 最初仅考虑采用专用导频符号,与业务数据流时分复用,但由于担心时分导频会影响信道估计的性能,最终在原有专用时分导频的基础上引入了公共连续导频。

10.2.5 第三代移动通信系统的组成

IMT—2000 系统构成如图 10.2 所示,它主要由四个功能子系统构成,即核心网(CN)、无线接入网(RAN)、移动台(MT)和用户识别模块(UIM)组成。分别对应于 GSM 系统和交换子系统(SSS)、基站子系统(BSS)、移动台(MS)和 SIM 卡。

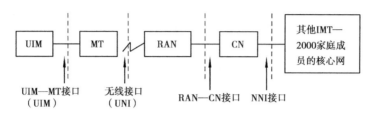

图 10.2　IMT—2000 的功能模型及接口

从图 10.2 中可以看出,ITU 定义了 4 个标准接口如下:

①网络与网络接口(NNI):由于 ITU 在网络部分采用了"家族概念",因而此接口是指不同家族成员之间的标准接口,是保证互通和漫游的关键接口。

②无线接入网与核心网之间的接口(RAN—CN),对应于 GSM 系统的 A 接口。

③无线接口(UNI)。

④用户识别模块和移动台之间(UIM—MT)。

与第二代移动通信系统相类似,第三代移动通信系统的分层方法也可用三层结构描述,但第三代系统需要同时支持电路型业务和分组型业务,并允许支持不同质量、不同速率业务,因而其具体协议组成较第二代系统要复杂得多。对于第三代系统,各层的主要功能描述如下:

①物理层:它由一系列下行物理信道和上行物理信道组成。

②链路层:它由媒体接入控制(MAC)子层和链路接入控制(LAC)子层组成;MAC 子层根据 LAC 子层不同业务实体的要求对物理层资源进行管理与控制,并负责提供 LAC 子层业务实体所需的 QoS 级别。LAC 子层采用与物理层相对独立的链路管理与控制,并负责提供 MAC 子层所不能提供的更高级别的 QoS 控制,这种控制可以通过 ARQ 等方式来实现,以满足来自更高层业务实体的传输可靠性。

③高层:它集 OSI 模型中的网络层、传输层、会话层、表达层和应用层为一体。高层实体主要负责各种业务的呼叫信令处理,话音业务(包括电路类型和分组类型)和数据业务(包括 IP 业务,电路和分组数据,短消息等)的控制与处理等。

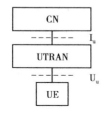

图 10.3　UMTS 的系统结构

10.2.6　UMTS 无线接入网系统

UMTS(通用移动通信系统)是采用 WCDMA 空中接口的第三代移动通信系统。UMTS 系统由三部分组成,即 CN(核心网)、UTRAN(无线接入网)和 UE(用户装置)。无线接入网用于处理所有与无线有关的功能,而 CN 处理 UMTS 系统内所有的话音呼叫和数据连接与外部网络的交换与路由。其系统结构如图 10.3 所示。

UTRAN 的结构如图 10.4 所示,UTRAN 包括一个或多个无线网络子系统（RNS）。一个 RNS 则是由一个无线网络控制器（RNC）和一个或多个节点 B（NodeB）组成。RNC 与 CN 之间的接口是 I$_u$ 接口,RNC 之间通过 I$_{ur}$ 接口相连,而 RNC 与节点 B 之间的接口称为 I$_{ub}$ 接口。RNC 用来分配和控制与之相连或相关的节点 B 的无线资源。节点 B 则完成 I$_{ub}$ 和 U$_u$ 接口之间的数据流的转换,同时也参与一部分无线资源管理。

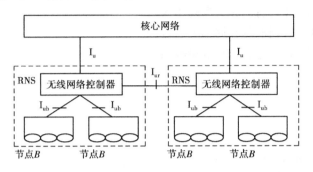

图 10.4　UTRAN 的结构

UTRAN 的功能简述如下:

1）系统接入控制功能

系统接入是一种方式,为了使用 UMTS 业务和设备,用户通过它连接到 UMTS 上。用户系统接入可以由移动台或网络发起,如移动台起呼或移动台被呼。

①接入控制

接入控制的目的是接入或否决新的用户、新的无线接入承载或新的无线链路。接入控制应该避免过载情况,把决定建立在干扰和资源测量的基础上。接入控制在诸如初始的 UE 接入、RAB 指配/重配置和切换时使用,其结果依据优先级和当时情况而定。接入控制功能基于 UL 干扰和 DL 功率,位于 CRNC。SRNC 执行 I$_u$ 接口的接入控制。

②拥塞控制

拥塞控制的任务是监视、检测和处理系统已连接的用户接近或达到过载情况。这意味着网络的某部分已经或将用完资源。拥塞控制应该使系统尽可能平滑的回到稳定状态。

③系统信息广播

此功能向移动台提供其在网络内运行所必须的 AS 和 NAS 信息。

④无线信道加密和解密

加密和解密是纯粹的计算功能,它保护发送的无线数据免受第三方截获。

2）移动性功能

①切换

此功能管理无线接口的移动性。它基于无线测量,它用于维持核心网要求的业务品质。可以切换到其他系统（如 UMTS 到 GSM 的切换）。切换功能可以由网络或独立地由 UE 控制。

②SRNS 重置

当 SRNS 角色由另一 RNS 接管时,SRNS 重置功能起作用,它管理从一个 RNS 到另一个 RNS 的 I$_u$ 接口连接。SRNS 重置由 SRNS 发起。此功能位于 RNS 和 CN。

3）无线资源管理和控制

①无线资源配置和操作

此功能执行无线网络资源的配置和操作,例如小区和公共传输信道(BCH,RACH,FACH,PCH)。

②无线环境调查

此功能包括对无线信道的测量(当前的和周围的小区)和把这些测量结果转化为无线信道质量估计。测量包括:

a. 接收的信号强度(当前的和周围的小区);

b. 估计的误比特率(当前的和周围的小区);

c. 传播环境估计(如高速、低速、卫星等);

d. 传输范围;

e. 多普勒频移;

f. 同步状况;

g. 接收的干扰水平;

h. 每小区的全部的 DL 传输功率。

无线资源管理负责无线通信资源的分配和维护。UMTS 无线资源必须在电路传输模式业务和分组传输模式业务间共享(如面向连接的和面向无连接的业务)。

③合并/分离控制

此功能控制信息流的合并/分离,这些信息流是同一个移动终端通过多个物理信道接收/发送的相同信息。UL 信息流合并可选择任何合适的算法,如最大比合并或选择性合并等。根据物理网络的配置,合并/分离可在 SRNC、DRNC 或 Node B 级进行。

④无线承载控制

此功能负责控制无线接入子网内的连接单元建立和释放。它可被呼叫建立/释放请求消息来触发,也可被业务修改或切换来调用。它能根据 RAB 的 QoS 分配和释放物理无线信道。在用户业务改变和宏分集时,它也可执行。

⑤无线协议功能

此功能指通过把业务(根据 RAB 的 QoS)适配到无线传输,向用户提供通过 UMTS 无线接口的数据和信令传输能力。包括以下功能:

a. 在无线承载上业务的复用和 UE 的复用;

b. 分割和重组;

c. 证实/非证实发送(根据 RAB 的 QoS)。

⑥RF 功控

功控是为了最小化干扰和保持连接质量,控制发送功率的级别。包括 UL 外环功控、DL 外环功控、UL 内环功控、DL 内环功控、UL 开环功控和 DL 开环功控。

⑦无线信道编译码

为了克服无线信道的恶劣传播条件,需要采取有效的信道编译码方案以提高通信性能。

⑧随机接入检测和处理

UTRAN 能检测移动台的初始接入尝试并作出适当的响应。如成功则分配适当的资源。

⑨对 NAS 消息的 CN 分发功能

对 NAS 消息,它们通过直接传输透明的穿过 AS。在 UE 和 SRNC 中,分发功能反 NAS 消息分发给正确的 NAS 实体,如移动性管理实体或呼叫控制实体。

⑩对 NAS 消息的业务特定功能

此功能为特定的业务(如给定的优先级)提供 SAP。

4)广播/多播业务相关功能

①广播/多播信息分发

信息分发功能向每小区配置的 BMC 实体分发接收到的 CBS 消息以进一步处理。广播/多播信息分发与业务区和小区的映射有关。

②广播/多播流控制

当 RNC 的处理单元拥塞时,广播/多播流控制功能通知数据源拥塞状况并且采取措施解决拥塞。

③CBS 状况报告

RNC 收集每小区的状况数据并且对应各自的业务区。假如 CBS 询问,这些状况数据被发送到 CBS。

10.3　cdma2000

10.3.1　从 IS—95 到 cdma2000

(1)标准化活动概况

CDMA 是在 20 世纪 90 年代初由 Qualcomm 公司提出的,IS—95 是 cdmaOne 系列标准中最先发布的一个标准;而真正在全球得到应用的第一个 CDMA 标准是 IS—95A,在 IS—95A 的基础上,又分别出版了支持 13K 话音编码器的 TSB74 标准;支持 1.9 GHz 的 CDMA PCS 系统的 STD—008 标准;支持 64 kb/s 的数据业务的 IS—95B。

在 ITU 向各国征求第三代移动通信无线候选技术时,IS—95 由于刚取得商用成功,美国 TR45 标准委员会没有将很多精力放在第三代标准的研究上,而是正在努力完成 IS—95B 的标准,在 ITU 的要求下,匆忙提出了第三代标准,即 cdma2000 1X 和 3X(1X 代表其载波一倍于 IS—95A 的带宽,3X 代表其载波三倍于 IS—95A 的带宽),3X 又分为下行直接扩谱和三载波两种方式,后来直接扩谱 cdma2000 部分与 WCDMA 进行了融合,所以实际上目前的 cdma2000 就只包括 cdma2000 1X 和三载波方式 3X。

cdma2000 1X 可以提供 144 kb/s 以上速率的数据业务,而且增加了辅助信道,可以对一个用户同时承载多个数据流,所以 cdma2000 1X 提供的业务比 IS—95 有很大的提高,为支持未来的各种多媒体分组业务打下了基础。

由于 cdma2000 3X 与 cdma2000 1X 相比,惟一的优势是数据业务能力的提高,所以以 IS—95 的运营商组织现在正在努力推动对 cdma2000 1X 的继续完善,希望在继续采用 1.25 MHz 带宽的情况下使数据业务能力达到 ITU 规定的第三代业务速率标准 2 Mb/s 以上。由于 cdma2000 1X EV 技术的引入,在相当长的一段时间内,运营商都不会考虑 cdma2000 3X。IS—95A 和 cdma2000 1X 的比较如表 10.4 所示。

表 10.4 IS—95A 和 cdma2000 1X 的比较

参　　数	IS—95A	cdma2000 1X
载频带宽/MHz	1.25	1.25
业务种类	电路	分组/电路
业务速率/(kb · s^{-1})	9.6/14.4	144
空中接口容量/扇区载频/(kb · s^{-1})	105.6	337.92

(2)向 cdma2000 1X 的演进

1)无线设备部分

在向第三代演进的过程中,需要注意的问题是 BTS 和 BSC 等无线设备的演进问题。在制定 cdma2000 标准的时候,已经考虑了保护运营者的投资,很多无线指标在 2G 和 3G 中是相同的。对 BTS 来说,天线、射频滤波器和功率放大器等射频部分可以是相同的,而基带信号处理部分则必须更换。大部分厂商都是这种情况。

BSC 的情况则较为复杂。第三代移动通信相对于第二代移动通信的一个最重要的特点是提供中高速的分组数据业务,BSC 设备的基本系统结构必须与之相适应。当数据业务速度低于 64 kb/s 的时候,通常可以用一些没有完全标准化的方式,通过一些适配器或转换器将分组数据流填充到 PCM 码流中,通过电路交换实现简单的分组功能。但当分组速率进一步提高时,分组交换功能是必须的。IOS 4.0 标准充分体现了这个要求,它要求在 BSC 之间使用 IP over ATM,在 BSC 与分组网络间使用 IP 协议。所以,如果基站设备已经采用分组交换的结构(大多数厂商都是这样),甚至已经建立在 ATM 平台的基础上,则仅需要更换基站信道编码部分就可以将第二代的基站升级为第三代的基站;相反,如果基站仍然采用电路交换结构,则需要对系统进行较大的改造才能升级到第三代系统。

2)核心网部分

核心网通常分为电路交换部分和分组交换部分。

对电路交换部分来说,2G 和 3G 没有原则性的区别,基本的网络结构和功能模型是相同的,主要改进是新增加了不少业务,这些业务基本上可以通过软件升级来实现。

而分组交换部分是 CDMA 系统在 3G 的主要进步。IS—95B 虽然支持中速数据业务,但并没有完整的与之对应的分组交换网络标准。在 3G 中则明确定义了与分组数据有关的 PCF、PDSN 和 HA 等网络实体。

(3)cdma2000 1X 的改进

cdma2000 1X 在无线接口功能上比 IS—95 系统有了很大的增强,如在反向增加了导频,通过反向的相干解调使信噪比增加了 2 ~ 3 dB,在前向增加了快速功率控制,改善了前向容量,在软切换方面也将原来的固定门限变为相对门限,增加了灵活性等。

cdma2000 1X 提供反向导引信道,从而使反向信道也可以做到相干解调,它比 IS—95 系统反向信道所采用的非相关解调技术可以提高 3 dB 增益,相应地反向链路容量提高 1 倍。

cdma2000 1X 还采用了前向快速功控技术,从而可以进行前向快速闭环功控,较 IS—95

系统前向信道只能进行较慢速的功率控制相比,大大提高了前向信道的容量,并且减少了基站耗电。

cdma2000 1X 前向信道还可以采用传输分集发射,提高了信道的抗衰落能力,改善了前向信道的信号质量。总之,cdma2000 1X 前向信道采用了传输分集技术和前向快速功控后,前向信道的容量约为 IS—95 系统的 2 倍。

同时,在 cdma2000 1X 中,业务信道可以采用 Turbo 码,因为信道编码采用 Turbo 码比卷积码具有 2 dB 的增益,因此 cdma2000 1X 系统的容量还能提高到未采用 Turbo 码时的 1.6 倍。

从网络系统的仿真结果来看,如果用于传送语音业务,cdma2000 1X 系统的总容量是 IS—95 系统的 2 倍;如果传送数据业务,cdma2000 1X 系统的容量是 IS—95 系统的 3.2 倍。

而且,在 cdma2000 1X 中引入了快速寻呼信道,极大地减少了移动台的电源消耗,延长了移动台的待机时间。支持 cdma2000 1X 的移动台的待机时间是 IS—95 移动台待机时间的 15 倍或更多。cdma2000 还定义了新的接入方式,可以减少呼叫建立时间,并减少移动台在接入过程中对其他用户的干扰。

10.3.2 实现第三代移动通信系统的关键技术

(1)初始同步与 RAKE 多径分集接收技术

CDMA 通信系统接收机的初始同步包括 PN 码同步、符号同步、帧同步和扰码同步等。cdma2000 系统采用与 IS—95 系统相类似的初始同步技术,即通过对导频信道的捕获建立 PN 码同步和符号同步,通过同步(Sync)信道的接收建立帧同步和扰码同步。WCDMA 系统的初始同步则需要通过"三步捕获法"进行,即通过对基本同步信道的捕获建立 PN 码同步和符号同步,通过对辅助同步信道的不同扩频码的非相干接收,确定扰码组号等,最后通过对可能的扰码进行穷举搜索,建立扰码同步。

移动通信是在复杂的电波环境下进行的,如何克服电波传播所造成的多径衰落现象是移动通信的另一基本问题。在 CDMA 移动通信系统中,由于信号带宽较宽,因而在时间上可以分辨出比较细微的多径信号。对分辨出的多径信号分别进行加权调整,使合成后的信号得以增强,从而可在较大程度上降低多径衰落信道所造成的负面影响。这种技术称为 RAKE 多径分集接收技术。

为实现相干形式的 RAKE 接收,需发送未经调制的导频(Pilot)信号,以使接收端能在确知已发数据的条件下估计出多径信号的相位,并在此基础上实现相干方式的最大信噪比合并。WCDMA 系统采用用户专用的导频信号,而 cdma2000 下行链路采用公用导频信号,用户专用的导频信号仅作为备选方案用于使用智能天线的系统,上行信道则采用用户专用的导频信号。

RAKE 多径分集接收技术的另外一种极为重要的体现形式是宏分集及越区软切换技术。当移动台处于越区切换状态时,参与越区切换的基站向该移动台发送相同的信息,移动台把来自不同基站的多径信号进行分集合并,从而改善移动台处于越区切换时的接收信号质量,并保持越区切换时的数据不丢失,这种技术称为宏分集和越区软切换。WCDMA 系统和 cdma2000 系统均支持宏分集和越区软切换功能。

(2)高效信道编译码技术

第三代移动通信的另外一项核心技术是信道编译码技术。在第三代移动通信系统主要提案中(包括 WCDMA 和 cdma2000 等),除采用与 IS—95 CDMA 系统相类似的卷积编码技术和交织技术之外,还建议采用 Turbo 码技术。

Turbo 编码器采用两个并行相连的递归系统卷积编码器,并辅之以一个交织器。两个卷积编码器的输出经并串转换以及凿孔(Puncture)操作后输出。相应地,Turbo 解码器由首尾相接、中间由交织器和解交织器隔离的两个以迭代方式工作的软判决输出卷积解码器构成。虽然目前尚未得到严格的 Turbo 码理论性能分析结果,但从计算机仿真结果看,在交织器长度大于 1 000、译码算法采用标准的最大后验概率(MAP)算法的条件下,其性能比约束长度为 9 的卷积码提高 1 ~ 2.5 dB。目前 Turbo 码用于第三代移动通信系统的主要困难体现在以下几个方面:由于交织长度的限制,无法用于速率较低、时延要求较高的数据(包括语音)传输;基于 MAP 的软输出解码算法所需计算量和存储量较大;Turbo 编码在衰落信道下的性能还有待于进一步研究。

(3) 智能天线技术

从本质上来说,智能天线技术是雷达系统自适应天线阵在通信系统中的新应用。由于其体积及计算复杂性的限制,目前仅适应于在基站系统中的应用。智能天线包括两个重要组成部分;一是对来自移动台发射的多径电波方向进行到达角(DOA)估计,并进行空间滤波,抑制其他移动台的干扰。二是对基站发送信号进行波束形成,使基站发送信号能够沿着移动台电波的到达方向发送回移动台,从而降低发射功率,减少对其他移动台的干扰。智能天线技术用于 TDD 方式的 CDMA 系统是比较合适的,能够起到在较大程度上抑制多用户干扰,从而提高系统容量作用。其困难在于存在多径效应,每个天线均需一个 RAKE 接收机,从而使基带处理单元复杂度明显提高。

(4) 多用户检测技术

在传统的 CDMA 接收机中,各个用户的接收是相互独立进行的。在多径衰落环境下,由于各个用户之间所用的扩频码通常难以保持正交,因而造成多个用户之间的相互干扰,并限制系统容量的提高。解决此问题的一个有效方法是使用多用户检测技术,通过测量各个用户扩频码之间的非正交性,用矩阵求逆方法或迭代方法消除多用户之间的相互干扰。

从理论上讲,使用多用户检测技术能够在极大程度上改善系统容量。但一个较为困难的问题是对于基站接收端的等效干扰用户等于正在通话的移动用户数乘以基站端可观测到的多径数。这意味着在实际系统中等效干扰用户数将多达数百个,这样即使采用与干扰用户数成线性关系的多用户抵消算法,仍使得硬件实现显得过于复杂。如何把多用户干扰抵消算法的复杂度降低到可接受的程度是多用户检测技术能否实用的关键。

(5) 功率控制技术

在 CDMA 系统中,由于用户共用相同的频带,且各用户的扩频码之间存在着非理想的相关特性,用户发射功率的大小将直接影响系统的总容量,从而使得功率控制技术成为 CDMA 系统中的最为重要的核心技术之一。

常见的 CDMA 功率控制技术可分为开环功率控制、闭环功率控制和外环功率控制三种类型。开环功率控制的基本原理是根据用户接收功率与发射功率之积为常数的原则,先行测量接收功率的大小,并由此确定发射功率的大小。开环功率控制用于确定用户的初始发射功率,或用户接收功率发生突变时的发射功率调节。开环功率控制未考虑到上、下行信道电波功率的不对称性,因而其精确性难以得到保证。闭环功率控制可以较好地解决此问题,通过对接收功率的测量值及与信噪比门限值的对比,确定功率控制比特信息,然后通过信道把功率控制比特信息传送到发射端,并据此调节发射功率的大小。外环功率控制技术则是通过对接收误帧率的计算,确定闭环功率控制所需的信噪比门限。外环功率控制通常需要采用变步长方法,以加快上述信噪比门限的调节。在 WCDMA 和 cdma2000 系统中,上行信道采用了开环、闭环和外环功率控制技术,下行信道则采用了闭环和外环功率控制技术。但两者的闭环功率控制速度有所不同,前者为每秒 1 600 次,后者为每秒 800 次。

10.4　4G 的关键技术

频率资源是一种稀有资源,在无线应用中需要有效利用并采用新的频段。

10.4.1　多样接入

4G 必须能够为移动用户提供宽带业务,在车载环境下的最大传输速率大于 2 Mb/s,在室内到步行环境下的速率为 20 Mb/s。由于受到移动环境中特有的多径衰落的影响,接收到的每条路径的信号功率变弱。为了在合适的频率带宽下能达到高的传输速率,必须提高接收信号的功率。4G 蜂窝小区的半径必须很小(如 20~30 米),因为如果扩大覆盖范围而没有增加基站的数目的话,信号会严重受损,特别在室内。因此,急需先进的多样接入技术来支持高速率业务和更大容量。

在 4G 中,上行链路和下行链路之间需要大范围的非对称数据传输能力。已得到很好发展的 CDMA 技术可能会对 4G 传输技术有很大的帮助。4G 的多样接入技术之一是 OFDM + CDMA。OFDM 技术具有显著的优点,它具有高的数据传输速率,并且在平稳信道(子载波之间满足正交关系)下采用 FFT 变换来降低系统复杂度;在信号传输系统中,如果采用不同的调制方案,则昂贵的均衡器将被大大简化,甚至可以省略。但 OFDM 对同步错误、频率偏移和非线性放大很敏感,OFDM 和 CDMA 的结合解决了这个问题,它们通过降低每个子载波的符号速率来使符号周期变长,使得不同用户之间几乎达到同步传输。

10.4.2　软件无线电

软件无线电的最初研究源于军事应用。近年来随着高速数字信号处理器(DSP)和模数转换器处理速度的不断提高,软件无线电可以应用于商业。在软件无线电系统,用宽带 A/D 转换器将 IF 信号数字化之后,利用基于数字信号处理硬件(如 FPGA 或 DSP)平台上的软件来完成多种数字信号处理功能。软件无线电的主要优点是它的灵活性,它可以为新的无线标准编程,也可在不改变任何硬件基本结构的基础上动态地更新软件。使产品更快投入使用是软件无线电的另一重要特点。在无线应用中将会采用不同的标准,因此在固有的不同硬件平台上实现用户漫游是一个很难解决的问题。而在软件无线电通信系统中,当用户进入一个新的区域时,只需下载新的空中接口软件就可以实现漫游。

先进的 A/D,D/A 转换技术,可以在适当的动态范围内尽量将数模转换向天线端推移,以尽可能高的速率将模拟信号数字化。这样可以大大减少无线硬件设备的开销,并推动数字化的广泛应用。随着信号在通信系统前端数字化速率的提高,可以采用一种宽带无线接入技术来提高通信的灵活性,即支持运作在不同频带内的各种标准。在无线通信系统中,先进的软件无线电技术的发展将推动 A/D 转换性能的进一步改善,特别是采样速率,其几乎达到 100 Mb/s。另外,由于可以对许多类型的信号进行数字化,因此可以依据系统结构、采样精度和采样速率来对数据的转换进行选择。

10.4.3　智能天线

随着无线移动通信的迅速发展,需要更高的系统容量和高数据传输速率。智能天线是一种最有希望有效提高系统容量的技术,智能天线具有抑制信号干扰、自动跟踪以及采用自适应空时处理算法来形成数字波束等智能功能。其中一种自适应阵列天线,与传统的天线相比能更有效地消除干扰。在接收端采用波束技术,可以在同一时刻使多个发射机共享一个信道与基站进行通信。在基站采用一个自适应天线阵可以同时形成几个波束,每个波束自动瞄准发射机天线以捕获发射机。这样,同信道干扰变小,于是信号的载波—干扰功率比增大。在市内传播环境,用户发送的信号将被周围的建筑物反射,于是在基站接收到的将是经过不同路径到达的信号,这些信号具有不同的时延和衰落幅度。

智能天线是一种带有动态调节增益模式的多波束自适应阵列。在智能天线通信系统中,每个波束在它的覆盖范围内能自动跟踪用户,而且,智能天线能提供不同增益来抵抗多径衰落和用户干扰。既然波束是在 IF 信号和基带信号成形,因此智能天线很适合应用于软件无线电系统。智能天线产生的主波束对准用户信号到达方向,旁瓣或零陷对准干扰信号到达方向,达到充分高效利用移动用户信号并删除或抑制干扰信号的目的,如图 10.5 所示。

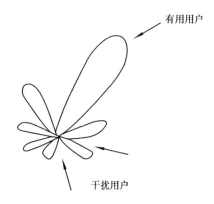

图 10.5　自适应天线波束模式

习　题

1. 实现第三代移动通信系统有哪些关键技术?
2. 说明第三代移动通信的技术特征与第一、第二代移动通信有何不同?
3. 第三代移动通信系统由哪些功能模块组成? 并简述各个模块功能。
4. 从 IS—95 到 cdma2000,对系统主要进行了哪些方面的改进?

参考文献

［1］ Lee William C Y. Mobile Communications Engineering：Theory and Applications. Second edition，McGraw-Hill，1988

［2］ Rappaport Theodore S. Wireless Communications：Principle and Practice. Second edition，Prentice Hall，2002

［3］ Steele R，Hanzo L. Mobile Radio Communications（2nd edition）：Second and Third Generation Cellular and WATM Systems. John Wiley，may 1999

［4］ Hanzo L，Cherriman P，Streit J. Wireless Video Communications：Second to Third Generation Systems and Beyond John Wiley，2001

［5］ Hanzo L，Blogh J，Kai Y. IMT 2000 and Intelligent Wireless Networking：Smart Antenna and Adaptive Modulation. John Wiley，2002

［6］ Molisch Andreas F. Wideband Wireless Digital Communications. Prentice Hall，2001

［7］ Wang Jiangzhou. Broadband Wireless Communications：3G，4G and Wireless LAN. Kluwer Academic Publishers，2001

［8］ Haykin Simon. Communication Systems. 4th edition，John Wiley，2001

［9］ Vucetic Branka，Yuan Jinhong. Turbo Codes：Principles and Applications. Kluwer Academic Publishers，2003

［10］ Ojanpera Tero，Prasad Ramjee 著，朱旭红，卢学军，卓天真，郎保真译. 宽带 CDMA：第三代移动通信技术. 北京：人民邮电出版社,2000

［11］ 郭梯云,邬国杨,李建东. 移动通信(修订版). 西安:西安电子工业出版社,2001

［12］ 曹志刚,钱亚生. 现代通信原理. 北京:清华大学出版社,1999

［13］ 孙立新,尤肖虎,张萍. 第三代移动通信技术. 北京:人民邮电出版社,2000

［14］ 杨大威等编著. cdma2000 技术. 北京:北京邮电大学出版社,2001

［15］ 张乃通,徐玉滨,谭学治,沙学军. 移动通信系统. 哈尔滨:哈尔滨工业大学出版社,2001

［16］ 张贤达,保铮. 通信信号处理. 北京:国防工业出版社,2002